应用型本科高校系列教材·电气信息类

JISUANJI KONGZHI JISHU

计算机控制技术

主　编　臧大进
副主编　韩　君
编　者　刘　艳　胡　波
　　　　穆海芳　唐培林

中国科学技术大学出版社

内 容 简 介

本书系统地介绍了计算机控制系统的基本组成及其在工业控制中的应用，并结合实际介绍了几种典型的控制系统. 主要内容包括：计算机控制系统概述，过程通道与输入输出，人机交互接口技术，数据预处理技术，常用控制技术，工业控制网络，计算机控制系统的抗干扰技术，以及计算机控制系统的设计与实现.

本书可作为应用型本科高校自动化、机电一体化、电气工程、计算机测控及计算机应用等专业计算机控制技术课程的教材，也可供从事计算机控制的工程技术人员参考.

图书在版编目(CIP)数据

计算机控制技术/臧大进主编. —合肥：中国科学技术大学出版社，2012. 8
ISBN 978-7-312-03090-1

Ⅰ. 计…　Ⅱ. 臧…　Ⅲ. 计算机控制　Ⅳ. TP273

中国版本图书馆 CIP 数据核字(2012)第 169075 号

出版　中国科学技术大学出版社
安徽省合肥市金寨路 96 号，230026
http://press.ustc.edu.cn
印刷　合肥学苑印务有限公司
发行　中国科学技术大学出版社
经销　全国新华书店
开本　710 mm×960 mm　1/16
印张　16.5
字数　320 千
版次　2012 年 8 月第 1 版
印次　2012 年 8 月第 1 次印刷
定价　28.00 元

前　　言

计算机控制技术是自动化、机电一体化、电气工程、计算机测控及计算机应用等专业的专业课程.在安徽省应用型本科高校联盟的支持下,我们编写了此书.

在本书的编写过程中,编者依据安徽省应用型本科高校联盟的要求,力求使教材体现应用型特色.我们主要从以下几个方面进行了努力和尝试:

(1) 在编写中特别注意理论性与应用性相结合的原则,尽量讲清基本的理论、原理、思路等,并适当增加了工程应用案例.

(2) 在编写中注意了由浅入深、循序渐进的教学原则,首先让学生从浅显易懂的内容进入,再逐步加深知识的难度.

(3) 在内容的安排上注意应用性的原则,尽量选择典型的、常用的、成熟的技术.对理论性太强或学习难度较大的技术,本书未作介绍或只作简单介绍和探讨,留待学生在今后工作实践中再进行深入学习和掌握.

本书建议学时数为60学时,使用者可根据实际教学情况自行调整.

本书由臧大进任主编,韩君任副主编,刘艳、胡波、穆海芳、唐培林等老师参加了部分章节的编写工作.在本书的编写过程中,得到了宿州学院、皖西学院、铜陵学院等相关系部领导和老师的大力支持和帮助,在此表示诚挚的感谢.

由于编者的水平有限,书中难免存在缺点和错误,敬请广大读者批评指正.

编　者

2012年6月

目　　录

第1章　计算机控制系统概述

计算机控制技术是计算机技术和自动控制技术相互渗透和发展的结晶，是在用户需求刺激下发展起来的技术.随着历史的发展，自动化技术作为一种手段，进入人类社会生产和生活活动的各个方面，执行人们设计的指令，完成人们设定的工作，实现人们活动的目标.

随着计算机控制技术的进步，人们越来越多地用计算机技术来实现控制系统.近几年来，计算机技术、自动控制技术、检测与传感技术、通信与网络技术、微电子技术的高速发展，促进了计算机控制技术水平的提高.整个国家的工业自动化设备、国防自动化设备和信息产业基础设备，包括铁路系统、发电厂和电网系统、智能交通系统，以及纺织工业、制造业、食品加工行业、石油化工行业、车载信息系统、国防系统、航空航天器系统、核电站监控和环境水文地质在线监测系统等，都需要采用新一代计算机控制技术.

1.1　基本概念

计算机控制技术是利用计算机来实现人们对外在对象(过程)进行自动控制的技术.完成这个功能，需要几个要素：① 认识需要控制的对象(过程)；② 对对象施加作用；③ 决定施加作用的方式、时间和内容.对于计算机控制系统来说，可以简单归纳为读、写和算.

另外，随着控制系统的网络化和分布化，控制单元之间的数据传输技术也成为现代计算机控制技术的基本内容.于是，对于计算机控制系统来说，其基本要素便扩展为四个基本功能：读、写、算和通信.

事实上，由于计算机控制系统是为人服务的，默认人的存在，因此还有外在的要素——人与计算机控制系统的接口.另外，计算机控制系统对象的存在也是默认的.因此，完整的计算机控制系统可以被认为是一个由人们设计和实现的、在人和控制对象间完成读、写、算和通信任务的代理系统(Agent).

研究和讨论这个系统实现的技术、成本和完成性能，以及各要素具体的实现方法或方式,就是本书的主要内容.

在工业控制中,常常遇到各种术语,其中有几个术语需要特别加以解释:

1. 实时

所谓"实时",是指信号的输入、计算和输出都是在一定时间范围内完成的,即计算机对输入信息以足够快的速度进行处理,并在一定的时间内作出反应且进行控制,超出了这个时间就会失去控制时机,控制也就失去了意义.实时系统对逻辑和时序的要求非常严格,如果逻辑和时序出现偏差将会引起严重后果.

在文献中我们可能会看到"硬实时"(Hard Real-time)和"软实时"(Soft Real-time)这两个名词.不同的人会给它们不同的定义,但大致来说它们是一组相对的概念.在硬实时系统中,不仅要求任务响应要实时,而且要求在规定的时间内完成事件的处理.软实时系统仅要求事件响应是实时的,并不限定某一任务必须在多长时间内完成.

通常,大多数实时系统是两者的结合,它们之间的界限是十分模糊的.这与选择什么样的中央处理器(CPU)以及它的主频、内存等参数有一定的关系.另外,因为应用场合对系统实时性能要求的不同,实时也会有不同的定义.

工业控制系统对数据传输的实时性要求不同,实时在很大程度上依赖于特定的应用.比如:

(1) 化工热化控制必须有秒级的响应速度;

(2) 过程控制和监控系统需要 100 ms 的响应速度;

(3) 基于可编程控制器(PLC)的机械控制系统需要 10 ms 的响应速度;

(4) 多轴协同动态高速运动控制系统的实时性要求在 1 ms 以内.

工业控制信号有周期性实时数据、非周期性实时数据和软实时数据等.周期性实时数据包括从传感器定期地发往控制器和数据中心的信息,从控制中心定期传给执行机构的信息等.周期性实时数据和非周期性实时数据必须严格地在规定时间内响应,否则将导致设备误操作,甚至整个控制系统崩溃.软实时数据为传输延时,虽然不会造成灾难性的损失,但同样威胁系统的正常运行,必须避免.

2. 在线方式和离线方式

在计算机控制系统中,生产过程和计算机直接连接,并受计算机控制的方式称为在线方式或联机方式;生产过程不和计算机相连,且不受计算机控制,而是通过中间记录介质,靠人进行联系并作相应操作的方式称为离线方式或脱机方式.一个在线的系统不一定是一个实时系统,但一个实时控制系统必定是在线系统.

1.2　计算机控制系统的组成

将自动控制系统中的控制器的功能用计算机来实现,就组成了典型的计算机控制系统.计算机控制系统是随着现代大型工业生产自动化的不断兴起而产生的综合控制系统,它紧密依赖于最新发展的计算机技术、网络通信技术和控制技术,在计算机参与工业系统控制的历史中扮演了重要的角色.

闭环控制系统的典型结构如图1.1所示.

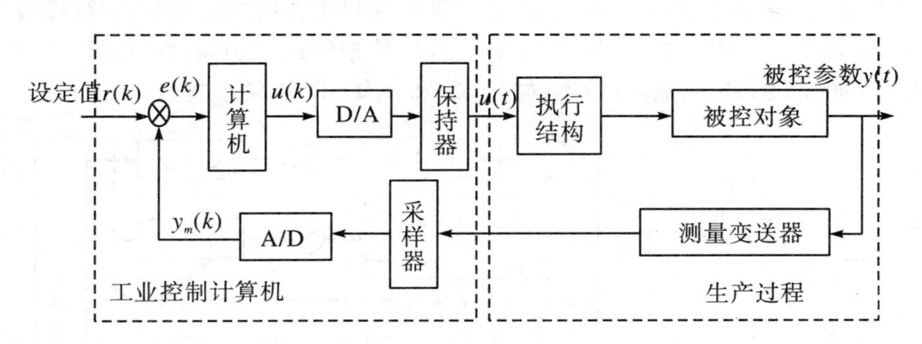

图1.1　计算机控制系统

在该系统中,输入/输出计算机的信号均为二进制数字信号,因此需要进行数模(D/A)和模数(A/D)信号的转换.控制信号通过软件加工处理,充分利用计算机的运算、逻辑判断和记忆功能,改变控制算法只需要改变程序而不必改动硬件电路.

一般的计算机控制系统由计算机、I/O接口电路、通用外部设备和工业生产对象等部分组成,其电路原理如图1.2所示.

在图1.2中,被测参数经传感器、变送器,转换成标准电信号,再经多路开关分时送到A/D转换器进行模数转换,转换后的数字量通过I/O接口电路送入计算机,通常称为模拟量输入通道.在计算机内部,用软件对采集的数据进行处理和计算,然后经数字量输出通道输出.输出的数字量通过D/A转换器转换成模拟量,再经反多路开关与相应的执行机构相连,以便对被控对象进行控制.可以用表1.1来说明一般计算机控制系统的基本组成.

表 1.1 计算机控制系统的基本组成

计算机控制系统		
被控制对象	计算机	
	硬件	软件
生产过程＋检测元件＋执行机构(广义对象)	中央处理器＋通用外部设备＋I/O 接口电路	系统软件和应用软件

1. 计算机控制系统的硬件构成

(1) I/O 接口电路

I/O 接口电路是主机与被控对象进行信息交换的纽带. 主机通过 I/O 接口电路与外部设备进行数据交换. 目前，绝大部分 I/O 接口电路都是可编程的，即它们的工作方式可由程序进行控制. 目前，在工业控制机中常用的接口有：并行接口(如 8155 和 8255 等)、串行接口(如 8251 等)、直接数据传送控制器(如 8237)、中断控制接口(如 8259)、定时器/计数器(如 8253)和 A/D、D/A 转换接口.

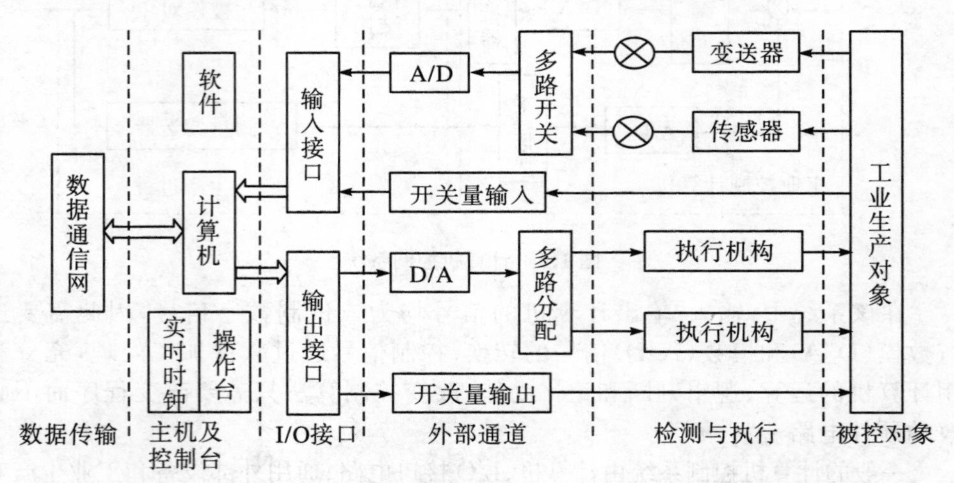

图 1.2 计算机控制系统原理图

由于计算机接收的是数字量，而一般连续化生产过程中的被测参数大多数都是模拟量，如温度、压力、流量、液位、速度、电压及电流等，因此，为了实现计算机控制，还必须把模拟量转换成数字量，即进行 A/D 转换. 同样，外部执行机构的控制量也多为模拟量，所以计算机计算出控制量后，还必须把数字量变成模拟量，即进行 D/A 转换.

（2）通用外部设备

通用外部设备主要是为了扩大主机的功能而设置的，它们用来显示、打印、存储及传送数据．目前已有许多种类的通用外部设备，例如打印机、显示终端、数字化仪器、数码相机、纸带读入机、卡片读入机、声光报警器、磁带录音机、磁盘驱动器、光盘驱动器及扫描仪等．它们就像计算机的眼、耳、鼻、舌、四肢一样，从各方面扩充了主机的功能．

（3）中央处理器（CPU）

CPU是整个控制系统的指挥中心，通过I/O接口电路及软件可向系统的各个部分发出各种命令，同时对被测参数进行巡回检测、数据处理、控制计算、报警处理及逻辑判断等．因此，CPU是计算机控制系统的重要组成部分，CPU的选用将直接影响系统的功能及接口电路设计等．最常用的CPU芯片有80x86及单片Intel8051、Intel8096系列等．由于主控芯片种类繁多、功能各异，因此，主控芯片的选用和接口电路的设计有十分密切的联系．

2．检测元件及执行机构

（1）检测元件

在计算机控制系统中，为了对生产过程进行控制，首先必须对各种数据进行采集，如温度、压力、液位、成分等．因此，必须通过检测元件传感器，把非电量参数转换成电量参数．例如，热电偶可以把温度转换成毫伏级电压信号，压力变送器可以把压力变成电信号．这些信号经过变送器，转换成统一的标准信号（0～5 V或4～20 mA）后，再送入计算机．因此，检测元件精度的高低，直接影响计算机控制系统的精度．

（2）执行机构

控制生产过程，还必须有执行机构，其作用就是控制各种参数的调节．例如：在温度控制系统中，根据温度的误差来控制进入加热炉的煤气（或油）量；在水位控制系统中，控制进入容器的水的流量．执行机构有电动、气动、液压传动等几种，也有的采用电动机、步进电机及晶闸管元件等进行控制，在后面章节中将详细介绍这些内容．

3．主控制台

主控制台是人机对话的联系纽带．通过它，人们可以向计算机输入程序，修改内存的数据，显示被测参数及发出各种操作命令等．通常，主控制台由以下几个部分组成．

（1）作用开关

作用开关有电源开关、数据和地址选择开关及操作方式（自动/手动）选择开关等．通过这些开关，人们可以对主机进行启动、停止、设置数据及修改控制方式等操作.作用开关可通过接口与主机相连.

(2) 功能键

设置功能键的目的,主要是要通过各种功能键向主机申请中断服务,如常用的复位键、启动键、打印键、显示键等.此外,面板上还有工作方式选择键,如连续工作方式或单步工作方式.这些功能键是以中断方式与主机进行联系的.

(3) LED 数码管及 LCD 显示

它们用来显示被测参数及操作人员需要的内容.随着计算机控制技术的发展,显示的应用越来越普遍,它不但可以显示数据表格,而且能够显示被控系统的流程总图、柱状指示图、开关状态图、时序图、变量变化趋势图、调节回路指示图等.

(4) 数字键

数字键用来送入数据或修改控制系统的参数.关于键盘及显示接口的设计将在后面章节中详细讲述.

4. 计算机控制系统的软件构成

对于控制系统而言,除上述几部分以外,软件也是必不可少的.所谓软件,是指能够完成各种功能的计算机程序的总和,如操作、监控、管理、控制、计算和自诊断程序等.软件分为系统软件和应用软件两大部分(见表 1.2).它们是计算机控制系统的神经中枢,整个系统的动作都是在软件指挥下进行协调工作的.

表 1.2　计算机控制系统软件分类

<table>
<tr><td rowspan="9">软件</td><td rowspan="4">系统软件</td><td>操作系统</td><td colspan="2">管理程序,磁盘操作系统程序</td></tr>
<tr><td>诊断系统</td><td colspan="2">调节程序,诊断程序等</td></tr>
<tr><td>开发系统</td><td colspan="2">程序设计语言(汇编语言、高级算法语言),服务程序(装配程序、编译程序),模拟主机系统(系统模拟、仿真、移植软件),数据管理系统</td></tr>
<tr><td>信息处理</td><td colspan="2">文字翻译,企业管理</td></tr>
<tr><td rowspan="5">应用软件</td><td>过程监视</td><td colspan="2">上、下限检查及报警,巡回检测,操作面板服务,滤波及标度变换,判断程序,过程分析等</td></tr>
<tr><td rowspan="3">过程控制计算</td><td>控制算法程序</td><td>PID 算法,最优化控制,串级调节,系统辨识,比值调节,前馈调节,其他</td></tr>
<tr><td>事故处理程序</td><td></td></tr>
<tr><td>信息管理程序</td><td>文件管理,输出,打印,显示</td></tr>
<tr><td>公共服务</td><td>数码转换程序,格式编辑程序</td><td>函数运算程序,基本运算程序</td></tr>
</table>

(1) 系统软件

系统软件是指专门用来使用和管理计算机的程序,它们包括各种语言的汇编、解释和编译软件(如 8051 汇编语言程序、C51、C96、PL/M、Turbo C、Borland C 等),监控管理程序,操作系统,调整程序及故障诊断程序等.

这些软件一般不需要用户自己设计.对用户来讲,它们仅仅是开发应用软件的工具.

(2) 应用软件

应用软件是面向生产过程的程序,如 A/D、D/A 转换程序,数据采样程序,数字滤波程序,标度变换程序,键盘处理、显示程序,过程控制程序等.

另外,有一些专门用于控制的应用软件,其功能强大,使用方便,组态灵活,可节省设计者大量时间,因而越来越受到用户的欢迎.

目前,计算机控制系统的软件设计已经成为计算机科学中一个独立的分支,而且发展得非常快,且正逐渐规范化、系统化.

1.3　分类与特点

由于被控对象不同,工业生产过程及被测参数也千差万别,因此由微机组成的控制系统也不尽相同.计算机控制系统分类的方法很多,可以按照系统的功能分类,也可以按照系统的控制规律分类,还可以按照控制方式分类.

1. 按照功能对计算机控制系统分类

(1) 数据采集和监视系统

一个微机控制系统离不开数据的采集和处理.计算机在数据采集和处理时,主要是对大量的过程参数进行定时巡回检测、数据记录、数据计算、数据统计和处理、参数的越限报警及对大量数据进行积累和实时分析.图 1.3 是微机数据采集、处理系统的典型框图.

在这种应用方式中,计算机虽然不直接参与生产过程的控制,对生产过程不直接产生影响,但其作用还是很明显的.首先,由于计算机具有运算速度快等特点,故在过程参数的测量和记录中可以代替大量的常规显示和记录仪表,对整个生产过程进行集中监视.同时,由于微处理器具有运算、逻辑判断能力,可以对大量的输入数据进行必要的集中、加工和处理,并且能以有利于指导生产过程控制的方式表示出来,故对指导生产过程有一定的作用.另外,计算机有存储大量数据的能力,可以预先存入各种工艺参数,在数据处理过程中进行参数的越限报警等工作,或者按要求定时制表、打印或将数据处理的结果记录在外存储器中,作为资料保存或供分析使用.

(2) 直接数字控制系统

直接数字控制系统(DDC,Direct Digital Control)是计算机在工业应用中最普遍和最基本的一种方式.DDC系统中的计算机参加闭环控制过程,无需中间环节(调节器).它用一台微机对多个被控参数进行巡回检测,将检测结果与设定值进行比较,再根据规定的PID规律、模糊逻辑规律或直接数字方法等进行控制运算,最后输出到执行机构对生产过程进行控制,使被控参数稳定在给定值上.一般的直接数字控制系统有一个功能齐全的运行操作台,系统的给定、显示、报警等集中在此控制台上.其系统原理如图1.4所示.

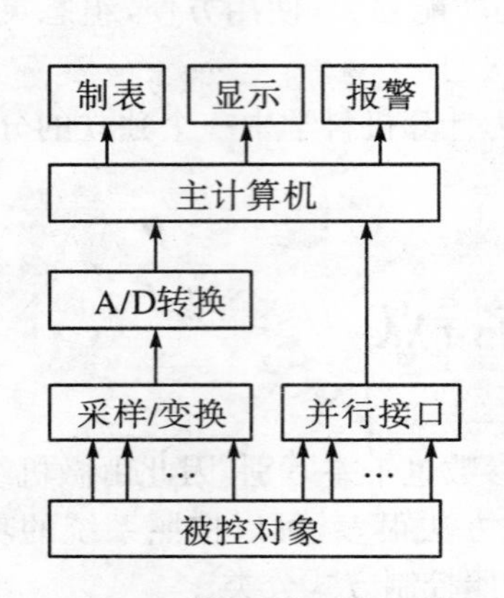

图1.3 数据采集、处理系统

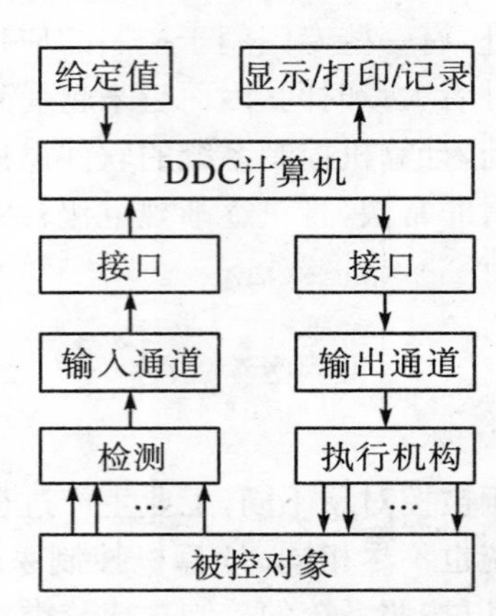

图1.4 DDC系统框图

在DDC系统中,计算机不仅完全取代模拟调节器,实现多回路的PID调节,而且不需要改变硬件,只需要通过改变软件就可以有效地实现较复杂的控制算法.

(3) 微机监督控制系统

在DDC方法中,对生产过程产生直接影响的被控参数给定值是预先设定的,这个给定值不能根据过程条件和生产工艺信息的变化及时修改,因此DDC方式无法使生产过程处于最优工况.

微机监督控制系统(SCC,Supervisory Computer Control)中,计算机根据工艺信息和其他参数,按照描述生产过程的数学模型或其他方法,自动地改变模拟调节器或者DDC系统的给定值,从而使生产过程始终处于最优工况(如最低消耗、最低成本、最高产量等).从这个角度上说,它的作用是改变给定值,所以又称为给定值控制(SPC,Set Point Computer Control).

SCC系统不仅可以进行给定值控制,同时还可以进行顺序控制、最优控制以及自适应控制等,其效果取决于生产过程的数学模型.如果这个数学模型能使某一目标函数达到最优状态,SCC方式就能实现最优控制;如果这个数学模型不理想,控制效果也会变差.监督控制系统有两种典型的结构形式,如图1.5所示.

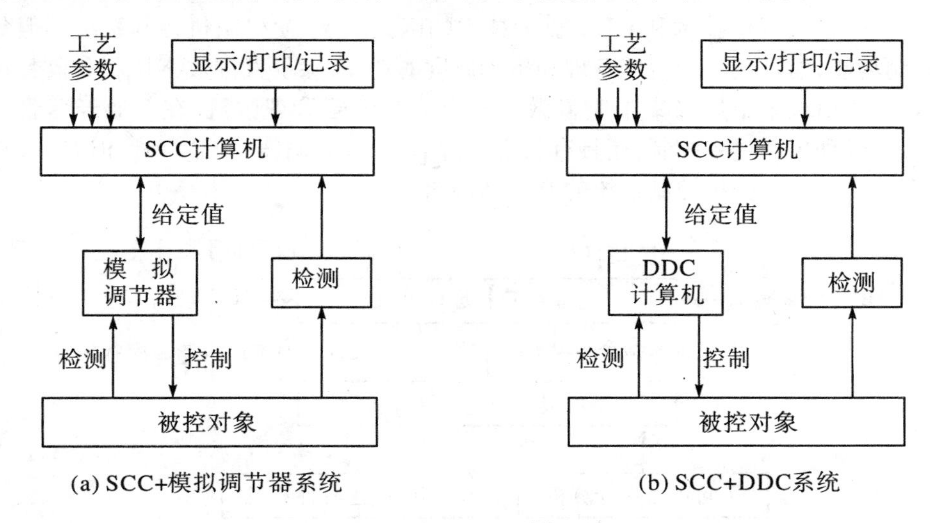

图1.5 SCC系统框图

(1) SCC+模拟调节器系统

在该系统中,微机的作用是对各物理量进行巡回检测并接收管理命令,然后,按照一定的数学模型计算后,输出给定值到模拟调节器.此给定值在模拟调节器中与检测值进行比较,其偏差值经模拟调节器计算后输出到执行机构,以达到调节生产过程的目的.这样,系统就可以根据生产情况的变化,不断地改变给定值,以达到实现最优控制的目的.一般的模拟系统是不能随意改变给定值的.因此,这种系统特别适合老企业的技术改造工程,以便能够充分利用原有的模拟调节器.

(2) SCC+DDC系统

该系统为两级微机控制系统,一级为监督级SCC,二级为DDC.SCC的作用与SCC+模拟调节器中的SCC一样,用来计算最佳给定值,它与DDC之间通过接口进行信息联系.直接数字控制器DDC用来把给定值与测量值(数字量)进行比较,其偏差由DDC进行数字计算,并实现对各个执行机构的调节控制作用.当DDC级计算机出现故障时,可由SCC计算机完成DDC的控制功能.它显然提高了控制系统的可靠性.与SCC+模拟调节器系统相比,其控制规律可以改变,使用更加灵活.

总之,SCC系统比DDC系统有更大的优越性,可以更接近于生产的实际情况.当系统中模拟调节器或DDC控制器出现故障时,可用系统代替调节器进行调节,因此大大提高了系统的可靠性.但是,由于生产过程很复杂,其数学模型建立比较困难,所以此系统要达到理想的最优化控制是不容易的.

(3) 分级控制系统

现代微机、通信技术和CRT显示技术的巨大进展,使得微机控制系统不但包含控制功能,而且还包含生产管理和指挥调度的功能.除了直接数字控制和监督控制以外,还出现了工厂级集中监督微机和企业级经营管理微机.在企业经营管理中,除了管理生产过程控制,还具有收集经济信息、计划调度、产品订货和运输等功能.图1.6为一个分级控制系统的典型结构图.

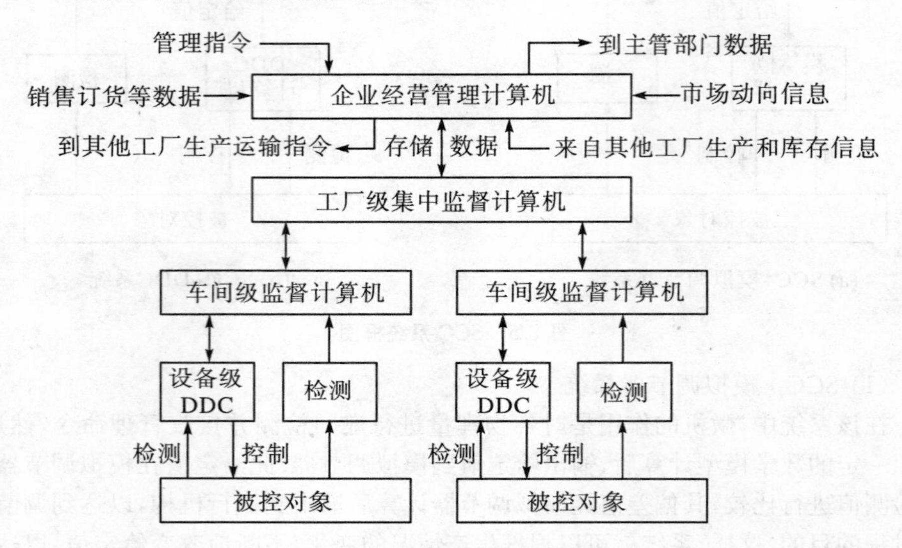

图1.6 分级控制系统框图

分级控制系统是工程大系统,它所要解决的不是局部最优化问题,而是一个工厂、一个公司乃至一个区域的总目标或总任务的最优化问题,即综合自动化问题.最优化的目标函数包括产量最高、质量最好、原料和能耗最小、成本最低、可靠性最高、环境污染最小等指标,它反映了技术、经济、环境等多方面的综合性要求.分级控制系统的理论基础是大系统理论.智能控制机器人可以看作是一个大系统,智能控制的结构之一就是分级控制.

(4) 集散控制系统

20世纪70年代中期出现的集散控制系统(DCS,Distributed Control System,或称分布控制系统),采用分散控制和集中管理的控制理念与网络化的控制结构,灵活地将控制服务器、基础自动化单元联系在一起.从综合自动化角度出发,按功能分散、管理集中和应用灵活等原则进行设计,具有高可靠性能,便于维修与更新.它以系统最优化为目标,以微处理机为核心,与数据通信技术、CRT显示、人机接口技术和输入/输出接口技术相结合，是用于数据采集、过程控制、生产管理的新型控制系统.该系统的典型结构如图1.7所示.

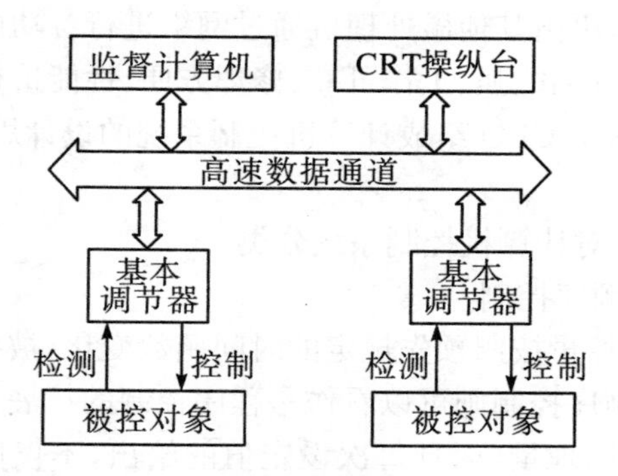

图1.7　集散控制系统框图

(6) 计算机控制网络

由一台中央计算机(CC)和若干台卫星计算机(SC)构成计算机网络，中央计算机配了齐全的各类外围设备，各个卫星计算机可以共享资源，网络中的设备以及其他资源可以得到充分利用.各个卫星机按照不同单元的功能要求由不同的微处理机进行操作控制；中央计算机用于协调各卫星机之间的工作，并实现生产过程监督控制功能，还能进行最优化计算和计划、调度、库存管理等工作.计算机控制网络如图1.8所示.

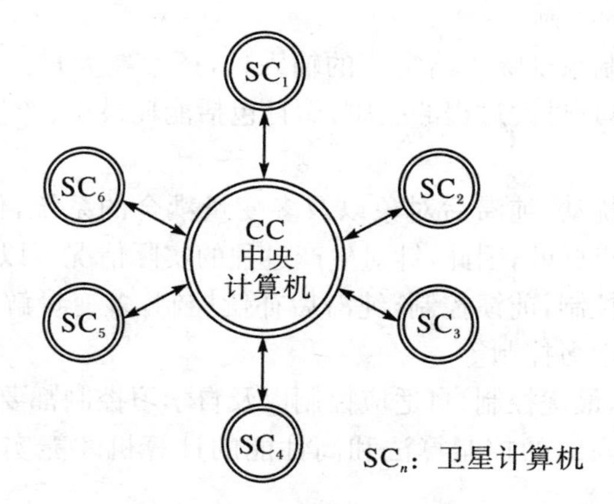

图1.8　计算机控制网络

应该指出的是，随着工业生产的发展，用户对计算机的可靠性和快速性提出了更高的要求，因此在一个计算机系统中只使用一个或少数几个CPU的传统概念受到了冲击.单个微处理机的功能虽然不很强,但足够完成各项局部工作.无论是分级控制、集散控制还是计算机控制网络,都是采用各个微处理机来完成局部工作,形成独立的功能模块,再由其他微处理机通过网络进行各功能模块之间的协调.采用这种设想构成的系统功能强、工作可靠、修理方便、性能价格比高.随着微处理器制造技术的进步,由多个 CPU 组成计算机控制系统的设计思想也越来越被人们所接受.

2. 按照控制规律对计算机控制系统分类

(1) 程序控制和顺序控制

程序控制是指被控量按照预先规定的时间函数变化,被控量是时间的函数,如加热炉的温度控制.顺序控制则可以看作是程序控制的扩展,在各个时期所给出的设定值可以是不同的物理量,而且每次设定值的给出,不仅取决于时间,还取决于对以前的控制结果的逻辑判断.

(2) 比例-积分-微分控制(简称 PID 控制)

调节器的输出是调节器输入的比例、积分、微分的函数.PID 控制一直是应用最广、最为广大工程技术人员所熟悉的技术.PID 控制结构简单,参数容易调整,因此无论模拟调节器或者数字调节器多数都使用 PID 控制.

(3) 有限拍控制

有限拍控制的性能指标是调节时间最短,要求设计的系统在尽可能短的时间里完成调节过程.有限拍控制通常在数字随动系统中应用.

(4) 复杂规律的控制

生产实践中控制系统除了给定值的输入外,还存在大量的随机扰动.另外,性能指标提法,也不单是过渡过程的品质,而且包括能耗最小、产量最高、质量最好等综合性指标.

对于存在随机扰动、纯滞后对象以及多变量耦合的系统,仅用 PID 控制是难以达到满意的性能指标的,因此,针对生产过程的实际情况可以引进各种复杂规律的控制,例如,串级控制,前馈控制,纯滞后补偿控制,多变量解耦控制以及最优控制,自适应控制,自学习控制等.

值得指出的是,最优控制、自适应控制以及自学习控制都要用到繁杂的数学计算,因此,通常需要高效的控制算法和高性能的计算机才能实现这些复杂规律的控制.

(5) 智能控制

智能控制理论是一种把先进的方法学理论与解决当前技术问题所需要的系统理论结合起来的学科.智能控制理论可以看作是三个主要理论领域的交叉或汇合,这三个理论领域分别是人工智能、运筹学和控制理论.智能控制系统实质上是一个大系统,是综合的自动化系统.

当然,还可以按照控制方式对计算机控制系统进行分类,这种分类方法和连续系统一样,可分为开环控制和闭环控制.本书主要讨论的是闭环计算机控制系统的理论和方法以及闭环计算机控制系统的分析和设计.

1.4　发展历程与趋势

1.4.1　计算机控制系统发展历程

计算机控制是计算机应用中一个非常大的分支,涉及国防、工业、农业、商业等不同领域.利用信息技术改造传统产业是信息化带动工业化的基础工作,计算机控制是这项工作的主要手段.

1. 计算机技术的发展过程

在生产过程控制中采用数字计算机的思想出现在 20 世纪 50 年代中期.最重要的工作开始于 1956 年 3 月,当时美国得克萨斯州的一个炼油厂与美国的 TRW 航空工业公司合作进行计算机控制研究,经过 3 年的努力,设计出了一个采用 RW-300计算机控制的聚合装置的系统,该系统控制 26 个流量、72 个温度、3 个压力、3 个成分,控制的目的是使反应器的压力最小,确定对 5 个反应器供料的最佳分配,根据催化剂活性测量结果来控制热水的流量以及确定最优循环.TRW 公司的这项开创性工作,为计算机控制技术的发展奠定了基础,从此,计算机控制技术获得了迅速的发展.可按以下 4 个阶段来描述其发展过程:

(1) 开创时期(1955 — 1962 年).早期的计算机使用电子管,体积庞大,价格昂贵,可靠性差,所以它只能从事一些操作指导和设定值控制.过程控制向计算机提出了许多特殊的要求,需要它对各种过程命令作出迅速响应,从而导致中断技术的发明,使计算机能够对更紧迫的过程任务及时作出反应.

(2) 直接数字控制时期(1962 — 1967 年).早期的计算机控制按照监督方式运行,属于操作指导或设定值控制,仍需要常规的模拟控制装置.1962 年,英国的帝国化学工业公司利用计算机完全代替了原来的模拟控制.该计算机控制 224 个变量和 129 个阀门.由于计算机直接控制过程变量,完全取代了原来的模拟控制,因而称这样的控制为直接数字控制,简称 DDC.

采用 DDC 系统一次投资较大,而增加一个控制回路并不需要增加很多费用.灵活性是 DDC 系统的一大优点,改变模拟控制系统需要改变线路,而改变计算机控制系统只需要改变程序即可.这是计算机控制技术发展方向上的重大变革,为以后的发展奠定了基础.

(3) 小型计算机时期(1967—1972年).整个20世纪60年代计算机技术有了很大的发展,新型计算机的体积更小,速度更快,工作更可靠,价格更便宜.到了20世纪60年代后半期,出现了各种类型的适合工业控制的小型计算机,从而使得计算机控制系统不再只是大型企业的工程项目,对于较小的工程问题也能利用计算机来控制.由于小型机的出现,过程控制计算机的台数迅速增长.

(4) 微型计算机时期(1972年至今).在1972年之后,由于微型计算机的出现和发展,计算机控制技术进入了崭新的阶段.在20世纪80年代,微电子学出现了超大规模集成电路技术并急剧发展,出现了各种类型的计算机和计算机控制系统.目前多媒体计算机的出现也必将推动计算机控制技术的发展.

采用微型计算机,已经制造出大量的分级递阶控制系统、分散型控制系统、专用控制器等,对工业的发展起到了巨大促进作用.

与计算机的硬件相比,计算机软件的发展则要慢得多,在整个20世纪50年代至70年代,软件生产的改进很有限.到20世纪70年代末,许多计算机控制系统仍采用汇编语言编程.现在已采用了高级语言进行实时控制,如Basic、Fortran、C、C++、Pascal、VB、VC等语言.

2. 计算机控制技术在我国的发展和应用

我国工业控制自动化的发展道路,开始于引进国外设备技术,同时进行消化吸收,然后进行二次开发和应用.目前我国工业控制自动化技术、产业和应用都有了很大的发展,我国工业计算机系统行业已经形成.

工业控制计算机(IPC)在中国的发展大致可以分为三个阶段.第一阶段是从20世纪80年代末到90年代初,这时市场上主要是国外品牌的昂贵产品.第二阶段是从1991年到1996年,台湾生产的价位适中的IPC工控机开始大量进入大陆市场,这在很大程度上加速了IPC市场的发展,IPC的应用也从传统工业控制向数据通信、电信、电力等对可靠性要求较高的行业延伸.第三阶段是从1997年开始,大陆本土的IPC厂商开始进入该市场,促使IPC的价格不断降低,也使工控机的应用水平和应用行业发生极大变化,应用范围不断扩大,IPC也随之发展成了中国第二代主流工控机技术.(目前,中国IPC工控机的大小品牌约有15个左右,主要有研华、凌华、研祥、深圳艾雷斯和华北工控等.)后来又出现了个人计算机(PC)+单回路可编程序控制器组合的计算机控制系统,由于此方案的数据采集、控制功能均由单回路可编程序控制器完成,集中管理在PC机上实现,系统组成灵活、规模可变、危险分散、费用不高,所以成为一种比较符合中国国情的控制系统选型方案.

可编程序控制器(PLC)迟至20世纪80年代初才为中国技术人员所熟悉,国内的PLC行业也比较萧条,在我国未形成制造产业.然而PLC技术的市场潜力是巨大的，需要应用 PLC 的场合很多.

从技术创新的角度看，我国大中型企业还要大力发展 CIMS 计算机集成制造系统，在机械制造厂要形成柔性制造系统（Flexible Manufacturing System，FMS），PLC 是基础，所以 PLC 的市场是广阔的.

相比之下，DCS 则在其刚刚问世一两年就开始进入中国，作为一种全新的控制模式，加上方便实用的屏幕显示器 CRT 显示手段，很快为中国用户所接受.我国从 20 世纪 70 年代中后期起，首先在大型进口化工设备成套中引入国外的 DCS.后来一段时间，我国主要行业（如电力、石化、建材和冶金等）的 DCS 基本全部进口.20 世纪 80 年代初期，在引进、消化和吸收的同时，我国开始了研制国产化 DCS 的技术攻关.20 世纪 90 年代，DCS 系统研制取得了实质性进展.现在我国研制生产的 DCS 系统，不仅品种数量大幅度增加，而且产品技术水平已经达到或接近国际先进水平.这些产品不仅占据了一定的市场份额，积累了发展的资本和技术，同时使得从国外引进的 DCS 系统的价格也大幅度下降.与此同时，国产 DCS 系统的出口也在逐年增长.

目前国内每年投放市场的 DCS 系统数量增长很快.DCS 中的现场控制器采用的还是第二代 IPC 工控机产品，需要用新一代工控机进行替代升级.随着网络经济快速发展，以前大量使用的工控机已经不能满足要求，现在已经开始用新一代 Compact PCI 总线工控机和 PXI 总线工控机进行替代.

一些生产大型 DCS 的厂商也开始推出中型化、小型化和微型化的 DCS.记录仪、数字显示仪类的产品也扩展了功能，厂家在为其配备通信接口后，也可以将它们作为数据采集器和后备仪表与 PC 构成简易型计算机控制系统（因某些记录仪、数字显示仪也带控制功能）.当系统工作正常时，可由 PC 机进行集中管理，一旦 PC 机出现故障，记录仪或数字显示仪可作为备用仪表显示工艺参数.国外 DCS 产品在国内市场中占有率仍较高，其中主要是霍尼韦尔（Honeywell）和横河（Yokogawa）公司的产品.

随着控制系统的产品向多元化发展，随着网络和现场通信技术的发展，控制系统设备一体化的呼声越来越高.近年来，控制系统的发展还出现这样一些趋势：向国产 DCS 系统转移，向 PLC 转移，向现场总线控制系统 FCS 转移，而以 PC 为基础的控制系统 PC-BCS（PC-Based Control System）也呈现良好的发展态势.

1.4.2　计算机控制系统发展趋势

根据计算机控制技术的发展情况，其前景依然非常广阔.要发展计算机控制技术，必须对生产过程知识、测量技术、计算机技术和控制理论等领域进行广泛深入的研究.

1．推广应用成熟的先进技术

(1)普及应用可编程序控制器(PLC).近年来,开发了具有智能 I/O 模块的PLC,它可以将顺序控制和过程控制结合起来,实现对生产过程的控制,并具有高可靠性.

(2) 广泛使用智能调节器.智能调节器不仅可以接受 4～20 mA 电流信号,还具有 RS-232 或 RS-422/485 通信接口,可与上位机连成主从式测控网络.

(3)采用新型的 DCS 和 FCS.发展以现场总线技术等先进网络通信技术为基础的 DCS 和 FCS 控制结构,并采用先进的控制策略,向低成本综合自动化系统的方向发展,实现计算机集成制造过程系统(CIMS/CIPS).

2．大力研究和发展先进控制技术

先进过程控制(APC,Advanced Process Control)技术以多变量解耦、推断控制和估计、多变量约束控制、各种预测控制、人工神经元网络控制和估计等技术为代表.模糊控制技术、神经网络控制技术、专家控制技术、预测控制技术、内模控制技术、分层递阶控制技术、鲁棒控制技术、学习控制技术已成为先进控制的重要研究内容.在此基础上,又将生产调度、计划优化、经营管理与决策等内容加入到APC之中,使 APC 的发展体现了计算机集成制造与过程系统的基本思想.由于先进控制算法的复杂性,先进控制的实现需要足够的计算能力作为支持平台.构建各种控制算法的先进控制软件包,形成工程化软件产品,也是先进控制技术发展的一个重要研究方向.

3．计算机控制系统的发展趋势

(1) 控制系统的网络化.随着计算机技术和网络技术的迅猛发展,各种层次的计算机网络在控制系统中的应用越来越广泛,规模也越来越大,从而使传统意义上的回路控制系统所具有的特点在系统网络化过程中发生了根本变化,并最终逐步实现了控制系统的网络化.

(2) 控制系统的扁平化.随着企业网技术的发展,网络通信能力和网络连接规模得到了极大的提高.现场级网络技术使得控制系统的底层也可以通过网络相互连接起来.现场网络的连接能力逐步提高,使得现场网络能够接入更多的设备.新一代计算机控制系统的结构发生了明显变化,逐步形成两层网络的系统结构,使得整体系统出现了扁平化趋势,简化了系统的结构和层次.

(3) 控制系统的智能化.人工智能的出现和发展,促进自动控制向更高的层次发展,即智能控制.智能控制是一类无需人的干扰就能够自主地驱动智能机器实现其目标的过程,也是用机器模拟人类智能的又一重要领域.随着多媒体计算机和人工智能计算机的发展,应用自动控制理论和智能控制技术来实现先进的计算机控制系统,必将大大推动科学技术的进步和工业自动化系统的水平的提高.

(4) 控制系统的综合化.随着现代管理技术、制造技术、信息技术、自动化技术、系统工程技术的发展,综合自动化技术(ERP+MES+PCS)被广泛地应用于工业过程,借助于计算机的硬件技术、软件技术,将企业生产全部过程中人、技术、经营管理三要素及其信息流、物流有机地集成并优化运行,为工业生产带来更大的经济效益.

第 2 章　过程通道与输入输出

要实现计算机对生产过程的控制,需要设法给计算机提供生产过程的各种物理参数,这就需要有信号的输入通道,另外还需将计算机的控制命令作用于生产过程,这就需要有信号的输出通道.

过程通道是在计算机和生产过程之间设置的信息传送和转换的连接通道,它包括模拟量输入通道、模拟量输出通道、数字量(开关量)输入通道、数字量(开关量)输出通道.生产过程的各种参数通过模拟量输入通道或数字量输入通道送到计算机,经过计算机进行计算和处理之后将所得的结果通过模拟量输出通道或数字量输出通道送到生产过程,从而实现对生产过程的控制.为此计算机和操作人员之间应设置显示器和操作器,其中一种是 CRT 显示器和键盘,另外一种是针对某个生产过程控制的特点而设计的操作控制台等.其作用一是显示生产过程的状况,二是供操作人员操作,三是显示操作结果.

在过程控制系统中,需要处理一类最基本的输入输出信号,即数字量(开关量)信号,这些信号包括:开关的闭合与断开,指示灯的亮与灭,继电器或接触器的吸合与释放,电机的启动与停止,设备的安全状况等.这些信号的共同特征是以二进制的逻辑“1”和逻辑“0”出现的.在过程控制系统中,对应的二进制数码的每一位都可以代表生产过程中的一个状态,这些状态都被作为控制的依据.

数字量的种类一般分为电平式和触点式,电平式是指高电平或低电平,而触点式一般又分为机械触点和电子触点,如按钮、旋钮、行程开关、继电器等触点是机械触点,晶体管输出型的接近开关和光电开关等的输出触点是电子触点.

2.1　数字量输入输出通道的结构

2.1.1　数字量输入通道的结构

1. 输入调理电路

数字量输入通道的基本功能是接收外部装置或生产过程的状态信号.这些状

态信号的形式可能是电压、电流、开关的触点等，因此会引起瞬时的高压、过低压、接触抖动等现象.为了将外部开关量引入到计算机，必须将现场输入的状态信号经转换、保护、滤波、隔离等措施转换成计算机能够接收的逻辑信号，这些功能称为信号调理.下面针对不同的情况分别介绍相应的信号调理技术.它将触点的接通和断开动作转换成 TTL 电平与计算机相连.为了消除由于触点的机械抖动而产生的振荡信号，一般都加入有较长时间常数的积分电路来消除这种振荡.

2. 大功率输入调理电路

在大功率系统中，需要从电磁离合器等大功率器件的接点输入信号.在工业现场中，经常用到的数字量输入有：按钮式无源接点、晶体管输出型的接近开关、光电开关和旋转编码器等，它们的输出有 NPN 和 PNP 两种方式.

2.1.2　输出驱动电路

1. 晶体管输出驱动电路

采用光电耦合器隔离，输出动作可以频繁通断，晶体管类型输出的响应时间在 0.2 ms 以下.

2. 继电器输出驱动电路

隔离方式为机械隔离，由于机械触点的开关速度限制，所以输出变化速度慢，继电器类型输出的响应时间在 10 ms 以上，同时继电器输出型是有寿命的，开关次数有限.固态继电器(SSR)是一种四端有源器件，电路接通以后，由触发器电路给出晶闸管的触发信号.

2.2　模拟量输出通道

在过程计算机控制系统中，模拟量输出通道是实现控制的关键，它的任务是把计算机输出的数字信号转换成模拟电压或电流信号，以控制调节阀或驱动相应的执行机构，达到计算机控制的目的.

2.2.1　D/A 转换器的工作原理及性能参数

在 D/A 转换中，要将数字量转换成模拟量，必须先把每一位代码按其“权”的大小转换成相应的模拟量，然后将各分量相加，其总和就是与数字量相应的模拟量，这就是 D/A 转换的基本原理.

D/A 转换器的主要性能参数：

分辨率反映了 D/A 转换器对模拟量的分辨能力，定义为基准电压与 2^n 之比值，其中 n 为 D/A 转换器的位数，如 8 位、10 位、12 位等. 例如，基准电压为 5 V，那么 8 位 D/A 转换器的分辨率为 5 V/256 = 19.53 mV，12 位 D/A 转换器的分辨率为 1.22 mV. 在实际使用中，一般用输入数字量的位数来表示分辨率大小，分辨率取决于 D/A 转换器的位数.

输入二进制数变化量是满量程时，D/A 转换器的输出达到离终值 ±1/2LSB 时所需要的时间. 对于输出是电流型的 D/A 转换器来说，稳定时间是很快的，约几 μs，而输出是电压的 D/A 转换器，其稳定时间主要取决于运算放大器的响应时间.

允许误差指在全量程范围内，D/A 转换器的实际输出值与理论值之间的最大偏差. D/A 转换器的种类很多，按数字量输入方式可分为并行输入和串行输入两种；按模拟量输出方式分，可分为电流输出和电压输出两种.

2.2.2 8 位 D/A 转换器 DAC0832

(1) DAC0832 的原理框图（如图 2.1 所示）

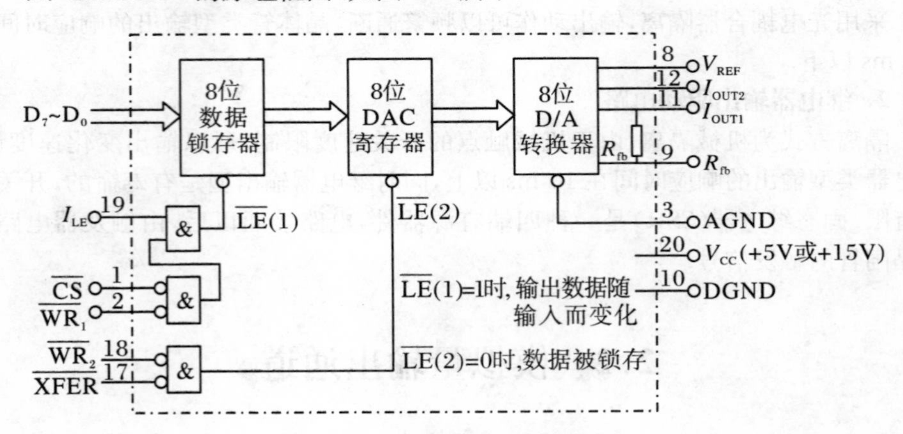

图 2.1 DAC0832 原理框图

其引脚功能如下：

① 数据

$D_7 \sim D_0$：数字量输入；

I_{OUT1}：DAC 电流输出 1，它是逻辑电平为 1 的各位输出电流之和，此信号一般作为运算放大器的差动输入信号之一；

I_{OUT2}：DAC 电流输出 2，它是逻辑电平为 0 的各位输出电流之和，此信号一般作为运算放大器的另一个差动输入信号.

② 控制

$\overline{CS}$：片选信号；

I_{LE}：输入锁存允许信号；

$\overline{WR_1}$：输入锁存器写选通信号；

$\overline{WR_2}$：DAC 寄存器写选通信号；

$\overline{XFER}$：数据传送控制信号；

R_{fb}：反馈电阻.

③ 电源与地

V_{CC}：数字电路供电电压，一般为 +5～+15 V；

AGND：模拟地；

DGND：数字地.

两种不同性质的地，应单独连接，但在一般情况下，最后总有一点接在一起，以提高抗干扰的能力.

I_{LE}、$\overline{CS}$、$\overline{WR_1}$是 8 位输入寄存器工作时的三个控制信号. 当 $I_{LE}=1$、$\overline{CS}=\overline{WR_1}=0$ 时，允许数据输入；否则，8 位数据锁存器控制.

在$\overline{XFER}$有效的情况下，$\overline{WR_2}$信号用于控制将输入寄存器中的数字传送到 8 位 DAC 寄存器中.

8 位 D/A 转换器接收被 8 位 DAC 寄存器锁存的数据，并把该数据转换成相对应的模拟量，输出到信号端 I_{OUT1} 和 I_{OUT2}.

(2) DAC0832 的工作方式

针对使用两个寄存器的方法，形成了 DAC0832 的三种工作方式，分别为双缓冲方式、单缓冲方式和直通方式.

在使用时，可以通过对控制管脚的不同设置而决定是采用双缓冲工作方式[控制$\overline{LE(1)}$和$\overline{LE(2)}$]、单缓冲工作方式[只控制$\overline{LE(1)}$或$\overline{LE(2)}$，另一级始终直通]还是直通方式[$\overline{LE(1)}=\overline{LE(2)}=1$].

(3) DAC0832 接口电路

DAC0832 是 8 位的 D/A 转换器，可以连接数据总线为 8 位、16 位或更多位的 CPU. 当连接 8 位 CPU 时，DAC0832 的数据线 DI_0～DI_7可以直接接到 CPU 的数据总线 D_0～D_7，当连接 16 位或更多位的 CPU 时，DAC0832 的数据线 DI_0～DI_7接到 CPU 数据总线的低 8 位(D_0～D_7)，为了提高数据总线的驱动能力，D_0～D_7可经过数据总线驱动器(如 74LS244)，再接到 DAC0832 的数据输入端(DI_0～DI_7).

DAC0832 与 CPU 之间的接口电路如图 2.2 所示. CPU 数据总线(D_0～D_7)经总线驱动器接至 DAC0832 的数据端，CPU 的地址总线经地址译码电路产生 DAC0832 芯片的片选信号；DAC0832 工作在单缓冲方式，当进行 D/A 转换时，CPU 只需执行一条输出指令，就可以将被转换的 8 位数据通过 D_0～D_7 经过总线驱动器传给 DAC0832 的数据输入端，并立即启动 D/A 转换，在运放输出端 V_{OUT} 输出对应的模拟电压.

设其第一级地址为 0FDFFH，第二级地址为 0FEFFH，用汇编语言编写的程序如下：

```
MOV    DPTR,  ＃0FDFFH   ;建立 D/A 转换器地址指针
MOV    A,     ＃nnH      ;待转换的数字量送 A
MOVX   @DPTR,  A         ;输出 D/A 转换数字量
INC    DPH               ;求第二级地址
MOVX   @DPTR,  A         ;将累加器的内容送给 DAC0832,进行 D/A 转换
```

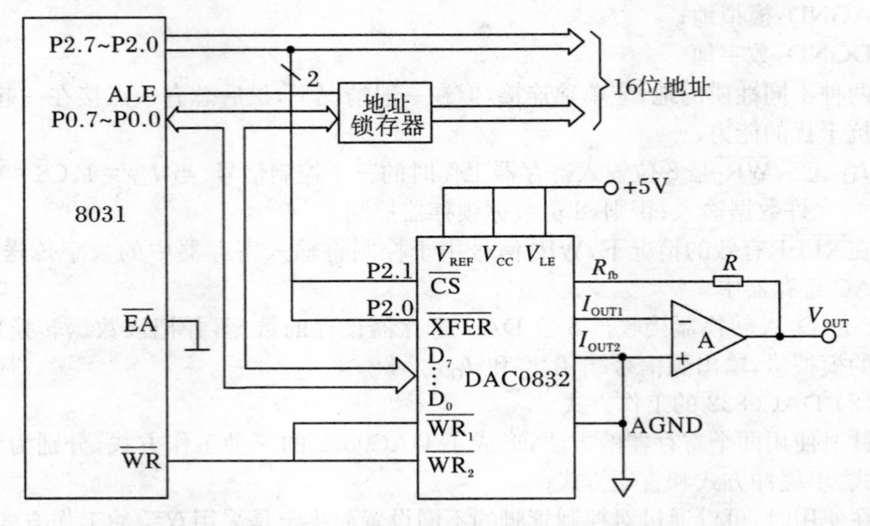

图 2.2　DAC0832 与 CPU 的接口电路图

2.2.3　12 位 D/A 转换器 DAC1210

DAC1210 是可以用字节控制信号 BYTE1/$\overline{2}$控制数据的输入，当该信号为高电平时，12 位数据(DI_0～DI_{11})同时存入第一级的两个输入寄存器.

为了用 8 位数据线(D_0～D_7)来传送 12 位被转换数据(DI_0～DI_{11})，CPU 须分两次传送被转换数据. 首先使 BYTE1/$\overline{2}$为高电平，将被转换的高 8 位(DI_4～DI_{11})传送给高 8 位输入寄存器；选用 16 位或 16 位以上的 CPU 时，可以一次性地将 12 位数据送给 D/A 转换器，实现起来很方便，可以直接将 CPU 的数据线的低 12 位经过数据总线驱动器接到 DAC1210 的数据端(DI_0～DI_{11})，此时引脚 BYTE1/$\overline{2}$为高电平.

2.2.4　D/A 转换器的输出

在计算机过程控制中，外部执行机构有电流控制的，也有电压控制的，因此根

据不同的情况，使用不同的输出方式. D/A 转换的结果若是与输入二进制码成比例的电流，称为电流 DAC，若是与输入二进制码成比例的电压，称为电压 DAC.

1. 电压输出

常用的 D/A 转换芯片大多属于电流 DAC，然而在实际应用中，多数情况需要电压输出，这就需要把电流输出转换为电压输出，采取的措施是用电流 DAC 电路外加运算放大器. 输出的电压可以是单极性电压，也可以是双极性电压. 输出范围有 −5～+5 V 和 −10～+10 V.

外接一级运算放大器，构成单极性电压输出，如图 2.3 所示.

外接两级运算放大器，构成双极性电压输出，如图 2.4 所示.

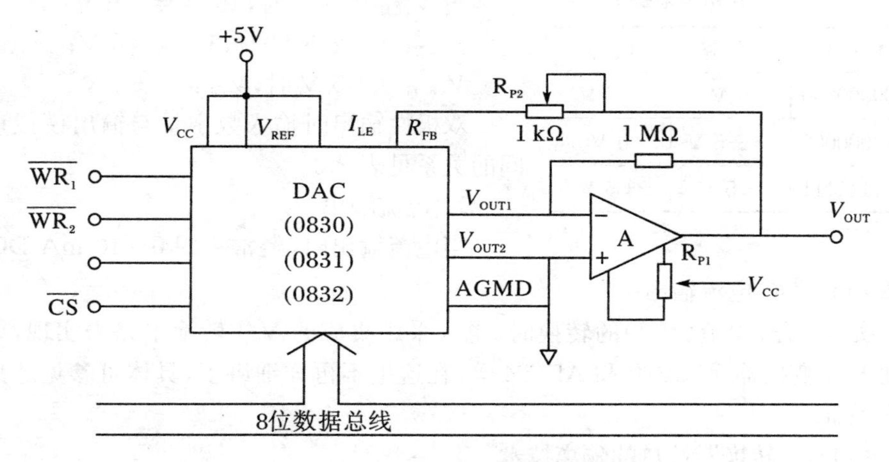

图 2.3　DAC0832 单极性电压输出电路

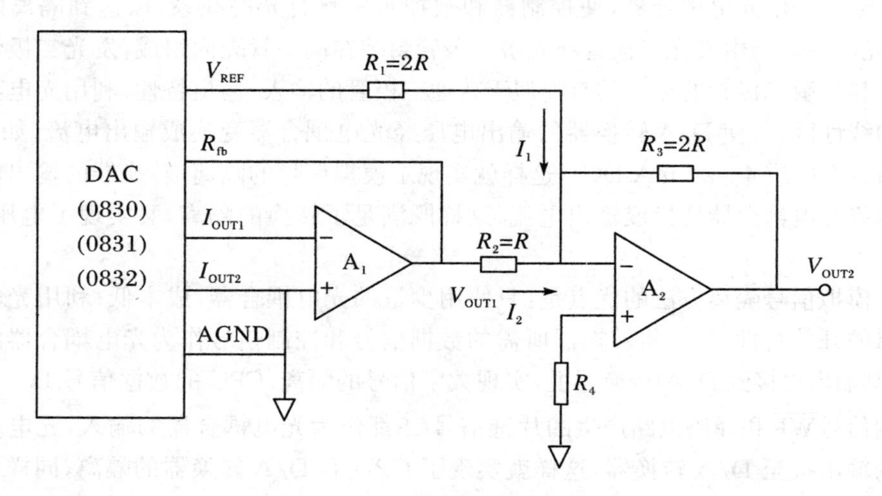

图 2.4　DAC0832 双极性电压输出电路

注意：V_{OUT1}与V_{REF}反相；V_{OUT2}与输入反相；$R_1=2R$，$R_2=R$，$R_3=2R$.

图2.4可求出D/A转换器的总输出电压：

$$V_{OUT2}=-\left(\frac{R_3}{R_2}V_{OUT2}+\frac{R_3}{R_1}V_{REF}\right) \tag{2.1}$$

代入R_1、R_2、R_3的值，可得：

$$V_{OUT2}=-\left(\frac{2R}{R}V_{OUT1}+\frac{2R}{2R}V_{REF}\right)=-(2V_{OUT1}+V_{REF}) \tag{2.2}$$

表2.1 双极性输出时输入数字量与输出模拟量关系表

$D_7 \cdots D_0$	V_{OUT1}	V_{OUT2}
00000000	0 V	−5 V
10000000	−2.5 V	0 V
11111111	−5 V	+5 V

设$V_{REF}=+5$ V，则由式(2.2)可得出：

当$V_{OUT1}=0$ V时，$V_{OUT2}=-5$ V；

$V_{OUT1}=-2.5$ V时，$V_{OUT2}=0$ V；

$V_{OUT1}=-5$ V时，$V_{OUT2}=+5$ V.

双极性输出时输入数字量与输出模拟量之间的关系见表2.1.

2. 电流输出

当电流输出时，经常采用0～10 mA DC或4～20 mA DC电流输出.

实现电压/电流(V/I)的转换时，也可采用集成的V/I转换电路来实现，如高精度V/I变换器ZF2B20和AD694等，在这里不再详细讲了，具体可参见芯片的用户手册.

3. D/A转换器接口的隔离技术

通常采用光电耦合器，使控制器和被控对象只有光的联系，以达到隔离的目的. 光电耦合器由发光二极管和光敏三极管封装在同一管壳内组成，发光二极管的输入和光敏三极管的输出具有类似于普通三极管的输入-输出特性. 利用光电耦合器的线性区，可使D/A转换器的输出电压经光电耦合器变换成输出电流(如0～10 mA DC或4～20 mA DC)，这样就实现了模拟信号的隔离. 转换器的输出电压经两级光电耦合器变换成输出电流，这样既满足了转换的隔离，又实现了电压/电流变换.

模拟信号隔离方法的优点是：只使用少量的光电耦合器，成本低；利用光电耦合器的开关特性，可以将转换器所需的数据信号和控制信号作为光电耦合器的输入，其输出再接到D/A转换器上，实现数字信号的隔离. CPU的数据信号$D_0 \sim D_7$、控制信号$\overline{WR}$和译码电路产生的片选信号$\overline{CS}$都作为光电耦合器的输入，光电耦合器的输出接至D/A转换器，这样就实现了CPU和D/A转换器的隔离，同样也就实现了CPU和被控对象的隔离.

数字信号隔离的优点是调试简单，不影响转换的精度和线性度；缺点是使用较多的光电耦合器，成本高.

2.2.5 D/A 转换模板的标准化设计

D/A 转换模板的设计原则是：根据用户对 D/A 输出的具体要求，设计者应合理地选择 D/A 转换芯片及相关的外围电路，如 D/A 转换器的分辨率、稳定时间和绝对误差等.在设计中，一般没有复杂的电路参数计算，但需要掌握各类集成电路的性能指标及引脚功能，以及与 D/A 转换模板连接的 CPU 或计算机总线的功能、接口及其特点.在硬件设计的同时还须考虑软件的设计，并充分利用计算机的软件资源.因此，只有做到硬件和软件的合理结合，才能在较少硬件投资的情况下，设计出同样功能的 D/A 转换模板.

2.3 模拟量输入通道

在计算机控制系统中，模拟量输入通道的任务是把被控对象的模拟信号(如温度、压力、流量和成分等)转换成计算机可以接收的数字信号. A/D转换后，输出的数字信号可以有 8 位、10 位、12 位和 16 位等.

2.3.1 A/D 转换器的工作原理及性能参数

逐次逼近式 A/D 是比较常见的一种 A/D 转换电路，转换的时间为 μs 级.逐次逼近法的转换过程是：转换结束后，将逐次逼近寄存器中的数字量送入缓冲寄存器，得到数字量的输出.逐次逼近的操作过程是在一个控制电路的控制下进行的.它的基本原理是将输入电压变换成与其平均值成正比的时间间隔，再把此时间间隔转换成数字量，这属于间接转换.

双积分法 A/D 转换的过程是：计数器在反向积分时间内所计算的数值，就是输入模拟电压 V_i 所对应的数字量，实现了 A/D 转换.

双积分式 A/D 每进行一次转换，都要进行一次固定时间的正向积分和一次积分时间与输入电压成正比的反向积分，故称为双积分.采用电压频率转换法的A/D转换器，由计数器、控制门及一个具有恒定时间的时钟门控制信号组成.它的工作原理是通过 V/F 转换电路把输入的模拟电压转换成与模拟电压成正比的脉冲信号.

采用电压频率转换法的工作过程是：当模拟电压 V_i 加到 V/F 的输入端，便产生频率 F 与 V_i 成正比的脉冲，在一定的时间内对该脉冲信号计数，统计到计数器的计数值正比于输入电压 V_i，从而完成 A/D 转换. 典型的 V/F 转换芯片 LM331 与微机的定时器和计数器配合起来完成 A/D 转换.

A/D 转换的主要性能参数：

分辨率是指 A/D 转换器能分辨的最小模拟输入量. 通常用能转换成的数字量的位数来表示，如 8 位、10 位、12 位、16 位等. 例如，对于 8 位 A/D 转换器，当输入电压满刻度为 5 V 时，其输出数字量的变化范围为 0～255，转换电路对输入模拟电压的分辨能力为 5 V/256 = 19.5 mV.

转换时间是 A/D 转换器完成一次转换所需的时间. 转换时间是编程时必须考虑的参数. 量程是指所能转换的输入电压范围.

精度是指与数字输出量所对应的模拟输入量的实际值与理论值之间的差值. A/D 转换电路中与每一个数字量对应的模拟输入量并非是单一的数值，而是一个范围 Δ. 例如对满刻度输入电压为 5 V 的 12 位 A/D 转换器，Δ = 5 V/FFFH = 1.22 mV，定义为数字量的最小有效位 LSB.

若理论上输入的模拟量 A，产生数字量 D，而输入模拟量 $A \pm \Delta/2$ 产生还是数字量 D，则称此转换器的精度为 ±0 LSB. 目前常用的 A/D 转换器的精度为 1/4～2 LSB.

A/D 转换器的种类很多，既有中分辨率的，也有高分辨率的；不仅有单极性电压输入，也有双极性电压输入；下面从应用角度介绍两种常用的 8 位 A/D 转换器芯片 ADC0809 和 12 位 A/D 转换器芯片 AD574，要掌握该芯片的外特性和引脚功能，以便正确地使用.

2.3.2 8 位 A/D 转换器

1. ADC0809 的结构

ADC0809 的原理图如图 2.5 所示.

其结构主要包括以下几个部分：

模拟量输入端：IN_7～IN_0，用于选通 8 路模拟输入中的一路.

START：启动信号，高电平有效. 用来控制通道选择开关的打开与闭合.

EOC：转换结束信号，表示 A/D 转换完毕，可用做 A/D 转换是否结束的检测信号,或向 CPU 申请中断的信号.

ALE:地址锁存允许,ALE=1 时,接通某一路的模拟信号;ALE=0 时,锁存该路的模拟信号.

OE:输出允许信号,经 A/D 转换后的数字量保存在 8 位锁存寄存器中,当 OE 有效时,打开三态门,转换后的数据通过数据总线传送到 CPU.

$D_7 \sim D_0$:8 位数字量输出端.

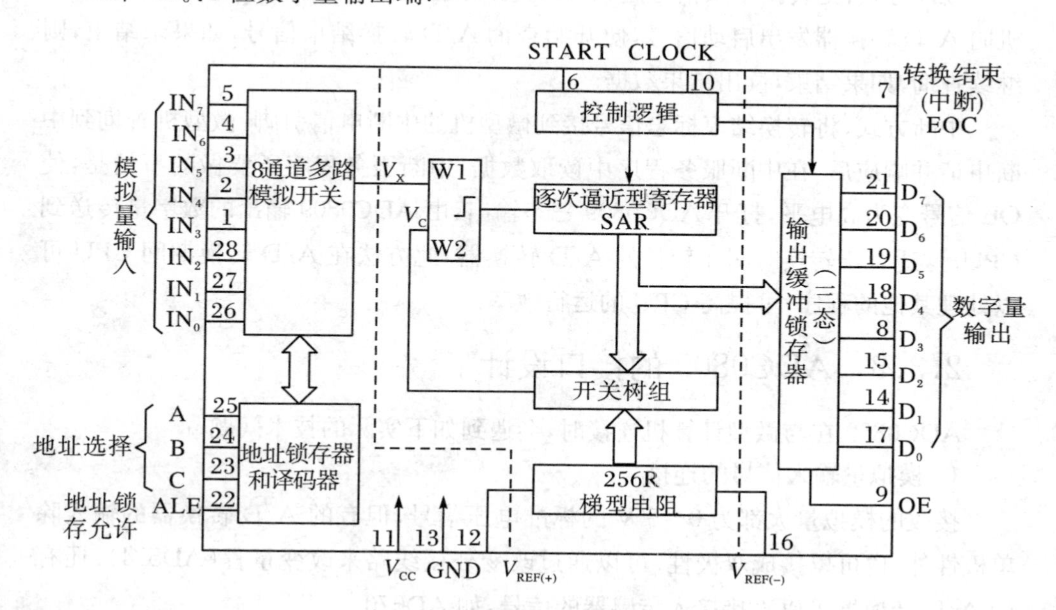

图 2.5　ADC0809 的原理图

2. ADC0809 的工作过程

对 ADC0809 的控制过程是:控制逻辑控制逐次逼近寄存器从高位到低位逐次取“1”,将此数字量送到开关树组(8 位),用以控制开关 $K_7 \sim K_0$ 是否与参考电平相连.参考电平经 256R 梯型电阻网络输出一个模拟电压 V_C. V_C 与输入模拟量 V_X 在比较器中进行比较.当 $V_C > V_X$ 时,该位 $D_i=0$;若 $V_C \leqslant V_X$,则 $D_i=1$,且一直保持到比较结束.从 $D_7 \sim D_0$ 比较 8 次,逐次逼近寄存器中的数字量,此数字量送入输出锁存器,同时发出转换结束信号(EOC=1).此时 CPU 就可以通过使 OE 信号为高电平,从而打开 ADC0809 三态输出,由 ADC0809 输出的数字量传送到 CPU.

3. CPU 读取 A/D 转换器数据的方法

如果已知 A/D 转换器的转换时间为 T_0,那么在 CPU 启动 A/D 转换之后,只需延时等待该段时间,就可以读取 A/D 转换的数据,延时等待的时间不能小于 A/D 转换器的转换时间.这适合于转换时间比较短的 A/D 转换器.此方法接口电路设计比查询法简单,不必读取 EOC 的状态,但必须要知道 A/D 转换器的转换时间.

查询方式,把转换结束信号送到 CPU 数据总线或 I/O 接口的某一位上.微型机向 A/D 转换器发出启动信号,便开始查询 A/D 转换结束信号,如果未结束,则继续查询,如果结束,读出结果数据.

中断方式,将转换结束标志信号接到微型机的中断申请引脚.微型机查询到中断申请并响应后,在中断服务程序中读取数据.中断服务程序所要做的事情是,使 OE 信号变为高电平,打开 ADC0809 三态输出,由 ADC0809 输出的数字量传送到 CPU.这适合于转换时间比较长的 A/D 转换器.此方法在 A/D 转换期间 CPU 可以处理其他的程序,可提高 CPU 的运行效率.

2.3.3 ADC0809 的接口设计

ADC0809 在与微型计算机连接时,会遇到如下实际的技术问题.

1. 模拟量输入信号的连接

接收的模拟量大都为 0～5 V 的标准电压信号,但有的 A/D 转换器的输入除单极性外,也可以接成双极性.可以通过改变外接线路来改变量程(AD574).还有的 A/D 转换器可以直接接入传感器的信号,如 AD670.

另外,除了单通道输入外,有时还需要多通道输入方式.对于多通道输入方式可以采用两种方法.一种是采用单通道 A/D 芯片,这时需在模拟量输入端加接多路开关、采样/保持器.另外一种是采用带有多路开关的 A/D 转换器,如 ADC0808 和 AD7581、ADC0816 等.

2. 数字量输出引脚的连接

对于 A/D 转换器内部未含输出锁存器的,需通过锁存器或 I/O 接口与微型机相连.如 Intel 8155、8255、8243、74LS273、74LS373、8212 等.对于 A/D 转换器内部含有数据输出锁存器的,可直接与微型机相连,也可以通过 I/O 接口连接,以便增加控制功能.

3. A/D 转换器的启动方式

任何 A/D 转换器都只在接到启动信号后,才开始进行转换.根据芯片的不同,要求的启动方式也不同.常见的有两种启动方式：

（1）脉冲启动

可用$\overline{WR}$信号或译码器的输出 Y_i通过逻辑电路实现，如ADC0809、ADC80、AD574A.

（2）电平启动

· 启动电平加上后，A/D 转换即刻开始.

· 在转换过程中，必须保持这一电平，否则停止转换.

· 通过锁存器、D 触发器或并行 I/O 接口等来实现，如 AD570、ADC0801 和 AD670 等.

4. 转换结束信号的处理方法

A/D 转换过程完成后发出转换结束信号.微型机检查判断 A/D 转换结束的方法有以下三种：查询方式、中断方式和延时方式.采用中断方式的 A/D 转换接口电路如图 2.6 所示，采用查询方式的 A/D 转换接口电路如图 2.7 所示.

5. 参考电平的连接

A/D 转换是在 D/A 转换的基础上实现的.参考电平是供给其内部 D/A 转换器的标准电源，它直接关系到 A/D 转换的精度，因而对该电源的要求比较高，要求由稳压电源供电.不同的 A/D 转换器，参考电源的提供方法也不一样.通常 8 位 A/D 转换器采用外电源供给，如 AD7574、ADC0809 等.更高位数 A/D 转换器则常在内部设有精密参考电源，如 AD574A、ADC80 等.对于单极性输入方式，$V_{REF(+)}$接 +5 V，$V_{REF(-)}$接地；对于双极性输入方式，$V_{REF(+)}$接 +5 V/+10 V，$V_{REF(-)}$接 −5 V/−10 V.

6. 时钟的连接

A/D 转换过程都是在时钟作用下完成的，时钟频率是决定芯片转换速度的基准.

时钟的提供方法有两种，一是内部提供，经常外接 RC 电路来提供.二是由外部时钟提供，可以用单独的振荡器，用 CPU 时钟经分频后，送至 A/D 转换器的相应时钟端.

7. 接地问题

接地问题的处理关系到系统的抗干扰能力，其作法是将模拟地和数字地分别连接，再把这两种“地”用一根导线连接起来.

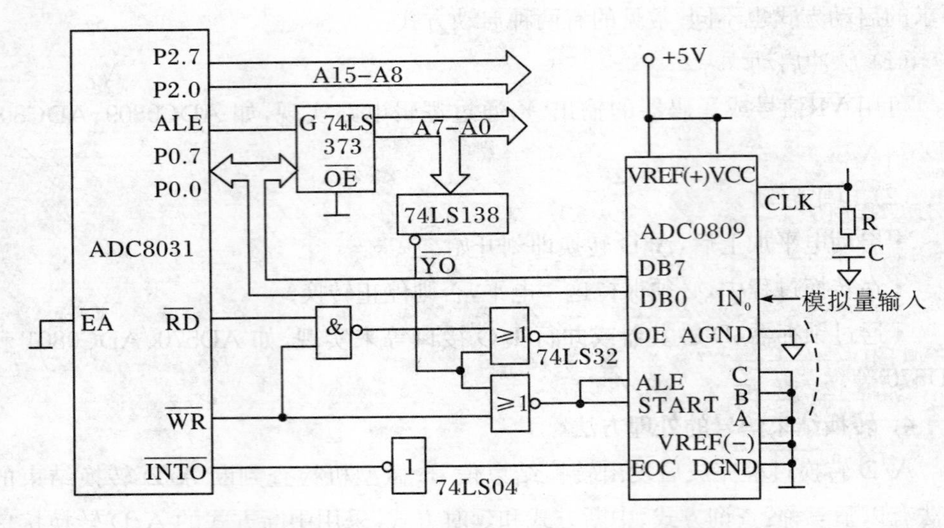

图 2.6 ADC0809 与 ADC8031 的中断接口电路图

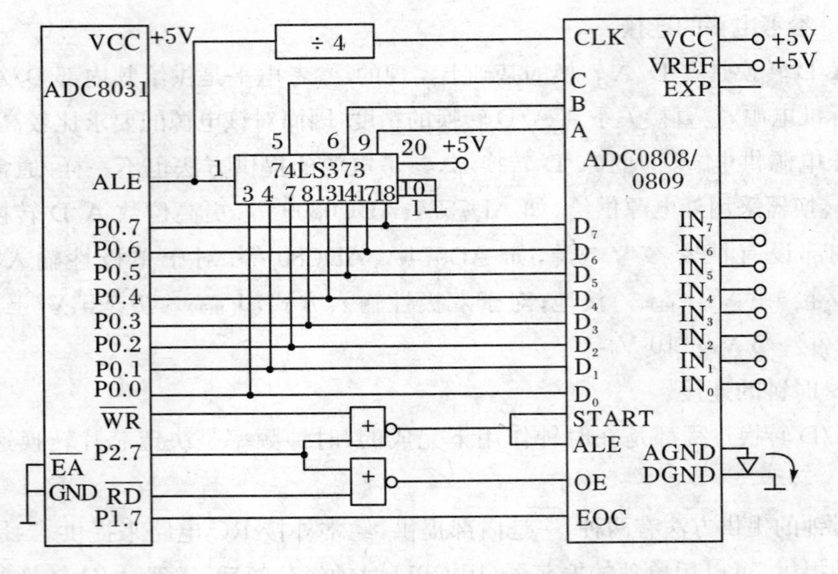

图 2.7 ADC0809 与 ADC8031 的查询方式接口电路图

2.3.4 高于 8 位的 A/D 转换器及其接口技术

AD574 是美国模拟器件公司的产品,是先进的高集成度、低价格的逐次逼近式转换器.

1. AD574 的结构框图及引脚说明(图 2.8)

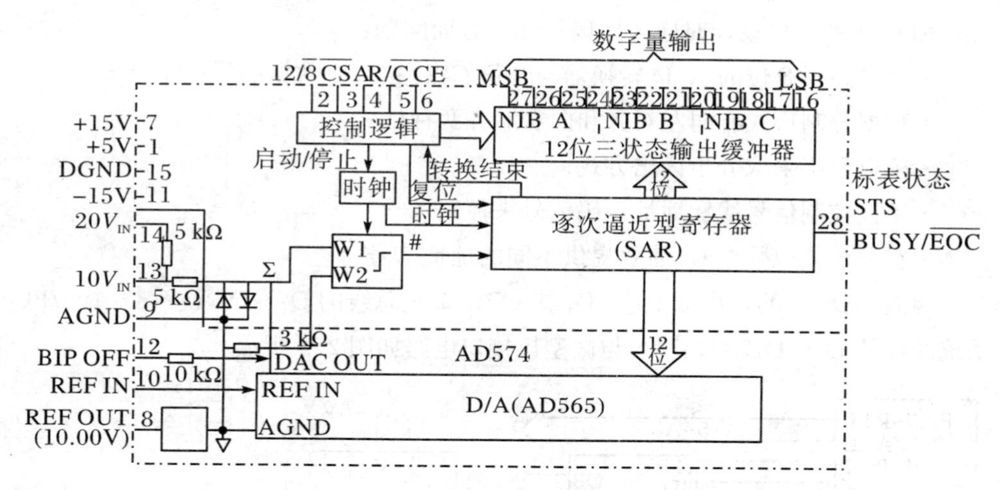

图 2.8　AD574 的结构框图

转换器的启动和数据读出由 CE、$\overline{CS}$和 R/$\overline{C}$引脚来控制. 当 CE = 1、$\overline{CS}$ = 0、R/$\overline{C}$ = 0 时,转换过程开始;当 CE = 1、$\overline{CS}$ = 0、R/$\overline{C}$ = 0 时,数据可以被读出.

数据输出方式选择信号,高电平时输出 12 位数据,低电平时与 A_0 信号配合输出高 8 位或低 4 位数据. 在转换状态,A_0 为低电平可使 AD574 进行 12 位转换,A_0 为高电平时可使 AD574 进行 8 位转换. 在读数状态,如果 12/$\overline{8}$为低电平,当 A_0 为低电平时,则输出高 8 位数据,而 A_0 为高电平时,则输出低 4 位数据;如果 12/$\overline{8}$为高电平,则 A_0 的状态不起作用.

参考电压输入,+10 V 参考电压输出,具有 1.5 mA 的带负载能力. 负电源可选 −11.4～−16.5 V 之间的电压. 状态输出信号转换时为高电平,转换结束为低电平.

2. AD574 的工作过程

AD574 的工作过程分为启动转换和转换结束后读出数据两个过程. $\overline{CS}$视为选中 AD574 的片选信号,R/$\overline{C}$为启动转换的控制信号. 输出数据时,首先根据输出数据的方式(即是 12 位并行输出,还是分两次输出)来确定 12/$\overline{8}$是接高电平还是接低电平;然后在 CE = 1、$\overline{CS}$ = 0、R/$\overline{C}$ = 1 的条件下,确定 A_0 的电平. 若为 12 位并行输出,A_0 端输入电平信号可高可低;若分两次输出 12 位数据,A_0 = 0,输出 12 位数据的高 8 位,A_0 = 1,输出 12 位数据的低 4 位.

3. AD574的接口设计

AD574的接口设计时应考虑以下几个方面问题：

· 对于高于8位的A/D转换器与8位CPU接口时数据的传送需分步进行.

· 数据分割形式有向左对齐和向右对齐两种格式.

· 读取数字采取分步读出方式.

· 用读控制信号线和地址译码信号来控制.

· 在分步读取数据时,需要提供不同的地址信号.

因而AD574的输出端$D_{11}\sim D_4$接CPU系统总线的$D_7\sim D_0$,$D_3\sim D_0$接CPU系统总线的$D_7\sim D_4$. AD574A与微型机接口电路如图2.9所示.

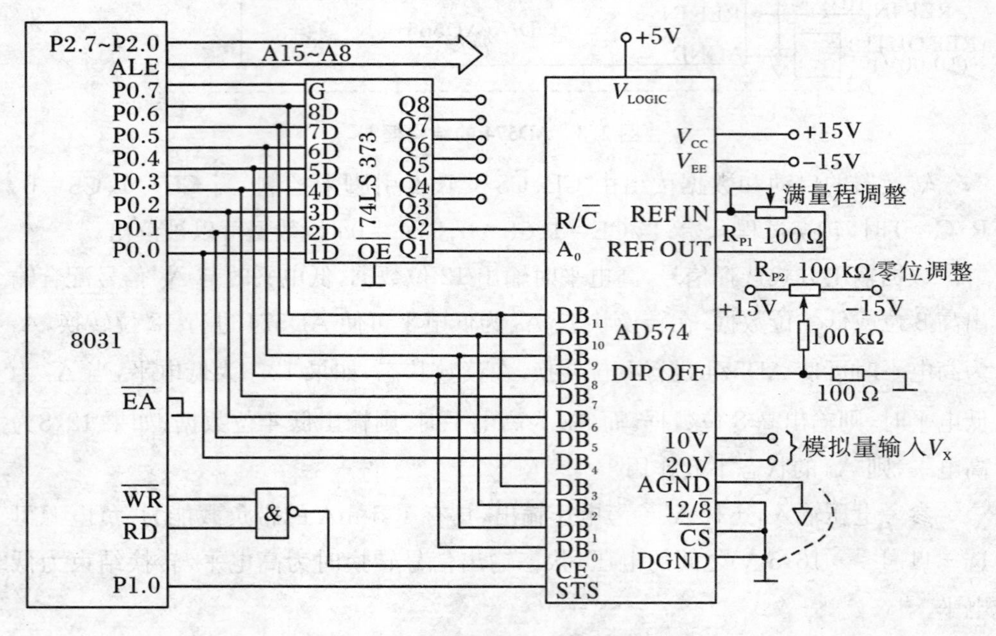

图2.9 AD574A与微型机接口电路图

在转换时,12/$\overline{8}$的电平可高可低,在输出数据时,根据12位数据输出是一次输出还是两次输出来确定高低电平.也可以通过查询方式,把STS线连接到数据总线的某一根数据线上,查询该根数据线的高低电平,判断转换是否结束.

假设A/D574的启动转换地址为0FCH,读取高8位数据地址为0FEH,读取低4位数据的地址为为0FFH,启动A/D转换并采用查询方式,采集数据的程序如下:

```
        ORG     0200H
ATOD:MOV     DPTR,#9000H        ;设置数据地址指针
     MOV     P2,   #OFFH
     MOV     R0,   #0FCH        ;设置启动A/D转换的地址
     MOVX   @R0,  A             ;启动A/D转换
LOOP:JB   P1.0,LOOP             ;检查A/D转换是否结束?
       INC   R0
       INC   R0
       MOVX  A,  @R0            ;读取高8位数据
       MOVX  @DPTR,  A          ;存高8位数据
       INC   R0                 ;求低4位数据的地址
       INC     DPTR             ;求存放低4位数据的RAM单元地址
       MOVX  A,@R0              ;读取低4位数据
       MOVX  @DPTR,A            ;存低4位数据
HERE:AJAMP   HERE
```

2.4　A/D转换器的外围电路

2.4.1　多路开关

把多个模拟量参数分时地接通送入A/D转换器,即完成多到一的转换,称为多路开关.把经计算机处理后输出且由D/A转换器转换成的模拟信号按顺序输出到不同的控制回路/外部设备,即完成一到多的转换,称多路分配器或反多路开关.

为了提高过程参数的测量精度,对多路模拟开关提出了较高的要求.理想的多路模拟开关其开路电阻无穷大,其接通时的导通电阻为零.常用的多路模拟开关CD4501的结构和引脚如图2.10所示.

它由三根地址线(A、B、C)及控制线($\overline{EN}$)的状态来选择8个通道$S_0 \sim S_7$之一.

CD4501是八选一的多路模拟开关,除了CD4501外,还有很多种多路模拟开关,常见的有AD7501、LF13508等.它们的基本原理相同,在具体的参数上有所区别,如开关切换的速度、导通电阻、模拟开关的路数等.

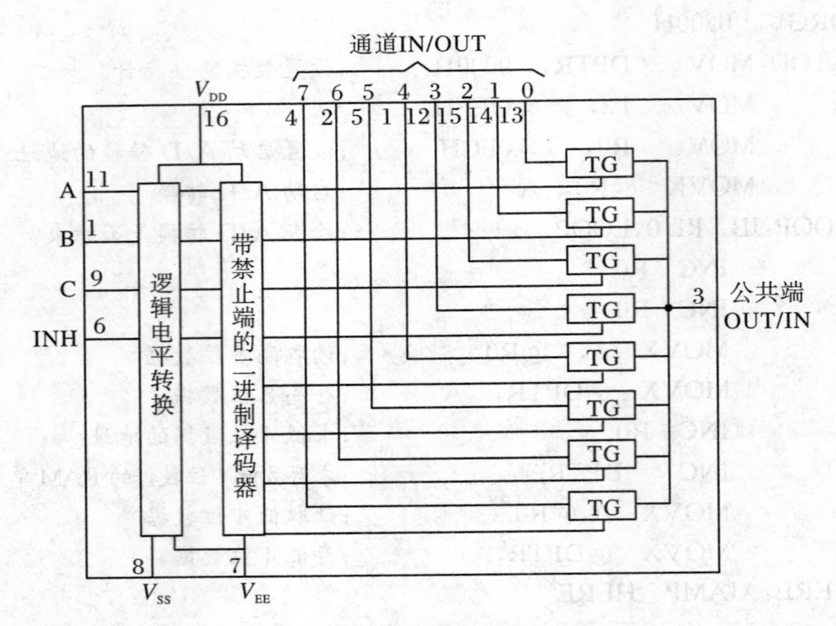

图 2.10 CD4501 的结构和引脚图

2.4.2 采样/保持器

目前,有的采样保持电路集成在一个芯片中,为专用的采样保持芯片.还有的采样保持电路和 A/D 转换芯片集成在一起,如 12 位 AD1674 芯片.

(1) 采样/保持器(Sample/Hold)的用途

· 保持采样信号不变,以便完成 A/D 转换;

· 同时采样几个模拟量,以便进行数据处理和测量;

· 减少 D/A 转换器的输出毛刺,从而消除输出电压的峰值及缩短稳定输出值的建立时间;

· 把一个 D/A 转换器的输出分配到几个输出点,以保证输出的稳定性.

(2) 采样/保持器工作原理

采样/保持器有两种工作方式:

① 采样方式:采样/保持器的输出跟随模拟量输入电压.

② 保持方式:采样/保持器的输出保持在命令发出时刻的模拟量输入值,直到保持命令撤销(即再度接到采样命令)时为止.

2.4.3 A/D 转换器模板的标准化设计

当信号源的负载能力较差时，如果信号是安全栅的输出，建议在 A/D 转换器件以前加一级运放跟随来提高 A/D 转换通道的输入阻抗.

(1) 多路模拟信号的切换技术

对可靠性要求很高，或环境很恶劣的应用场所，均应考虑信号的隔离技术.

(2) A/D 转换器的转换精度和速度

在设计 A/D 转换模板时，A/D 的转换精度必须满足系统指标的要求，还有转换速度也必须满足，宁快毋慢.

而基准电压的选取，直接关系到 A/D 转换的精度，它应与 A/D 的转换精度一起考虑，如温度系数、长期稳定性等.

2.5 键 盘 技 术

键盘是一组按键或开关的集合，键盘接口向计算机提供被按键的代码.常用的键盘有两种：一种是编码键盘；另一种是非编码键盘，仅仅简单地提供按键的通或断状态（“0”或“1”），而按键的扫描和识别则由用户的键盘程序来实现.任何一只键被按下，与之相连的输入数据线被置“0”（低电平）；常用的机械式按键，由于弹性触点的振动，按键闭合或断开时，将会产生抖动干扰.为此，必须采用硬件或软件的方法来消除抖动干扰.独立连接式键盘的优点是，电路简单，适用于按键数较少的情况.为了减少按键的输入线和简化电路，可将按键排列成矩阵式.由键盘扫描程序的行输出和列输入来识别按键的状态.

二进制编码键盘是编码键盘的一种，二进制编码键盘的按键状态对应二进制数.智能式键盘的特点是：在键盘的内部装有专门的微处理器如 Intel8048 等，由这些微处理器来完成键盘开关矩阵的扫描、键盘扫描值的读取和键盘扫描值的发送.下面以微机系统中增强型 101 键的扩展键盘为例，介绍智能式键盘的结构以及键盘扫描的发送.

2.5.1 增强型扩展键盘的结构

增强型 101 键的扩展键盘被广泛应用于各种微机系统中，成为目前键盘的主流.它的按键开关均为无触电式的电容开关，属于非编码式键盘，即不是由硬件电路直接输出按键的编码，而是通过固化在单片机内的键盘扫描程序（用行列扫描法）来周期性地扫描键盘开关矩阵，识别出按键的位置，然后向系统的键盘接口电路发送该键的扫描码.

2.5.2 键盘扫描码的发送

对智能式键盘来说,键盘内部的单片机根据按键的位置向主机接口发送的仅是该按键位置对应的键扫描码.当键按下时,输出的数据成为接通扫描码;当键松开时,输出的数据成为断开扫描码.

不同的键盘结构,其按键的接通扫描码和断开扫描码的格式是不同的.安装在主板上的键盘接口电路即可按照这两个脚的信号同步串行接收数据.值得注意是,这两个脚上的信号还可以来自主机,分别通过 REO IN 和 DATA IN 进入单片机,它们起到的作用主要是控制主机和键盘之间的通信.当键盘准备好发送数据时,首先检查 1 与 2 脚上的信号.这是一个先进先出的缓冲区,在单片机内,最多可存储 20 个字节数据.五芯插头的第 4 脚和第 5 脚分别来自主机的地线和 +5 V 电源线,而第 3 脚为复位信号(有的键盘此引脚为空).

在计算机系统中,显示器是人机信息交换的主要窗口.键盘输入的指令、程序和运算结果等都要通过它来显示.常用的图形显示器有两种,即 CRT 显示器和平面显示器.它由一个图形监视器和相应的控制电路组成,在工业计算机中,最常用的方式是插入一块 TVGA 图形控制卡来实现很强的图形显示功能.这种方式的特点是技术成熟、支持软件丰富、价格低廉,可以满足大部分工业控制现场的一般性需要.这时,应采用高性能的智能图形控制卡,加上高分辨率的显示器来实现.

工业的智能图形终端一般设计指标很高,所以可以适应恶劣的工作环境.它本身是一个完整的计算机系统,带有自己的系统处理器、高性能的智能图形控制器和存储器,可以直接接收作图命令.由于智能图形终端的价格较高,一般用于专门的应用场合.

在有特殊使用要求的情况下,可进一步采用专用的智能图形控制卡或专用图形终端设备.

2.6 显示器技术

液晶显示器(LCD)是利用晶体分子受电场作用而影响照射在其上面的光线的散射方向,易形成各种图形或数字的原理制成的一种显示器件,其优点是工作电压和功耗低,结构简单.打印机是计算机系统中最常用的输出设备之一.打印机的种类很多,从它与计算机的连接方式来分,有并行接口打印机和串行接口打印机两种.在工业控制系统中已广泛采用了各种型号的打印机.目前,市场上可供选用的打印机品种很多.液晶快门式打印机的图像精度最高,是目前最先进的打印机.

随着输入方式的不断改进,对使用者的便利程度也不断得到提高,这推动了计算机的不断普及应用.可以毫不夸张地说,正是输入技术的进步,特别是汉字输入技术的提高,才使我国的计算机使用得到了空前的推广.可见输入技术在人—机联系中的重要性,因此这方面的技术投入量很大,已有多种实用的输入手段投入市场.在工业控制计算机系统中,由于操作对象不同,最常用的输入方式还是以键盘、鼠标(轨迹球)和大有前途的触摸屏方式为主.鼠标是近些年应用越来越广泛的输入设备之一.在图形输入、操作项目选择方面它比键盘输入有着明显的快捷性和直观性,特别在 Windows 环境下的应用软件,几乎都需要使用鼠标作为输入工具.因此,鼠标已成为与键盘并用的基本的输入手段.

触摸屏输入技术是近年来发展起来的一种新技术.它是用户利用手指或其他介质直接与屏幕接触,进行相应的信息选择,并向计算机输入信息的一种输入设备.目前的主要产品可分为监视器与触摸屏一体式和分离式两种类型.触摸控制卡上有自己的 CPU 及固化的监控程序,它将触摸检测装置送来的位置信息转换成相关的坐标信息并传送给计算机,接收和执行计算机的指令.

由于触碰点的电阻值发生了变化,使感测信号的电压值也随之变化,并将电压值转换成接触点的坐标值,使计算机能根据坐标来确定用户输入的信息是何种信息.这种触摸屏的响应速度快,不易受电流、电压、静电的干扰,比较适合在某些恶劣的环境中使用.传感器是由两片平行片组成的电容器.当屏幕上某位置被触摸时,传感器之间的距离会发生变化,从而引起平行片电容的变化,由电容量的变化值进而可确定触点的坐标值.遥控力感式触摸屏是最新的成果之一,它对触摸介质和环境因素均无限制,是一种较理想的方式,但目前的造价较高.

在图形技术的支持下,可以设计出非常漂亮的触摸屏画面.与现在工业控制系统中广泛使用的标准键盘和触摸式键盘相比,触摸屏能根据操作人员输入的不同信息,变换不同的控制信息界面,使人机对话更加明了和直接,更容易被操作人员,尤其是未经培训的使用者所接受.

一个庞大的工业控制台,经过适当的改造以后,仅用一台触摸屏即可代替.然而,触摸屏只需根据系统的改变进行相应的界面调整即可.此外,触摸屏采用标准的接口,维护也很方便.

另外,现今的触摸屏还难以做到标准键盘那样的定位输入,所以也不适合于用作绘图程序的输入设备.此外,触摸屏在简化控制设备方面的潜力也是很大的,随着触摸屏的技术及其制造工艺的不断进步,相信它们的可靠性将会得到迅速的提高,从而进一步推动触摸屏在工业控制领域中的普及应用.

第3章 人机交互接口技术

人机交互技术就是人与机器的交互技术，本质上是指人与计算机的交互(Human-Computer Interaction，HCI)，或者可以理解为人与“含有计算机的机器”的交互．为了方便，我们现把“计算机”和“含有计算机的机器”，通称为计算机．人机交互研究的最终目的在于探讨如何使所设计的计算机能帮助人们更安全、更高效地完成所需的任务．

人机界面是计算机学科中最年轻的分支学科之一．它是计算机科学和认知心理学两大学科相结合的产物，它涉及当前许多热门的计算机技术，如人工智能、自然语言处理、多媒体系统等，同时也吸收了语言学、人机工程学和社会学的研究成果，是一门交叉性、边缘性、综合性的学科．而随着计算机应用领域的不断扩大，广大的软件研制人员和计算机用户愈为迫切地需要符合“简单、自然、友好、一致”原则的人机界面．事实上，几乎所有优秀的系统设计和成功的软件产品都必定涉及友好的人机界面．随着世界计算机技术、通信技术和 Internet 技术的发展，当前主流的 GUI/WIMP 界面正遭受不断的批评，而新的界面技术还不成熟．新一代用户界面应该超越范式，包含诸如虚拟现实，语音识别与合成，手写体与手势识别，动画和多媒体，人工智能技术，蜂窝式、网络用户界面(NUI)，智能网络界面(INUI)以及其他无线通信能力等功能．

总的来说，人机交互本质上是认知过程，人机交互理论是以认知科学为理论基础；人机交互系统是一个闭环系统，人机交互研究是以系统科学作为其研究框架的方法学；同时，人机交互是以信息技术作为其用户界面的技术基础，通过信息系统的建模、形式化描述、整合算法、评估方法以及软件框架等信息技术最终实现和应用人机交互理论．

外围设备指人和计算机之间建立联系、交流信息的设备．输入设备是人们向计算机输入信息的设备，常用的输入设备有键盘、鼠标器和触摸屏．输出设备是计算机向人们提供运算结果的设备，常用的输出设备有显示器、打印机等．

3.1　键盘原理及其接口技术

3.1.1　键开关与键盘

键开关种类很多,可分为无触点开关和有触点开关两类.有触点开关常见的有白金触点开关、舌簧式开关等;无触点开关有电容式开关、霍尔元件开关、触摸式开关等.无触点开关利用电子器件接通或断开电路,开关寿命长,可靠性好,响应速度快,工作频率高,较之有触点的机械式开关,在性能上有着无可比拟的优越性.但是它的结构复杂,成本高.

键盘是微机计算机系统中最基本的输入设备,是人机对话不可缺少的纽带.根据键盘功能的不同,通常把键盘分为两种基本类型:

(1) 编码键盘.这种键盘内部能自动检测被按下的键,并提供与被按键对应的键码,如 ASCII 码、EBCDIC 码等,以并行或串行方式送给 CPU.它使用方便,接口简单,但较贵.

(2) 非编码键盘.这种键盘只简单地提供键盘的行列矩阵,而按键的识别和键值的确定、输入等工作全靠软件完成.这是目前可得到的最便宜的微机输入设备.

3.1.2　非编码键盘

常用的非编码键盘有线性键盘和矩阵键盘.

线性键盘是指其中每一个按键均有一条输入线送到计算机的接口.若有 N 个键盘,则需要 N 条输入线.这种结构适合按键不多的场合.

矩阵键盘是指按键按行(i)和列(j)排列,这种方式可排列 $i\times j$ 个按键,但送往计算机的输入线仅为 $n=i+j$ 条,这种结构适合按键较多的场合.键码识别主要指矩阵结构的键盘.

作为键盘接口必须具有 4 个基本功能:去抖动、防串键、识别被按键或释放键以及产生与被按键或释放键对应的键码.

1. 去抖动

去抖动的方法通常有两种.一种是软件延时法:即发现有键按下或释放时,软件延时一段时间再检测.另一种是硬件消抖动:即在键开关与计算机接口之间加一个消抖动电路,如双稳电路、单稳电路(输出脉宽要大于抖动时间)、RC 滤波电路等.由于硬件去抖动增加了电路的复杂性,每个按键都要一个去抖动电路,所以这种方法只适用于键数目较少的场合.在键数目较多时,大多采用软件延时法去抖动.

软件延时的方法就是通过延时来等候信号稳定,在信号稳定以后再去识别键码.其过程是在检查到有键按下以后延时一段时间(5～20 ms),再检查一次看是否有按键按下.若这一次检查不到,则说明前一次结果为干扰或者抖动.若这一次检查到有按键按下,则说明信号已经稳定,然后判断闭合按键的键码.当闭合按键的键码确定以后,再去检查按键是否释放,待按键释放以后再进行处理,这样就可能消除释放抖动的干扰.

2. 防串键

串键是指两个或两个以上按键同时按下,或者一个键按下后没释放又按下另一个键时产生的问题.解决串键带来的问题一般有两种方法.

(1) 双键锁定

只要检测到有两个或两个以上的键被按下,就不考虑从键盘读键码,只把最后释放的键看作是正确的被按键,并读取其键码.

(2) N 键连锁

只考虑按下一个键.当一个键被按下时,在此键未完全释放之前,对其他键不予理会,只产生最先按下键的编码.这种方法因实现起来比较简单而经常使用.

3. 按键的识别和键码的产生

通常有两种方法:行扫描法和线反转法.

(1) 行扫描法

行扫描法的基本思想是,计算机通过程序向键盘的所有行逐行输出低电平(即逐行扫描),若无按键按下,则所有列的输出均为高电平.若有一个按键按下,就会将所在的列钳位在低电平.计算机通过程序读入列线的状态,就可能判断有无键按下及哪一个键按下,键所在的行、列位置的编码就是该键的编码.这种方法需要输出口与输入口各一个.

(2) 线反转法

线反转法的基本思想是,计算机通过程序先向所有的行输出全低电平,然后读入所有列的状态,若读入的列状态为全高电平,说明没有键按下.若读入的列中有一个为低电平,其余为高电平,然后读入所有行的状态.同样的道理,可以判断出是哪一行有按键按下.通过 2 次扫描就可以知道是哪行的按键按下闭合了,由此可以得到该键的编码.这种方法需要提供 2 个可编程的输入/输出双向端口.

4. 非编码键盘的扫描程序

微机系统中以行扫描法的应用最广.这里以单板微型计算机 TP801-A 的键盘接口为例,说明行扫描法对按键进行识别并产生键码的实现方法.

该键盘由 28 个键构成,包括 16 个数字键 0～F 和 12 个命令键,排成 6 行 5 列的矩阵结构,是一种典型的非编码键盘.该键盘及其接口电路如图 3.1 所示.

图中输出口由 74LS273 锁存器和 1 片 75492P 或 3 片 75452P 构成,输入口由 74LS244 同相三态缓冲器组成.5 根列线在没有键被按下时具有确定的"1"状态,只有当某个键被按下时，和此键相连的行线、列线短路，才使此列线与对应行线状态相同.

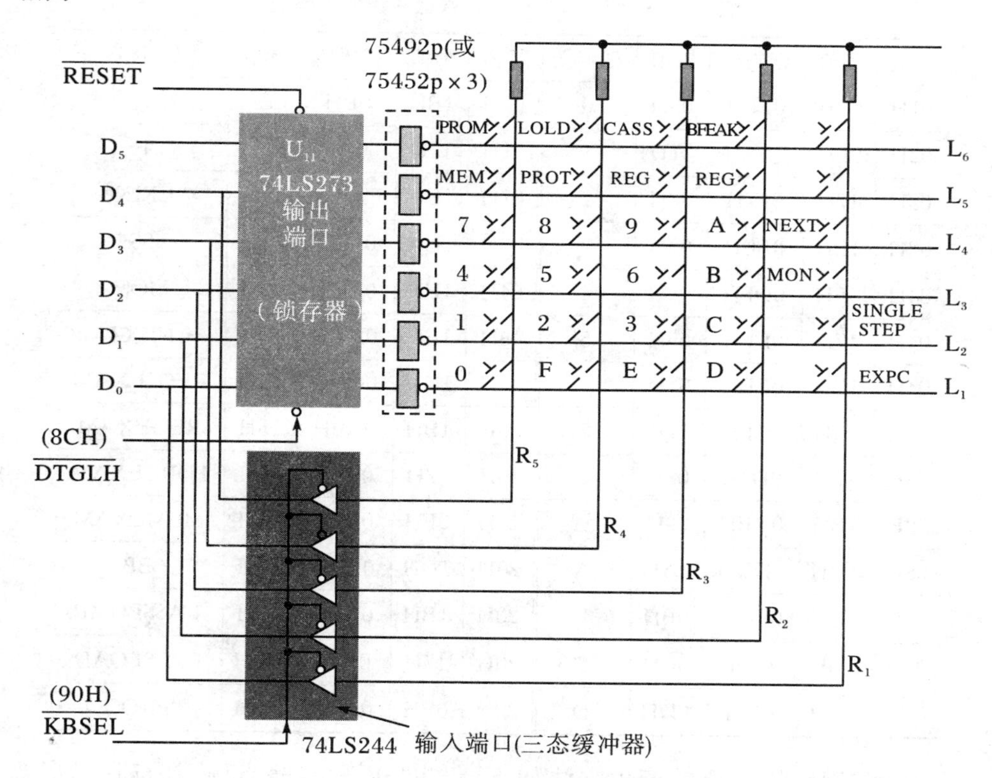

图 3.1　TP801-A 单板微机的键盘及接口

用行扫描法识别被按键的工作过程是：首先对 8CH 端口输出 01H，经反相后第一行 L_1 为 0，其余各行为 1；再读端口 90H，检测各状态，如全为 1，说明该行没有被按键. 接着给 8CH 端口输出 02H(01H 左移 1 位即得)，扫描第二行 L_2，依次类推，扫描各行. 如扫描到某行，检测到某列不是 1，就表明该行、列所对应的键被按下，不必再往下扫描. 这时，利用写入门 8CH 口的数和从 90H 口读取的数，即行值和列值，便可得到被按键的行列坐标编码，并据此查表可进一步得到反映键功能的键值.

为了从键的行、列坐标编码得到键值，在内存区建立一个如表 3.1 所示的键盘编码表.

表中的行值，列值的取值方法如下：以数字键"9"为例，其所在行为 L_4，即第四行，扫描时该行为"1"，其余行为"0"，所以扫描码为"001000"，换为十六进制为"08H"，所以行值为"08H"；其所在列为 R_3，即第三列，有键按下时该列为"0"，其余为“1”，其扫描码为“11011”，换为十六进制为“1BH”，所以其列值为“1BH”.

表 3.1 TP801-A 单板微机键盘的键值编码表

行值	列值	键码值	键值	键定义	行值	列值	键码值	键值	键定义
01H	0FH	0FFH	00H	0	01H	1BH	0BH	0EH	E
02H	0FH	0EFH	01H	1	01H	17H	07H	0FH	F
02H	17H	0F7H	02H	2	01H	1EH	0EH	10H	EXEC
02H	1BH	0FBH	03H	3	02H	1EH	0FEH	11H	SS
04H	0FH	0DFH	04H	4	04H	1EH	0EEH	12H	MON
04H	17H	0EFH	05H	5	08H	1EH	0DEH	13H	NEXT
04H	1BH	0EBH	06H	6	10H	1DH	0CDH	14H	REG’EXAM
08H	0FH	0CFH	07H	7	10H	1BH	0CBH	15H	REGEXAM
08H	17H	0D7H	08H	8	10H	17H	0C7H	16H	PORTEXAM
08H	1BH	0DBH	09H	9	10H	0FH	0BFH	17H	MEMEXAM
08H	1DH	0DDH	0AH	A	20H	1DH	0BDH	18H	BP
04H	1DH	0EDH	0BH	B	20H	1BH	0BBH	19H	CASSPUMP
02H	1DH	0FDH	0CH	C	20H	17H	0B7H	1AH	CASSLOAD
01H	1DH	0DH	0DH	D	20H	0FH	0AFH	1BH	PROG

表中的键编码的值的产生方法如下：仍以“9”数字健为例，其行扫描码为001000，变换后得其行号为 04H(即第四行 L_4)，求得其补码为 FCH，再左移 4 位得行号修正值 C0H，行号修正值 C0H 与列值 1BH 相加，得到键编码 DBH.

上述有关键的扫描、识别、处理的方法在下面的程序中得以实现. 程序的数据区 KEYTBL 中存放的就是所有按键的键编码表. 程序通过查键编码表，得到键定义.

```
DBCKY：  MOV   AL,3FH
         OUT   8CH,AL          ;使所有行为低
         IN    AL,9CH          ;读列值
         AND   AL,1FH
         GMP   AL,1FH          ;有键按下否?
         JZ    DISUP           ;无键按下转显示
         CALL  C20MS           ;延时消抖动
         MOV   BL,01H
```

```
KEYDN1:MOV  AL,BL         ;逐行扫描
       OUT  8CH,AL
       IN   AL,9CH
       AND  AL,1FH
       CMP  AL,1FH        ;有键按下否?
       JNZ   KEYDN2       ;指向下一行
       CMP   BL,40H       ;所有行扫完?
       JNZ   KEYDN1       ;没有扫完,转下一行扫描
DISUP:CALL  DISPLAY       ;扫完,调显示子程序
       JMP   DECKY        ;返回,进行新一轮扫描
KEYDN2:MOV  CH,00H
KEYDN3:DEC  CH            ;求行号补码
       SHR  BL,1
       JNZ  KEYDN3
       MOV  CL,4
       SHL  CH,CL         ;求行号修正值
       ADD  AL,CH         ;行号修正值加列号,得键编码
       XOR  CH,CH         ;键值初始为0
       MOV  BX,KYTBL
KEYDN4:MOV  CL,[BX]       ;查表
       CMP  AL,CL
       JZ   KEYDN5        ;打到该键,转
       INC  BX
       INC  CH
       JMP  KEYDN4
KEYDN5:IN   AL,9CH        ;判断键释放否?
       AND  AL,1FH
       JNZ  KEYDN5
       CALL  D20MS        ;消抖动
       MOV  AL,CH
       CMP  AL,10H        ;是数字键? 小于10H是数字键
       JNC  KEYND6        ;不是,转功能键处理
       ⋮                  ;数字键处理
KEYDN6:JMP  DISUP         ;功能键处理
       ⋮
```

```
KEYTBL:DB  0FFH,0EFH,0F7H,0FBH,0DFH,0E7H ;数字键
       DB  0EBH,0CFH,0D7H,0DBH,0DDH,0EDH,0FDH,0DH,0BH,07H
       DB  0EH,0FEH,0EEH,0DEH,0CBH ;功能键
       DB  0C7H,0BFH,0B0H,0BBH,0B7H,0AFH
```

3.1.3 PC 微机与键盘的接口

1. 键盘控制器

键盘控制器使用 8042 单片机,芯片内容包括有:8 位 CPU,2KB 的 ROM,128KB 的 RAM,两个 8 位的 I/O 端口,8 位的定时器/计数器以及时钟发生器.

图 3.2 给出 8042 的内部编程结构图.由图中可以看出,8042 内部有 3 个寄存器,即状态寄存器、输入缓冲寄存器和输出缓冲寄存器.

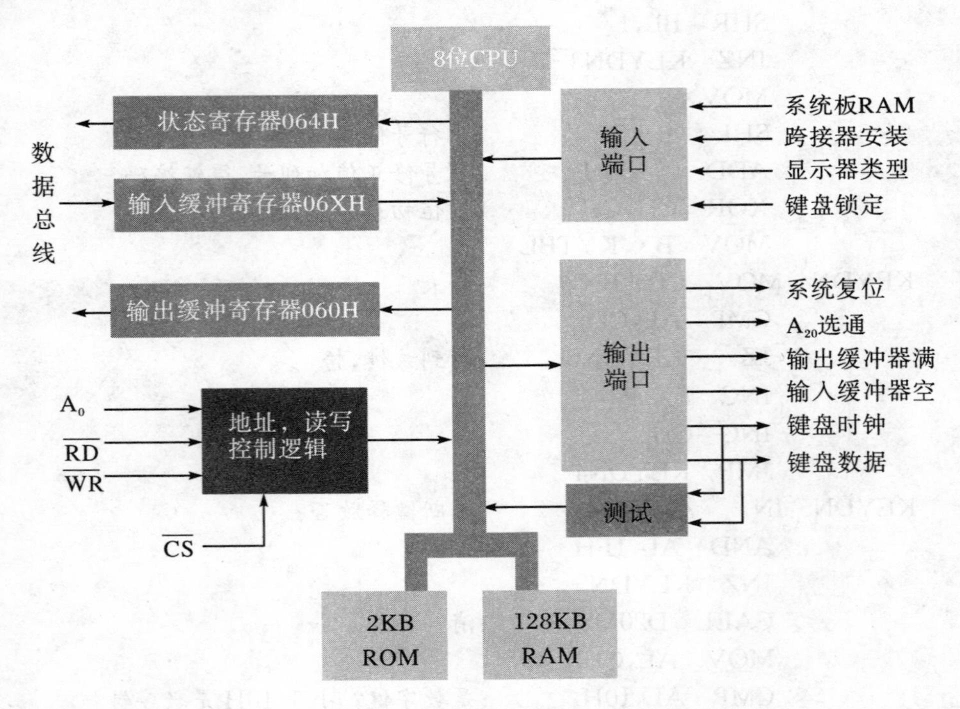

图 3.2 8042 的内部编程结构

(1) 状态寄存器为一个 8 位的只读寄存器,口地址为 64H,存放一些能反映芯片工作情况的状态位,如奇偶校验错、接收超时、发送超时、封锁键盘、输入缓冲器满、输出缓冲器满、选择输入缓冲器和置数据还是置命令等.

(2) 输入缓冲寄存器为一个 8 位的只写寄存器,口地址为 60H 或 64H.当

主 CPU 对输入缓冲寄存器的口地址 60H 执行写操作时，写入的是系统向 8042 发送的控制命令．这类控制命令共有 12 条，主要用来控制 8042 的工作．当主 CPU 对输入缓冲寄存器的口地址 64H 执行写操作时，写入的是系统向键盘发送的控制命令．这类控制命令共有 10 条，如复位键盘、重发、回送响应、启动键盘等，都是用来控制键盘工作的．键盘接收到控制命令应予以响应，即回送一个命令响应．

(3) 输出缓冲寄存器为一个 8 位的只读寄存器，口地址为 60H．当 8042 接收到一个正确的键盘扫描码并把它转换成系统扫描码后送入输出缓冲寄存器．若在传输过程中发现有错，也将标志信息送输出缓冲寄存器，同时置状态寄存器的输出缓冲器满标志为 1，并向主 CPU 发中断请求，等待取走数据．如果 8042 接收到的是一个键盘发回的命令响应时，也将其送入输出缓冲寄存器，并置位状态寄存器，向主 CPU 发中断要求．主 CPU 可在其键盘中断服务子程序中对这两种情况进行判别，以进行不同的处理．

2．键盘接口电路

图 3.3 给出了增强型扩展键盘的接口电路．作为键盘控制器的 8042 单片机是接口电路的主体．它的 P26，TEST0 引脚和 P27，TEST1 引脚分别与键盘的五芯插座 1＃ 和 2＃ 脚相连，作为与键盘双向传输的时钟信号和数据信息．电源和地则分别与键盘的五芯插座的 5＃ 和 4＃ 脚相连，为键盘提供电源．8042 的 P24 引脚为一输出信号，接至主机的 8259A 的 IRQ1，这是键盘接口电路向系统发出的硬件中断请求．下面分析该接口电路的工作过程．

(1) 键盘扫描码的接收和校验

8042 通过 TEST0 和 TEST1 引脚串行接收键盘送来的键盘时钟和键盘数据，并对数据的正确性进行检测(采用奇校验的方式)．如果校验正确，则它可以自动地将键盘扫描码转换成与标准键盘兼容的系统扫描码，并把此码送入其内部的输出缓冲寄存器．如果校验不正确，那就说明数据在传输的过程中出现了错误，此时，8042 将 FFH 送入输出缓冲寄存器，同时，置状态寄存器中的奇偶校验错标志位为 1．以后在键盘中断服务子程序中可依此作为判别，向键盘发重发命令．以上两种情况下，8042 均设置状态寄存器中的输出缓冲器满标志位为 1．

(2) 向主 CPU 发中断请求

当输出缓冲寄存器满时，8042 的 P24 引脚自动置高，引起键盘的硬件中断．

在主 CPU 响应键盘中断的过程中，它要从输出缓冲寄存器中读数据，为了确保主 CPU 读取数据的正确性，在此期间 8042 要强制地使 P26 引脚输出为低，这样就使得键盘时钟信号变低，禁止键盘输出下一个键盘扫描码．当主 CPU 将数据取走，输出缓冲寄存器变空，则 P26 引脚又自动变高，通知键盘可以传输下一个数据.

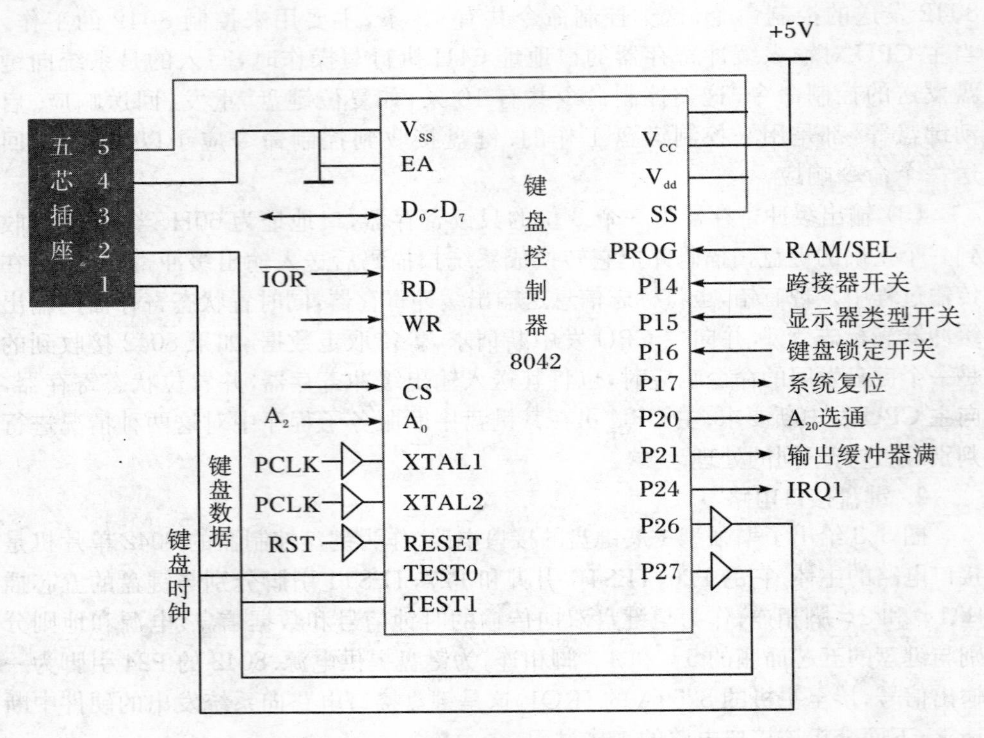

图 3.3 扩展键盘的接口电路

(3) 向键盘发送命令并接收命令响应

8042 作为键盘接口电路,还可以向键盘发送控制命令,并接收键盘发回的命令响应. 8042 的输入寄存器,可由主 CPU 写入对键盘控制器的控制命令和对键盘的控制命令,这后一种命令 8042 就可以通过输出引脚 P27,也以串行格式发向键盘,同时通过 P26 引脚发出同步时钟. 键盘命令发出以后,要求在指定的时间内,由键盘回送一个命令响应. 这个命令响应是以数据形式发送,8042 接收并把它送入输出缓冲器,通过中断方式,由主 CPU 读取并分析. 如果在指定的时间内,8042 没有收到键盘的响应命令,则将状态寄存器中的发送超时错标志位置 1,同时,把 FFH 送入输出缓冲器. 如果响应中包含有奇偶校验错,则将 FEH 送入输出缓冲器,然后通过中断方式由主 CPU 去分析处理.

3. BIOS 键盘缓冲区与键盘中断程序

BIOS 键盘缓冲区起着传送数据媒介的作用,除此之外,还可以满足键盘实时输入的需要. 键盘中断处理有以下三种方式:

(1) 键盘接口硬件中断

当键盘接口收到1Byte数据后,立即向主机发09H号键盘硬件中断请求.当主机CPU响应键盘接口硬件中断请求后,执行类型码09H的中断服务程序,其功能如下:

① 从键盘接口输出缓冲器(60H)读取系统扫描码;

② 将系统扫描码转换成ASCII码或扩展码,存入键盘缓冲区;

③ 如果是换挡键(如Capslock,Ins等),将其状态存入BIOS数据区中的键盘标志单元;

④ 如果是组合键(如Ctrl+Alt+Del),则直接执行,完成其对应的功能;

⑤ 对于中止组合键(如Ctrl+C或Ctrl+Break),强行中止应用程序的执行,返回DOS.

(2) 软件中断INT 16H

读取键盘的内容可通过软件中断INT 16H指令实现.INT 16H中断调用功能有:0号,从键盘读一个字符;1号,读键盘缓冲区;2号,读键盘状态字节.

(3) INT 21H

在DOS功能调用中,也有多个功能调用号用于获得所需要的键盘信息.

3.2　CRT显示器原理及接口技术

3.2.1　概述

CRT(Cathode Ray Tube,阴极射线管)显示器是用来显示字符、图形和图像的,称为计算机系统的标准输出设备.CRT显示器与键盘(标准输入设备)合称计算机终端,是人机交互必不可少的外部设备.CRT显示器也称监视器,其原理与电视机的工作原理大体相同,是由阴极射线管、视频放大电路和同步控制电路组成的.彩色显示器的阴极射线管中通常由红、绿、蓝三个电子枪产生红、绿、蓝三个颜色的电子束,各种色彩均由这三基色叠加而成.

1. CRT显示器的主要技术参数

(1) 屏幕尺寸:指屏幕对角线大小,一般为14、15、17、19、20、21英寸等.

(2) 点距:指CRT(阴极射线管)上两个颜色相同的磷光点之间的距离,单位是毫米.

(3) 像素:每一个像素由红色、绿色和蓝色三个磷光体组成.

(4) 行频:又叫水平刷新频率,是电子枪每秒在屏幕上扫描过的水平线条数,以 kHz 为单位.

(5) 场频:又叫垂直刷新频率,是每秒钟屏幕重复绘制显示画面的次数,即重绘率,以 Hz 为单位.

(6) 分辨率:定义显示器画面解析度的标准,由每帧画面的像素数决定,以水平显示的像素个数×水平扫描线数表示(如 1024×768 指每帧图像由水平 1024 个像素、垂直 768 条扫描线组成).

(7) 带宽:这是表示显示器显示能力的一个综合指标,指每秒钟扫描的像素个数,即单位时间内每条扫描线上显示的频点数总和,以 kHz 为单位.带宽越大表明显示器显示控制能力越强,显示效果越佳.

2. 基本结构

CRT 显示器由阴极射线管、视频放大电路和同步扫描电路组成,如图 3.4 所示.

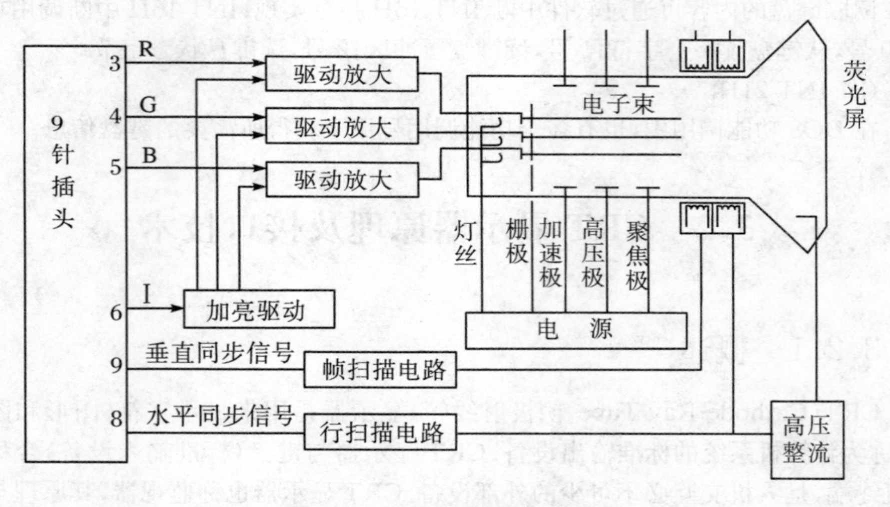

图 3.4 CRT 显示器结构框图

3.2.2 显示器接口控制

显示器接口卡(显卡)通过插座和系统总线相连,同时在卡的背面又通过 9 针 D 型插座与显示器连接.控制卡功能很强,它包括 CRT 控制器(CRTC)、定时器、RAM、ROM 等一整套控制电路.

在计算机加电自检期间,系统完成了 CRTC 的初始化、建立显示方式、进行相应 VRAM 自检之后,CRT 接口在 CRT 控制器控制下,按照编程设置的工作方式独立控制显示器工作,为显示器提供所需的视频信号和同步信号.

3.3 LED显示器原理及接口技术

3.3.1 LED显示器原理

LED(Light Emitting Diode)数码管是由发光二极管构成的.常见的LED数码管为“8”字型的,共计8段,每一段对应一个发光二极管.有共阳极和共阴极两种,如图3.5所示.共阴极发光二极管的阴极连在一起,通常公共阴极接地.当某个发光二极管的阳极为高电平时,发光二极管发光.同样,共阳极发光二极管的阳极连接在一起,公共阳极接正电压,当某个发光二极管的阴极接低电平时,发光二极管发光,显示相应的段.

LED数码管中还有一个圆点型发光二极管(在图中以dp表示),用于显示小数点.通过七个发光二极管亮暗的不同组合,可以显示各种数字.

为了使数码管显示不同的符号或数字,实际上是确定哪些段发光、哪些段不发光,就要为LED数码管提供段码(字型码).

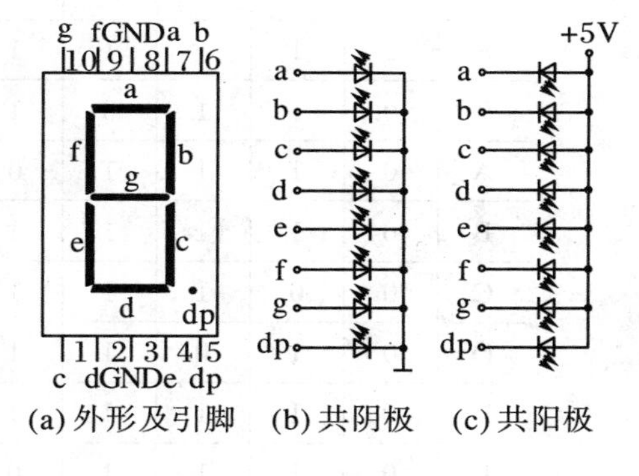

(a) 外形及引脚 (b) 共阴极 (c) 共阳极

图3.5 8段LED数码管结构及外形

LED数码管共计8段,正好是一个字节.习惯上是以“a”段对应段码字节的最低位.各段与字节中各位对应关系如表3.2所示.

表3.2 段码与字节中各位对应关系

代码位	D_7	D_6	D_5	D_4	D_3	D_2	D_1	D_0
显示段	dp	g	f	e	d	c	b	a

按照上述格式,显示各种字符的8段LED数码管的段码如表3.3所示.

表 3.3　段码与字节中各位对应关系

显示字符	段　符　号(共阴极情况)								十六进制代码	
	dp	g	f	e	d	c	b	a	共阴极	共阳极
0	0	0	1	1	1	1	1	1	3FH	C0H
1	0	0	0	0	0	1	1	0	06H	F9H
2	0	1	0	1	1	0	1	1	5BH	A4H
3	0	1	0	0	1	1	1	1	4FH	B0H
4	0	1	1	0	0	1	1	0	66H	88H
5	0	1	1	0	1	1	0	1	6DH	82H
6	0	1	1	1	1	1	0	1	7DH	82H
7	0	0	0	0	0	1	1	1	07H	F8H
8	0	1	1	1	1	1	1	1	7FH	80H
9	0	1	1	0	1	1	1	1	6FH	80H
A	0	1	1	1	0	1	1	1	77H	88H
B	0	1	1	1	1	1	0	0	7CH	83H
C	0	0	1	1	1	0	0	1	38H	C6H
D	0	1	0	1	1	1	1	0	5EH	A1H
E	0	1	1	1	1	0	0	1	78H	86H
F	0	1	1	1	0	0	0	1	71H	8EH
H	0	1	1	1	0	1	0	1	76H	88H
P	0	1	1	1	0	0	1	1	73H	8CH
U	0	0	1	1	1	1	1	0	3EH	C1H
L	0	0	1	1	1	0	0	0	38H	C7H
熄灭	0	0	0	0	0	0	0	0	00H	FFH

除“8”字型的 LED 数码管外，还有“±1”型、“米”字型和“点阵”型 LED 显示器，如图 3.6 所示．本章均以“8”字型的 LED 数码管为例．

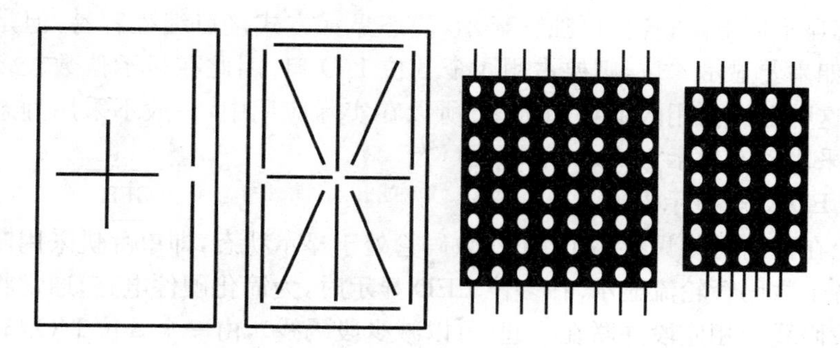

图 3.6　其他各种字型的 LED 显示器

3.3.2　LED 显示器的动态扫描驱动方式

图 3.7 所示为显示 N 位字符的 LED 数码管的结构原理图，具有 N 根位选线和 $8\times N$ 根段码线. 段码线控制显示字型，而位选线控制显示位 LED 数码管的亮或暗.

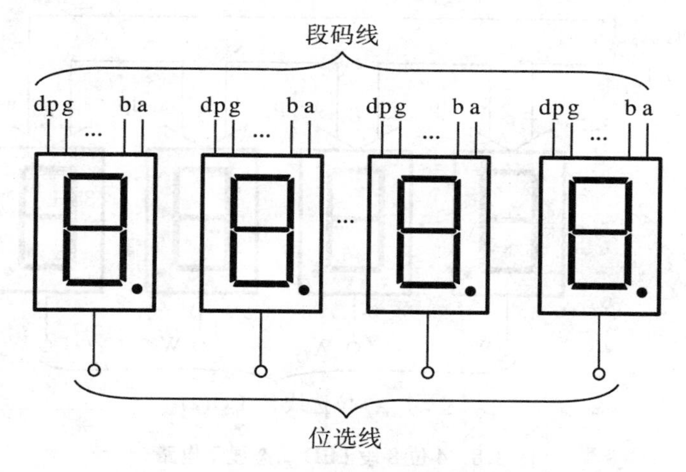

图 3.7　N 位 LED 数码管的结构原理图

1. LED 静态显示方式

无论多少位 LED 数码管，同时处于显示状态.

静态显示方式，各位的共阴极（或共阳极）连接在一起并接地（或接 +5 V）；每位的段码线（a～dp）分别与一个 8 位的 I/O 口锁存器输出相连. 如果送往各个 LED 数码管所显示字符的段码一经确定，则相应 I/O 口锁存器锁存的段码输出将维持不变，直到送入另一个字符的段码为止. 因此，静态显示方式的显示无闪烁，亮度都较高，软件控制比较容易.

静态显示器电路,各位可独立显示,静态显示方式接口编程容易,但是占用口线较多.如果要显示4位,则要占用4个8位I/O口.因此在显示位数较多的情况下,由于这种方式占用的I/O口太多.所以在实际应用中,一般不采用静态显示方式,而是采用动态显示方式.

2. LED动态显示方式

无论在任何时刻只有一个LED数码管处于显示状态,即单片机采用"扫描"方式控制各个数码管轮流显示.在多位LED显示时,为简化硬件电路,通常将所有显示位的段码线的相应段并联在一起(可以减少段码线),由一个8位I/O口控制,而各位的共阳极或共阴极分别由相应的I/O线控制,形成各位的分时选通.图3.8所示为一个4位8段LED动态显示电路.其中段码线占用一个8位I/O口,而位选线占用一个I/O口的4根引脚.采用动态"扫描"显示方式,即在某一时刻,只让某一位的位选线处于选通状态,而其他各位的位选线处于关闭状态,同时,段码线上输出相应位要显示字符的段码.

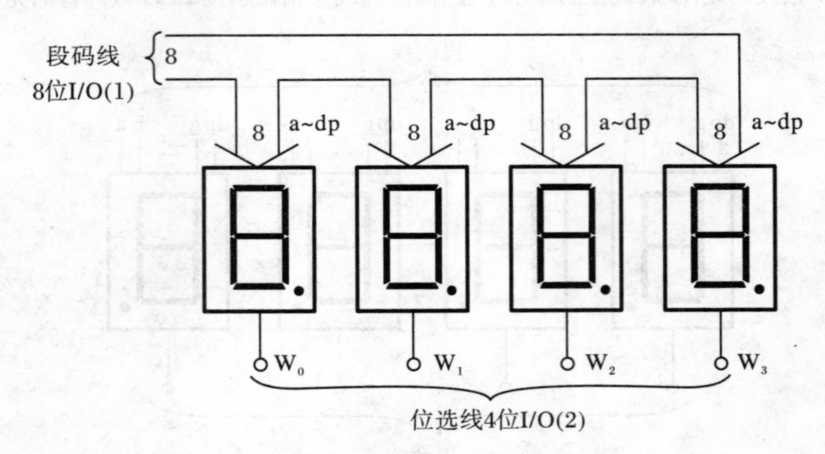

图3.8　4位8段LED动态显示电路

例如,在共阴极方式时,段码为"0X00",则当 $W_0=0$,最左一位亮,$W_1=1$ 时,左起第2位亮,依此类推.虽然这些字符是在不同时刻出现,但在某一时刻,只有一位显示,其他各位熄灭,由于余辉和人眼的"视觉暂留"作用,只要每位显示间隔足够短,则可以感觉到"多位同时亮",达到同时显示的效果.

LED不同位显示的时间间隔(扫描间隔)应根据实际情况而定.如果要显示位数较多,则将占用大量的单片机时间,因此动态显示的实质是以牺牲单片机时间来换取I/O端口的减少.

动态扫描方式的各位数码管逐个轮流显示,当扫描频率较高时,其显示效果较好.这种方式功耗小,硬件资源要求少,所以应用较多.

动态显示的优点是硬件电路简单,LED越多,优势越明显.缺点是显示亮度不如静态显示的亮度高.如果"扫描"速率较低,会出现闪烁现象.

3.4　LCD显示原理及接口技术

液晶显示器(LCD)是现在非常普遍的显示器,它具有体积小、重量轻、省电、辐射低、易于携带等优点.液晶显示器(LCD)的原理与阴极射线管显示器(CRT)大不相同.LCD是基于液晶电光效应的显示器件,包括段显示方式的字符段显示器件,矩阵显示方式的字符、图形、图像显示器件,矩阵显示方式的大屏幕液晶投影电视液晶屏等.液晶显示器的工作原理是利用液晶的物理特性,在通电时导通,使液晶排列变得有秩序,使光线容易通过;不通电时,排列则变得混乱,阻止光线通过.下面介绍液晶显示器的主要参数和三种液晶显示器的工作原理.

1. 液晶显示器的主要参数

(1) 可视角度.

(2) 亮度、对比度:TFT液晶显示器的可接受亮度为150 cd/m² 以上.

(3) 响应时间:它反应了液晶显示器各像素点对输入信号的反应速度,即像素由暗转亮或由亮转暗的速度.它包括上升时间和下降时间,表示时以两者之和为准,通常为16～50 ms.

(4) 显示色素:几乎所有15英寸LCD都只能显示高彩(256 K),因此许多液晶显示器使用了所谓的FRC(Frame Rate Control)技术,以仿真的方式来表现出全彩的画面.

2. 三种液晶显示器的工作原理

(1) 扭曲向列型液晶显示器

简称"TN型液晶显示器",这种显示器的液晶组件构造如图3.9所示.向列型液晶夹在两片玻璃中间.这种玻璃的表面上先镀有一层透明而导电的薄膜以作电极之用.这种薄膜通常是一种铟(Indium)和锡(Tin)的氧化物(Oxide),简称ITO.然后再在有ITO的玻璃上镀表面配向剂,以使液晶顺着一个特定且平行于玻璃表面之方向排列.图3.9中左边玻璃使液晶排成上下的方向,右边玻璃则使液晶排成垂直于图

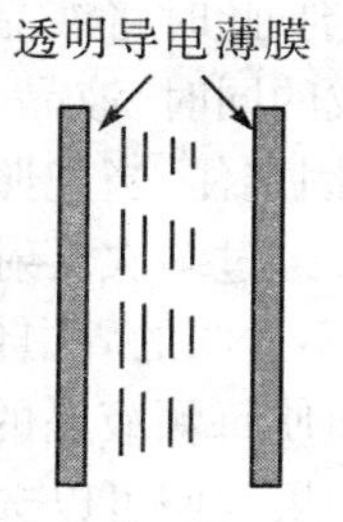

(a) 不加电压

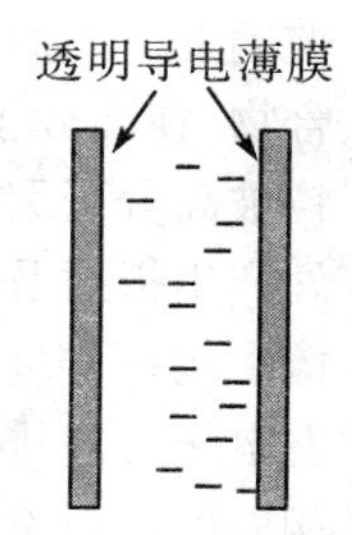

(b) 加电压

图3.9　TN型液晶显示器中液晶的排列

面之方向.此组件中之液晶的自然状态具有从左到右共90°的扭曲,这也是为什么被称为扭曲型液晶显示器的原因.利用电场可使液晶旋转的原理,在两电极上加上电压则会使得液晶偏振化方向转向与电场方向平行.因为液态晶的折射率随液晶的方向而改变,其结果是光经过TN型液晶盒以后其偏振性会发生变化.我们可以选择适当的厚度使光的偏振化方向刚好改变.那么,我们就可利用两个平行偏振片使得光完全不能通过(如图3.9所示).若外加足够大的电压V使得液晶方向转成与电场方向平行,光的偏振性就不会改变.因此光可顺利通过第二个偏光器.于是,我们可利用电的开关达到控制光的明暗.这样会形成透光时为白、不透光时为黑,字符就可以显示在屏幕上了.

(2) TFT型液晶显示器的原理

TFT型液晶显示器也采用了两夹层间填充液晶分子的设计.只不过是把左边夹层的电极改为了FET晶体管,而右边夹层的电极改为了共通电极.在光源设计上,TFT的显示采用"背透式"照射方式,即假想的光源路径不是像TN液晶那样的从左至右,而是从右向左,这样的做法是在液晶的背部设置了类似日光灯的光管.光源照射时先通过右偏振片向左透出,借助液晶分子来传导光线.由于左右夹层的电极改成FET电极和共通电极,在FET电极导通时,液晶分子的表现如TN液晶的排列状态一样会发生改变,也通过遮光和透光来达到显示的目的.但不同的是,由于FET晶体管具有电容效应,能够保持电位状态,先前透光的液晶分子会一直保持这种状态,直到FET电极下一次再加电改变其排列方式为止.相对而言,TN就没有这个特性,液晶分子一旦没有被施压,立刻就返回原始状态,这是TFT液晶和TN液晶显示原理的最大不同.

(3) 高分子散布型液晶显示器

简称"PDLC型液晶显示器".这种显示器的液晶组件构造如图3.10所示.高分子的单体(monomer)与液晶混合后夹在两片玻璃中间,做成一液晶盒.这种玻璃与上面所用的相同,是表面上先镀有一层透明而导电的薄膜作电极.但是不需要在玻璃上镀表面配向剂.此时将液晶盒放在紫外灯下照射使个单体连结成高分子聚合物.在高分子形成的同时,液晶与高分子分开而形成许多液晶小颗粒.这些小颗粒被高分子聚合物固定住.当光照射在此液晶盒上,因折射率不同,而在颗粒表面处产生折射及反射.经过多次反射与折射,就产生了散射(scattering).此液晶盒就像牛奶一样呈现出不透明的乳白色.足够大电压加在液晶盒两侧的玻璃上,液晶顺着电场方向排列,而使每颗液晶的排列均相同.对正面入射光而言,这些液晶有着相同的折射率n.如果我们可以选用的高分子材料的折射率与n相同,对光而言这些液晶颗粒与高分子材料是相同的;因而在液晶盒内部没有任何折射或反射的现象产生.此时的液晶盒就像透明的清水一样.

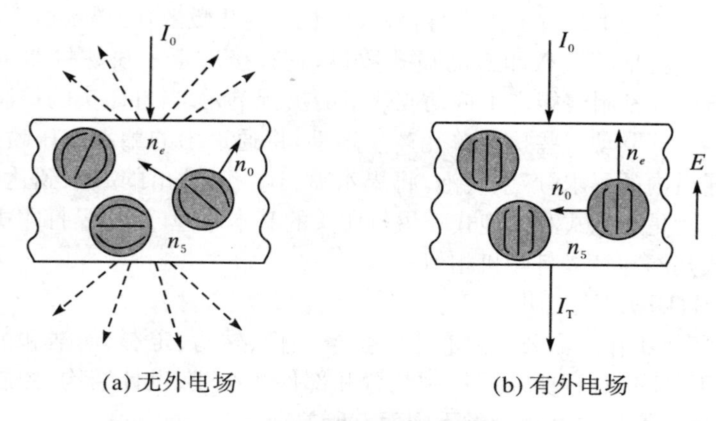

图 3.10　PDLC型液晶显示器组建构造

3.5　打印机及其接口技术

Centronics打印机接口是一种使用三线信号交换的8位平行连接线，这种接口不支持设备选址，因此在输出端口只能接一种设备.

目前的打印机主要分行式和页式两大类.点阵式和喷墨式打印机是行式打印机；激光打印机是页式打印机.有串行与并行两种接法.几种常见的打印机的工作原理如下：

1.针式打印机工作原理

主机送来的代码，经历打印机输入接口电路的处理后送至打印机的主控电路，在控制程序的控制下，产生字符或图形的编码，驱动打印头打印一列的点阵图形，同时字车横向运动，产生列间距或字间距，再打印下一列，逐列执行打印；一行打印完毕后，启动走纸机构进纸，产生行距，同时打印头回车换行，打印下一行；上述流程反复执行，直到打印完毕.针式打印机之所以得名，重要在于其打印头的结构.打印头的结构比较庞杂，大致说来，可分为打印针，驱动线圈，定位器，激励盘等等.一般来说，打印头的工作流程是这样的：当打印头从驱动电路取得一个电流脉冲时，电磁铁的驱动线圈就产生磁场吸引打印针衔铁，带动打印针击打色带，在打印纸上打出一个点的图形.因其直接执行打印功能的是打印针，所以这类打印机被称为针式打印机.

2.喷墨打印机工作原理

其工作原理与针式打印机相似，这两者的本质区别就在于打印头的结构.喷墨打印机的打印头，是由成百上千个直径极其微小(约几微米)的墨水通道组成，这些通道的数目，也就是喷墨打印机的喷孔数目，它直接决定了喷墨打印机的打印精度.每个通道内部都附着能产生振动或热量的执行单元.当打印头的控制电路接收到驱动信号后，即驱动这些执行单元产生振动，将通道内的墨水挤压喷出；或产生高温，加热通道内的墨水，产生气泡，将墨水喷出喷孔；喷出的墨水到达打印纸，即产生图形.这就是压电式和气泡式喷墨打印头的基本原理.而喷墨打印机的控制原理，工作形式基本与针式打印机相似.

3. 激光打印机工作原理

激光打印机工作时需要经过布电、曝光、显像、转写、定影、清洁和消电 7 个步骤，激光打印机工作过程所需的控制装置和部件的组成、设计结构、控制方法和采用的部件会因生产厂家和机型的不同而有所差别，如：

① 对感光鼓充电的极性不同.

② 感光鼓充电采用的部件不同.有的机型使用电极丝放电方式对感光鼓进行充电，有的机型使用充电胶辊(FCR)对感光鼓进行充电.

③ 高压转印采用的部件有所不同.

④ 感光鼓曝光的形式不同.有的机型使用扫描镜直接对感光鼓扫描曝光，有的机型使用扫描后的反射激光束对感光鼓进行曝光.

激光打印机的核心技能就是所谓的电子成像技能，这种技能结合了影像学与电子学的原理和技能以生成图像，核心部件是一个能够感光的硒鼓.激光发射器所发射的激光照射在一个棱柱形反射镜上，随着反射镜的转动，光线从硒鼓的一端到另一端依次扫过(中途有各种聚焦透镜，使扫描到硒鼓表面的光点特别小)，硒鼓以 1/300 英寸或 1/600 英寸的步幅转动，扫描又在接下来的一行执行.硒鼓是一只表面涂覆了有机材料的圆筒，预先带有电荷，当有光线照射时，受到照射的部位会发生电阻的改动.计算机所发送来的数据信号控制着激光的发射，扫描在硒鼓表面的光线不断改动，有的地点受到照射，电阻变小，电荷消散，也有的地点没有光线射到，仍保存有电荷，结果，硒鼓表面就形成了由电荷组成的潜影.

墨粉是一种带电荷的细微塑料颗粒，其电荷与硒鼓表面的电荷极性相反，当带有电荷的硒鼓表面经历显影辊时，有电荷的部位就吸附了墨粉颗粒，潜影就变成了真实的影像.硒鼓转动的同时，另一组传动系统将打印纸送进来，经历一组电极，打印纸带上了与硒鼓表面极性相似但强得多的电荷，随后纸张经历带有墨粉的硒鼓，硒鼓表面的墨粉被吸引到打印纸上，图像就在纸张表面形成了.此时，墨粉和打印机仅仅是靠电荷的引力结合在一起，在打印纸被送出打印机之前，经历高温加热，塑料质的墨粉被熔化，在冷却流程中固着在纸张表面.将墨粉传给打印纸之后，硒鼓表面继续旋转，经历一个清洁器，将剩余的墨粉去掉，以便进入下一个打印循环.

在默认情况下，打印机要求接收文本流.当出现回车和换行的ASCII时，就开始新的一行.发送给打印机的特殊代码用来设置多种格式的页和字样等.HP LaserJet打印机换码序列的格式较为特殊，跟随在第一个换码字符后面的各种符号设定命令属性，并提供它所使用的参数.序列的最后符号是一个大写字母，而前面的为小写，如：Esc&a7L，最后L设定页的左边界；另一个命令Esc&a45M设置右边界.也可以组合出各种操作来简化为单个换行序列.如上面的两条组合为Esc&a7i45M.打印机驱动程序：打印机驱动程序将打印例程所生成的指令转换成特定打印机所用的规程.写打印机驱动程序在PC机领域可认为是最大的硬件兼容性难题.常用的打印标准有：

① Diablo标准：以设计它的美国公司命名，这是最早和最原始的标准.

② Epson标准：这是IBM为第一批PC机提供的打印机的点阵标准.

③ ISO标准：由国际标准组织制订，是Epson标准的超集.

④ PCL标准：为打印机控制语言标准，是为Hewlett－Packard Laser Jet打印机而设计.

3.6　其他人机接口

在计算机使用过程中，输入接口技术具有特殊的地位，因为操作者需要向计算机输入各种数据和操作命令，包括各种字符、数字和汉字.随着输入方式的不断改进，对使用者的便利程度也不断得到提高，推动了计算机的不断普及使用.

在工业控制计算机系统中，由于操作对象不同，最常用的输入方式还是以键盘、鼠标(轨迹球)和触摸屏方式为主.

1. 鼠标

鼠标的接口类型：鼠标按接口类型可分为串行鼠标、PS/2鼠标、USB鼠标三种.串行鼠标是通过串行口与计算机相连，有9针接口和25针接口两种，这是最早的鼠标.PS/2鼠标通过一个6针微型DIN接口与计算机相连，它与键盘的接口非常相似，使用时注意区分.USB鼠标是通过USB接口进行连接的鼠标，是目前主流的接口类型.另目前市场是有一些双接口的鼠标主要是指USB鼠标外加一个USB转PS/2的接口的鼠标.鼠标还可按外形分为两键鼠标、三键鼠标、滚轴鼠标和感应鼠标.两键鼠标和三键鼠标的左右按键功能完全一致，一般情况下，我们用不着三键鼠标的中间按键，但在使用某些特殊软件时(如AutoCAD等)，这个键也会起一些作用；滚轴鼠标和感应鼠标在笔记本电脑上用得很普遍，往不同方向转动鼠标中间的小圆球，或在感应板上移动手指，光标就会向相应方向移动，当光标到达预定位置时，按一下鼠标或感应板，就可执行相应功能.目前市场上的鼠标按键最多的是 Razer 新出的 War 鼠标，按键多达 18 个，并且还有一个滚轮.

鼠标的工作原理：鼠标按其工作原理的不同可以分为机械鼠标和光电鼠标，激光鼠标.机械鼠标主要由滚球、辊柱和光栅信号传感器组成.当你拖动鼠标时，带动滚球转动，滚球又带动辊柱转动，装在辊柱端部的光栅信号传感器产生的光电脉冲信号反映出鼠标器在垂直和水平方向的位移变化，再通过电脑程序的处理和转换来控制屏幕上光标箭头的移动.光电鼠标器是通过检测鼠标器的位移，将位移信号转换为电脉冲信号，再通过程序的处理和转换来控制屏幕上的光标箭头的移动.光电鼠标用光电传感器代替了滚球.光电鼠标使用广泛，由于它的工作原理，多数人选择光电鼠标时会选择布制的鼠标垫配合使用.激光鼠标和光电鼠标最大的区别是激光是不可见光，就是用肉眼去看鼠标的底部，可以发现不像光电鼠标那样发红光.激光鼠标定位准确，但缺点是不能在玻璃上使用.目前市场上比较好的技术是微软的蓝影技术和罗技的无界技术，这两个技术都突破了激光鼠标不能在玻璃上使用的局限，并且不用鼠标垫也可以很准确地定位，但为了更好地保护鼠标，还是建议大家选择在鼠标垫上使用.

2. 触摸屏

触摸屏输入技术是近年来发展起来的一种新技术.它是用户利用手指或其他介质直接与屏幕接触，进行相应的信息选择，并向计算机输入信息的一种输入设备.系统由触摸检测装置和触摸屏控制卡两部分组成.触摸控制卡上有自己的 CPU 及固化的监控程序，它将触摸检测装置送来的位置信息转换成相关的坐标信息并传送给计算机，接收和执行计算机的指令.从工作原理来分，触摸屏有五类产品：

(1) 电阻式触摸屏；

(2) 电容式触摸屏；

(3) 红外线式触摸屏；

(4) 表面声波式触摸屏；

(5) 遥控力感式触摸屏.

与传统的计算机输入技术相比，使用触摸屏对操作人员不需要进行任何培训，并有如下特点：

(1) 人机界面友好；

(2) 简化信息输入设备；

(3) 便于系统维护和改造.

第 4 章　数据预处理技术

由于数据库系统所获数据量的迅速膨胀(已达 G 或 T 数量级),从而导致了现实世界数据库中常常包含许多含有噪声、不完整(Missing)、甚至是不一致(Inconsistent)的数据.显然对数据挖掘所涉及的数据对象必须进行预处理.那么如何对数据进行预处理以改善数据质量,并最终达到完善数据挖掘结果之目的呢?数据预处理(Data Preprocessing)是指在主要的处理以前对数据进行的一些处理.如对大部分地球物理面积性观测数据在进行转换或增强处理之前,首先将不规则分布的测网经过插值转换为规则网的处理,以利于计算机的运算.另外,对于一些剖面测量数据,如地震资料预处理有垂直叠加、重排、加道头、编辑、重新取样、多路编辑等.

数据预处理是数据挖掘(知识发现)过程中的一个重要步骤,尤其是在对含有噪声、不完整、甚至是不一致的数据进行数据挖掘时,更需要进行数据的预处理,以提高数据挖掘对象的质量,并最终达到提高数据挖掘所获模式知识质量的目的.例如:对于一个负责进行公司销售数据分析的商场主管,他会仔细检查公司数据库或数据仓库内容,精心挑选与挖掘任务相关数据对象的描述特征或数据仓库的维度(Dimensions),这包括:商品类型、价格、销售量等,但这时他或许会发现数据库中有几条记录的一些特征值没有被记录下来;甚至数据库中的数据记录还存在着一些错误、不寻常(Unusual)、甚至是不一致情况,对于这样的数据对象进行数据挖掘,显然首先就必须进行数据的预处理,然后才能进行正式的数据挖掘工作.

数据库系统中数据预处理主要包括:数据集成(Data Integration),数据清洗(Data Cleaning),数据转换(Data Transformation),数据约简或分区阶段和数据消减(Data Reduction).另外,计算机进行数据处理是一项基本工作.在控制系统及智能化仪器中,用计算机进行数据处理是必需的、并且是大量的.传感器把生产过程的信号转换成电信号,然后用 A/D 转换器把模拟信号变成数字信号,读入计算机中,完成数据的采集.对于这样得到的数据,一般要进行一些预处理,其中最基本的处理有数字滤波、线性化处理、标度变换和系统误差的自动校准.

4.1 数据预处理过程

4.1.1 数据集成阶段

数据集成就是将来自多个数据源(如数据库、文件等)数据合并到一起.由于描述同一个概念的属性在不同数据库取不同的名字,在进行数据集成时就常常会引起数据的不一致或冗余.例如:在一个数据库中一个顾客的身份编码为“custom id”,而在另一个数据库则为“cust id”.命名的不一致常常也会导致同一属性值的内容不同,如:在一个数据库中一个人的姓取“Bill”,而在另一个数据库中则取“B”.同样大量的数据冗余不仅会降低挖掘速度,而且也会误导挖掘进程.因此除了进行数据清洗之外,在数据集成中还需要注意消除数据的冗余.此外在完成数据集成之后,有时还需要进行数据清洗以便消除可能存在的数据冗余.在数据集成过程中,需要考虑解决以下几个问题:

(1) 模式集成(Schema Integration)问题,即如何使来自多个数据源的现实世界的实体相互匹配,这其中就涉及实体识别问题(Entity Identification Problem).

例如:如何确定一个数据库中的“custom_id”与另一个数据库中的“cust_number”是否表示同一实体.数据库与数据仓库通常包含元数据,所谓元数据就是关于数据的数据,这些元数据可以帮助避免在模式集成时发生错误.

(2) 冗余问题,这是数据集成中经常发生的另一个问题.若一个属性(Attribute)可以从其他属性中推演出来,那这个属性就是冗余属性.如:一个顾客数据表中的平均月收入属性,就是冗余属性,显然它可以根据月收入属性计算出来.此外属性命名的不一致也会导致集成后的数据集出现不一致情况.

利用相关分析可以帮助发现一些数据冗余情况.例如:给定两个属性,则根据这两个属性的数值分析出这两个属性间的相互关系.属性 A 和 B 之间的相互关系可以根据以下计算公式分析获得:

$$r_{A,B}=\frac{\sum(A-\bar{A})(B-\bar{B})}{(n-1)\sigma_A\sigma_B} \tag{4.1}$$

公式(4.1)中 $\bar{A}$ 和 $\bar{B}$ 分别代表属性 A 和 B 的平均值;σ_A 和 σ_B 分别表示属性 A 和 B 的标准方差.若有 $r_{A,B}>0$,则属性 A 和 B 之间是正关联,也就是说若 A 增加,B 也增加;$r_{A,B}$ 值越大,说明属性 A 和 B 正关联关系越密.若有 $r_{A,B}=0$,就有属性 A 和 B 相互独立,两者之间没有关系.最后若有 $r_{A,B}<0$,则属性 A 和 B 之间是负

关联，也就是说若A增加，B就减少；$r_{A,B}$绝对值越大，说明属性A和B负关联关系越密.利用上式可以分析以上提及的两属性“custom_id”与“cust_number”之间关系.

除了检查属性是否冗余之外，还需要检查记录行的冗余.

(3) 数据值冲突检测与消除.如对于一个现实世界实体，其来自不同数据源的属性值或许不同.产生这样问题原因可能是表示的差异、比例尺度不同、或编码的差异等.例如：重量属性在一个系统中采用公制，而在另一个系统中却采用英制.同样价格属性不同地点采用不同货币单位.这些语义的差异为数据集成提出许多问题.

数据集成阶段主要以人机交互的方式进行，包括以下三种行为.

① 消除原始高维空间数据结构的不一致，统一其数据结构.

② 将数据分为时间型数据、空间型数据和时空混合型数据三类.

③ 将这三类数据导入数据库，在数据库中分别管理.

数据集成是把不同来源、格式、特点性质的数据在逻辑上或物理上有机地集中，从而为企业提供全面的数据共享.在企业数据集成领域，已经有了很多成熟的框架可以利用.目前通常采用联邦式、基于中间件模型和数据仓库等方法来构造集成的系统，这些技术在不同的着重点和应用上解决数据共享和为企业提供决策支持.

4.1.2　数据清理阶段

该阶段必须解决不正确的拼写、两个系统之间冲突的拼写规则和冲突的数据(如对于相同的部分具有两个编号)之类的错误.编码或把资料录入时的错误，会威胁到测量的效度.数据清理主要解决数据文件建立中的人为误差，以及数据文件中一些对统计分析结果影响较大的特殊数值.

现实世界的数据常常是有噪声、不完全和不一致的.数据清洗(Data Cleaning)例程包括填补遗漏数据、消除异常数据、平滑噪声数据，以及纠正不一致的数据.以下将详细介绍数据清洗的主要处理方法.

(1) 遗漏数据处理

假设在分析一个商场销售数据时，发现有多个记录中的属性值为空，如：顾客的收入(Income)属性，对于为空的属性值，可以采用以下方法进行遗漏数据(Missing Data)处理：若一条记录中有属性值被遗漏了，则将此条记录排除在数据挖掘过程之外，尤其当类别属性(Class Label)的值没有而又要进行分类数据挖掘时.当然这种方法并不很有效，尤其是在每个属性遗漏值的记录比例相差较大时，可手工填补遗漏值.一般来讲这种方法比较耗时，而且对于存在许多遗漏情况的大规模数据集而言，显然可行性较差.利用缺省值填补遗漏值.对一个属性的所有遗漏的值均利用一个事先确定好的值来填补，如都用“OK”来填补.但当一个属性遗漏值较多时，若采用这种方法，就可能误导挖掘进程.因此这种方法虽然简单，但并不推荐使用，或使用时需要仔细分析填补后的情况,以尽量避免对最终挖掘结果产生较大误差.

利用均值填补遗漏值,计算一个属性(值)的平均值,并用此值填补该属性所有遗漏的值.如:若一个顾客的平均收入(Income)为12000元,则用此值填补Income属性中所有被遗漏的值.这种方法尤其在进行分类挖掘时使用.如若要对商场顾客按信用风险(Credit Risk)进行分类挖掘时,就可以用在同一信用风险类别下(如良好)的Income属性的平均值,来填补所有在同一信用风险类别下属性Income的遗漏值.

最后一种方法是一种较常用的方法,与其他方法相比,它最大限度地利用了当前数据所包含的信息来帮助预测所遗漏的数据.通过利用其他属性的值来帮助预测属性Income的值.

(2) 噪声数据处理

噪声是指被测变量的一个随机错误和变化.下面给定一个数值型属性,如价格,进行平滑去噪的具体方法的介绍:

排序后价格:4,8,15,21,21,24,25,28,34

划分为等高度Bins:

—Bin 1:4,8,15

—Bin 2:21,21,24

—Bin 3:25,28,34

根据Bin均值进行平滑:

—Bin 1:9,9,9

—Bin 2:22,22,22

—Bin 3:29,29,29

根据Bin边界进行平滑:

—Bin 1:4,4,15

—Bin 2:21,21,24

—Bin 3:25,25,34

图4.1 利用Bin方法进行平滑描述

① Bin方法

Bin方法通过利用相应被平滑数据点的周围点(近邻),对一组排序数据进行平滑.排序后数据分配到若干桶(称为Buckets或Bins)中.Bin方法利用周围点的数值来进行局部平滑,图4.1示意描述了一些Bin方法技术.在图4.1中,首先对价格数据进行排序,然后将其划分为若干等高度的Bin(即每个Bin包含三个数值,两种典型的Bin方法示意描述如图4.2所示),这时可以利用每个Bin的均值进行平滑，即对每个 Bin 中所有值均用该 Bin 的均值替换. 在图 4.1 中，第一个 Bin 中 4,8,15 均用该 Bin 的均值 9 替换，这种方法称为 Bin 均值平滑. 与之类似，对于给定的 Bin，其最大值与最小值就构成了该 Bin 的边界. 利用每个 Bin 的边界值（最大值或最小值），替换该 Bin 中的所有值. 一般来讲每个 Bin 的宽度越宽，其平滑效果越明显. 若按照等宽划分 Bin，即每个 Bin 的取值间距（左右边界之差）相同.

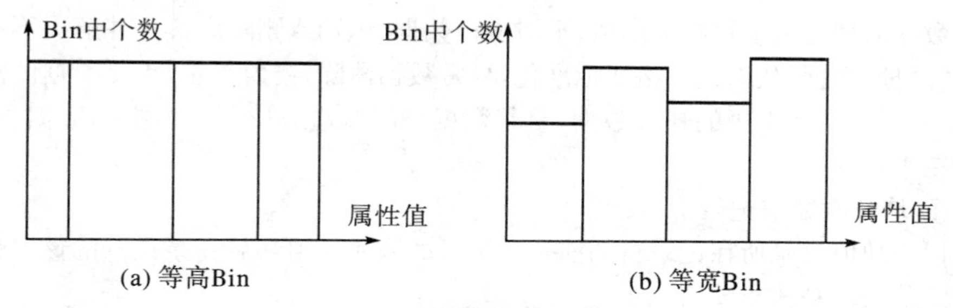

图 4.2　两种典型的 Bin 方法

② 人机结合检查方法

通过人与计算机检查相结合方法，可以帮助发现异常数据. 如：利用基于信息论方法可帮助识别用于分类识别手写符号库中的异常模式；所识别出的异常模式可输出到一个列表中；然后由人对这一列表中的各异常模式进行检查，并最终确认无用的模式（真正异常的模式）. 这种人机结合检查方法比单纯利用手工方法手写符号库进行检查要快许多（图 4.3）.

③ 回归方法

可以利用拟合函数对数据进行平滑. 如：借助线性回归（Linear Regression）方法，包括多变量回归方法，就可以获得多个变量之间的一个拟合关系，从而达到利用一个（或一组）变量值来帮助预测另一个变量取值的目的. 利用回归分析方法所获得的拟合函数，能够帮助平滑数据及除去其中的噪声.

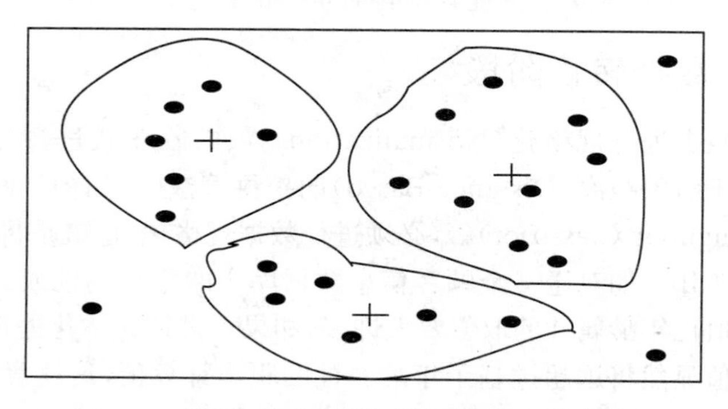

图 4.3　基于聚类分析的异常数据（Outliers）检测

(3) 不一致数据处理

现实世界的数据库常出现数据记录内容的不一致,其中一些数据不一致可以利用它们与外部的关联手工加以解决.例如:输入发生的数据录入错误一般可以与原稿进行对比来加以纠正.此外还有一些例程可以帮助纠正使用编码时所发生的不一致问题.知识工程工具也可以帮助发现违反数据约束条件的情况.

数据清理通过填写缺失的值、平滑噪声数据、识别或删除离群点并解决不一致性来"清理"数据,从而达到格式标准化,异常数据清除,错误纠正,重复数据的清除等目的.对原始数据中的缺失数据、重复数据、异常数据进行处理,提高数据质量.包括三个步骤:

① 填补空缺值记录

以空缺值记录所在记录行的前一条记录的该属性值和后一条记录的该属性值的平均值来填补该空缺值.

② 去除重复记录

在数据库中对同类别数据进行对比分析,基于距离的识别算法,即在误差一定的情况下研究两个字符串是否等值.

③ 异常点检测

在大规模空间数据集中,通常存在着不遵循空间数据模型的普遍行为的样本.这些样本和其他残余部分数据有很大不同或不一致,叫作异常点(Outlier).异常点可能是由测量误差造成的,也可能是数据固有的可变性的结果.针对时间序列数据,采取基于移动窗口和标准差理论的方法实现对异常点的检测;针对空间数据,采取基于移动曲面拟合法的方法实现对异常点的检测;针对多维数据,采取聚类分析法实现对异常点的检测.经验证,当对检测出来的异常点判定为测量误差时,剔除后确实能提高数据挖掘算法的效率和准确度.当对检测出来的异常点判定为正常点时,重点分析该点确实能发现其隐含着重要的信息.

4.1.3 数据转换阶段

主要是对数据进行规格化(Normalization)操作.在正式进行数据挖掘之前,尤其是使用基于对象距离(Distance-Based)的挖掘算法时,如神经网络、最近邻分类(Nearest Neighbor Classifier)等,必须进行数据规格化.也就是将其缩至特定的范围之内,如[0,10].如对于一个顾客信息数据库中的年龄属性或工资属性,由于工资属性的取值比年龄属性的取值要大许多,如果不进行规格化处理,基于工资属性的距离计算值显然将远超过基于年龄属性的距离计算值,这就意味着工资属性的作用在整个数据对象的距离计算中被错误地放大了.

通过平滑聚集、数据概化、规范化等方式将数据转换成适用于数据挖掘的形式.数据转换对数据挖掘模型和输入数据集的要求有较强的依赖,针对不同的数据挖掘模型需要进行不同类型的数据转换.所谓数据转换就是将数据转换或归并已构成一个适合数据挖掘的描述形式.数据转换包含以下处理内容:

(1) 平滑处理.帮助除去数据中的噪声,主要技术方法有:Bin 方法、聚类方法和回归方法.

(2) 合计处理.对数据进行总结或合计(Aggregation)操作.例如:每天销售额(数据)可以进行合计操作以获得每月或每年的总额.这一操作常用于构造数据立方或对数据进行多维度的分析.

(3) 数据泛化处理(Generalization).所谓泛化处理就是用更抽象(更高层次)的概念来取代低层次或数据层的数据对象.例如:街道属性,就可以泛化到更高层次的概念,如城市、国家.同样对于数值型的属性,如年龄属性,就可以映射到更高层次概念,如青年、中年和老年.

(4) 规格化.规格化就是将有关属性数据按比例投射到特定小范围之中.如将工资收入属性值映射到 $-1.0\sim1.0$ 范围内.

(5) 属性构造.根据已有属性集构造新的属性,以帮助数据挖掘过程.

平滑是一种数据清洗方法.合计和泛化也可以作为数据消减的方法.这些方法前面已分别作过介绍,因此下面将着重介绍规格化和属性构造方法.

规格化就是将一个属性取值范围投射到一个特定范围之内,以消除数值型属性因大小不一而造成挖掘结果的偏差.规格化处理常常用于神经网络、基于距离计算的最近邻分类和聚类挖掘的数据预处理.对于神经网络,采用规格化后的数据不仅有助于确保学习结果的正确性,而且也会帮助提高学习的速度.对于基于距离计算的挖掘,规格化方法可以帮助消除因属性取值范围不同而影响挖掘结果的公正性.下面介绍三种规格化方法:

(1) 最大最小规格化方法

该方法对被初始数据进行一种线性转换.设 $\min_A$ 和 $\max_A$ 为属性 A 的最小值和最大值.最大最小规格化方法将属性 A 的一个值 v 映射为 v' 且有 $v' \in [\text{new\_min}_A, \text{new\_max}_A]$,具体映射计算公式如下:

$$v' = \frac{v - \min_A}{\max_A - \min_A}(\text{new\_max}_A - \text{new\_min}_A) + \text{new\_min}_A \tag{4.2}$$

最大最小规格化方法保留了原来数据中存在的关系.但若将来遇到超过目前属性 A 取值范围的数值,将会引起系统出错.

(2) 零均值规格化方法

该方法是根据属性 A 的均值和偏差来对 A 进行规格化.属性 A 的 v 值可以

通过以下计算公式获得其映射值：

$$v' = \frac{v - \overline{A}}{\sigma_A} \tag{4.3}$$

其中的$\overline{A}$和σ分别为属性A的均值和方差.这种规格化方法常用于属性A最大值与最小值未知,或用于最大最小规格化方法时会出现异常数据的情况.

例:假设属性 Income 的均值与方差分别为 54 000 元和 16 000 元,使用零均值规格化方法将 73 600 元的属性 Income 值映射为

$$\frac{73\ 600 - 54\ 000}{16\ 000} = 1.225$$

(3) 十基数变换规格化方法

该方法通过移动属性A值的小数位置来达到规格化的目的.所移动的小数位数取决于属性A绝对值的最大值.属性A的v值可以通过以下计算公式获得其映射值：

$$v' = \frac{v}{10^j} \tag{4.4}$$

其中的j为使$\max(v)<1$成立的最小值.

例:假设属性A的取值范围是从-986 到 917.属性A绝对值的最大值为 986.采用十基数变换规格化方法,就是将属性A的每个值除以 1000(即$j=3$)即可,因此-986 映射为-0.9860.

对于属性构造方法,它可以利用已有属性集构造出新的属性,并加入到现有属性集合中以帮助挖掘更深层次的模式知识,提高挖掘结果准确性.例如,根据宽、高属性,可以构造一个新属性:面积.构造合适的属性能够帮助减少学习构造决策树时所出现的碎块情况(Fragmentation Problem).此外通过属性结合可以帮助发现所遗漏的属性间相互联系,而这常常对于数据挖掘过程是十分重要的.

数据转换阶段主要包含两类数据转换工具：

(1)数据标准化

数据标准化包含标准差标准化、极差标准化和极差正规化.

① 标准差标准化.所谓标准差标准化是将各个记录值减去记录值的平均值,再除以记录值的标准差,即

$$x'_{ij} = \frac{x_{ij} - x_{ia}}{S_i} \tag{4.5}$$

其中,x_{ia}为平均值,其表达式为

$$x_{ia} = \frac{1}{n}\sum_{j=1}^{n} x_{ij} \tag{4.6}$$

设S_i是标准差,有

$$S_i = \sqrt{\frac{1}{n}\sum_{j=1}^{n}(x_{ij} - x_{ia})^2} \tag{4.7}$$

经过标准差标准化处理的所有记录值的平均值为 0,标准差为 1.

② 极差标准化.对记录值进行极差标准化变换是将各个记录值减去记录值的平均值,再除以记录值的极差,即:

$$x'_{ij} = \frac{x_{ij} - x_{ia}}{\max x_{ij} - \min x_{ij}} \tag{4.8}$$

经过极差标准化处理后的每个观测值的极筹都等于 1.

③ 极差正规化.对记录值进行极差正规化变换是将各个记录值减去记录值的极小值,再除以记录值的极差,即:

$$x'_{ij} = \frac{x_{ij} - \min x_{ij}}{\max x_{ij} - \min x_{ij}} \tag{4.9}$$

经过极差正规化处理后的每个观测值都在 0～1 之间.

(2) 数据差值

针对时间序列数据,采取 $s(t+1)-s(t)$的相对改动来优化 $s(t+1)$.

(3) 数据比值

针对时间序列数据,采取 $s(t+1)/s(t)$的相对改动来优化 $s(t+1)$.

4.1.4　数据约简或分区阶段

数据约简或分区阶段主要包括维度约简、数值约简和数据分区三部分,这三部分在这一阶段的实施不固定先后顺序,相互间不具备依赖性.每个部分在实行前要先从数据库中提取要处理的数据集合.

(1) 维度约简

对于高维度的空间数据,采用主成分分析法实现对数据集合的众多维度的约简.

(2) 数值约简

对于时序数据,采用一种改进的快速傅里叶变换约简方法来实现对时序数据的有效约简.

(3) 数据分区

数据分区是以时间信息、空间信息为参考轴,不仅实现了对包含时间数据、空间数据、时空混合型数据的大规模数据集的分块,同时避免了空数据块的产生,还能根据数据挖掘模型对输入数据集的要求,分离出目标数据集.

数据挖掘时往往数据量非常大,在少量数据上进行挖掘分析需要很长的时间,数据归约技术可以用来得到数据集的归约表示,它小得多,但仍然接近于保持原数据的完整性，并且结果与归约前结果相同或几乎相同. 数据预处理是目前数据挖掘一个热门的研究方向，毕竟这是由数据预处理的产生背景所决定的——现实世界中的数据几乎都是脏数据.

1. 数据归约基本知识

对于小型或中型数据集，一般的数据预处理步骤已经足够. 但对真正大型数据集来讲，在应用数据挖掘技术以前，更可能采取一个中间的、额外的步骤——数据归约. 本步骤中简化数据的主题是维归约，主要问题是是否可在没有牺牲质量的前提下，丢弃这些已准备和预处理的数据，能否在适量的时间和空间里检查已准备的数据和已建立的子集.

对数据的描述，特征的挑选，归约或转换是决定数据挖掘方案质量的最重要问题. 在实践中，特征的数量可达到数百，如果我们只需要上百条样本用于分析，就需要进行维归约，以挖掘出可靠的模型；另一方面，高维度引起的数据超负，会使一些数据挖掘算法不实用，唯一的方法也就是进行维归约. 预处理数据集的 3 个主要维度通常以平面文件的形式出现：列（特征），行（样本）和特征的值，数据归约过程也就是三个基本操作：删除列，删除行，减少列中的值.

在进行数据挖掘准备时进行标准数据归约操作，我们需要知道从这些操作中我们会得到和失去什么，全面的比较和分析涉及如下几个方面的参数：

① 计算时间：较简单的数据，即经过数据归约后的结果，可减少数据挖掘消耗的时间.

② 预测/描述精度：估量了数据归纳和概括为模型的好坏.

③ 数据挖掘模型的描述：简单的描述通常来自数据归约，这样模型能得到更好理解.

我们这里讨论的数据归约算法具有以下特征.

① 可测性；

② 可识别性；

③ 单调性；

④ 一致性；

⑤ 收益增减；

⑥ 中断性；

⑦ 优先权.

2. 数据归约方法

特征归约法：用相应特征检索数据通常不只为数据挖掘目的而收集，单独处理相关特征可以更有效，我们希望选择与数据挖掘应用相关的数据，以达到用最小的测量和处理量获得最好的性能.

进行特征归约处理可以达到以下四个方面的效果：

① 更少的数据，提高挖掘效率；

② 更高的数据挖掘处理精度；

③ 简单的数据挖掘处理结果；

④ 更少的特征.

另外，和生成归约后的特征集有关的标准任务有两个：

① 特征选择：基于应用领域的知识和挖掘目标，分析者可以选择初始数据集中的一个特征子集.常用的有特征排列算法和最小子集算法.

② 特征构成：特征构成依赖于应用知识.

特征选择的目标是要找出特征的一个子集，此子集在数据挖掘的性能上比得上整个特征集.特征选择的一种可行技术是基于平均值和方差的比较，此方法的主要缺点是特征的分布未知.

4.1.5 数据消减(Data Reduction)

数据消减的目的就是缩小所挖掘数据的规模，但不影响(或基本不影响)最终的挖掘结果.现有的数据消减包括：① 数据聚合(Data Aggregation)，如构造数据立方(Data Cuboid)；② 消减维数(Dimension Reduction)，如通过相关分析消除多余属性；③ 数据压缩(Data Compression)，如利用编码方法(如最小编码长度或小波)进行压缩；④ 数据块消减(Numerosity Reduction).数据消减的主要策略有以下几种.

1. 数据立方合计

图4.4所示，在三个维度上对某公司原始销售数据进行合计所获得的数据立方就是一个三维数据立方.它从时间(年代)、公司分支以及商品类型三个角度(维度)描述相应(时空)的销售额(对应一个小立方块).每个属性都可对应一个概念层次树，以帮助进行多抽象层次的数据分析.如一个分支属性的(概念)层次树，可以提升到更高一层到区域概念，这样就可以将多个同一区域的分支合并到一起.

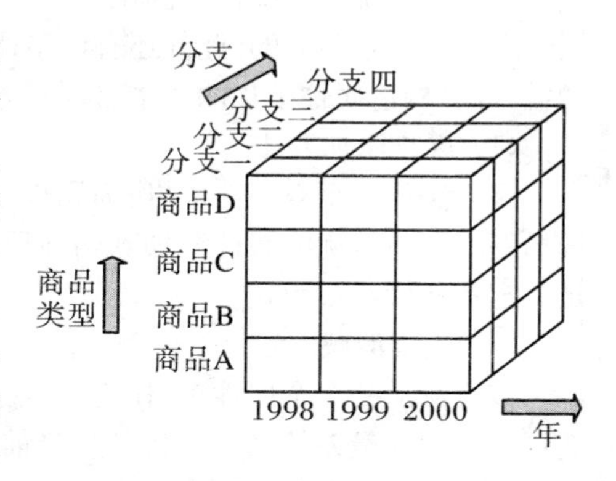

图4.4　数据立方合计描述示意

在最低层次所建立的数据立方称为基立方(Base Cuboid)，而最高抽象层次的数据立方称为顶立方(Apex Cuboid).顶立方代表整个公司三年、所有分支、所有类型商品的销售总额.显然每一层次的数据立方都是对其低一层数据的进一步抽象,因此它也是一种有效的数据消减.

2. 维数消减

由于数据集或许包含成百上千的属性,这些属性中的许多属性是与挖掘任务无关的或冗余的.例如:挖掘顾客是否会在商场购买MP3播放机的分类规则时,顾客的电话号码很可能与挖掘任务无关.但如果利用人类专家来帮助挑选有用的属性,则是一件困难和费时费力的工作,特别是当数据内涵并十分清楚的时候.无论是漏掉相关属性,还是选择了无关属性参加数据挖掘工作,都将严重影响数据挖掘最终结果的正确性和有效性.此外多余或无关的属性也将影响数据挖掘的挖掘效率.

维数消减就是通过消除多余和无关的属性而有效消减数据集的规模.这里通常采用属性子集的选择方法.属性子集选择方法(Attribute Subset Selection)的目标就是寻找出最小的属性子集并确保新数据子集的概率分布尽可能接近原来数据集的概率分布.利用筛选后的属性集进行数据挖掘所获结果,由于使用了较少的属性,从而使得用户更加容易理解挖掘结果.

包含 d 个属性的集合共有 2^d 个不同子集,从初始属性集中发现较好的属性子集的过程就是一个最优穷尽搜索的过程,显然随着 d 不断增加,搜索的可能将会增加到难以实现的地步.因此一般利用启发知识来帮助有效缩小搜索空间.这类启发式搜索通常都是基于可能获得全局最优的局部最优来指导并帮助获得相应的属性子集.

一般利用统计重要性的测试来帮助选择"最优"或"最差"属性.这里都假设各属性之间是相互独立的.此外还有许多评估属性的方法,如用于构造决策树的信息增益方法.构造属性子集的基本启发式方法有以下三种:

(1) 逐步添加方法

该方法从一个空属性集(作为属性子集初始值)开始,每次从原来属性集合中选择一个当前最优的属性添加到当前属性子集中.直到无法选择出最优属性或满足一定默认值约束为止.

(2) 逐步消减方法

该方法从一个全属性集(作为属性子集初始值)开始,每次从当前属性子集中选择一个当前最差的属性并将其从当前属性子集中消去.直到无法选择出最差属性为止或满足一定阈值约束为止.

(3) 消减与添加结合方法

该方法将逐步添加方法与逐步消减方法结合在一起,每次从当前属性子集中选择一个当前最差的属性并将其从当前属性子集中消去,以及从原来属性集合中选择一个当前最优的属性添加到当前属性子集中.直到无法选择出最优属性且无法选择出最差属性为止,或满足一定阈值约束为止.

3. 数据压缩

数据压缩就是利用数据编码或数据转换将原来的数据集合压缩为一个较小规模的数据集合.若仅根据压缩后的数据集就可以恢复原来的数据集,那么就认为这一压缩是无损的(Loseless);否则就称为有损的(Lossy).在数据挖掘领域通常使用的两种数据压缩方法均是有损的,它们是小波变换(Wavelet Transforms)和主要素分析(Principal Components Analysis,简称 PCA).

离散小波变换是一种线性信号处理技术.该技术方法可以将一个数据向量 D 转换为另一个数据向量 D'(为小波相关系数),且两个向量具有相同长度.但是对后者而言,可以被舍弃其中的一些小波相关系数,如保留所有大于用户指定阈值的小波系数,而将其他小波系数置为 0,以帮助提高数据处理的运算效率.这一技术方法可以在保留数据主要特征情况下除去数据中的噪声,因此该方法可以有效地进行数据清洗.此外给定一组小波相关系数,利用离散小波变换的逆运算还可以近似恢复原来的数据.

离散小波变换与离散傅立叶变换相近,后者也是一个信号处理技术.但一般来讲离散小波变换具有更好的有损压缩性能.也就是给定同一组数据向量(相关系数),利用离散小波变换所获得的(恢复)数据比利用离散傅立叶变换所获得的(恢复)数据更接近原来的数据.

应用离散小波变换进行数据转换时,通常采用通用层次(Hierarchical Pyramid)算法,该算法在每次循环时将要处理的数据一分为二进行处理,以获得更快的运算性能.该算法主要步骤说明如下:

(1) L 为所输入数据向量的长度,它必须是 2 的幂,因此必要时需用 0 补齐数据向量以确保向量长度满足要求;

(2) 每次转换时使用两个函数,第一个负责进行初步的数据平滑;第二个则负责完成一个带权差值计算以获得数据的主要特征;

(3) 将数据向量一分为二,然后分别应用第(2)步中的两个函数分别对两部分数据进行处理.这两部分数据分别代表输入数据的低频部分和输入数据的高频部分;

(4) 对所输入的数据向量循环使用步骤(3),直到所有划分的子数据向量的长度均为 2 为止;

(5) 取出步骤(3)、(4)的处理结果便获得了被转换数据向量的小波相关系数.

类似地,也可以使用矩阵乘法对输入的数据向量进行处理,获得相应的小波相关系数,而其中的矩阵内容则依赖于所使用的具体离散小波变换方法.此外小波变换方法也可以用于多维数据立方的处理,具体操作就是先对第一维数据进行变换,然后再对第二维、第三维进行变换，等等．小波变换对于稀疏或变异（Skewed）数据也有较好的处理结果．

这里将对利用主要素分析进行数据压缩的方法作一初步介绍．假设需要压缩的数据是由 N 个数据行（向量）组成，共有 k 个维度（属性或特征）．PCA 从 k 个维度中寻找出 c 个共轭向量，$c \ll N$，从而实现对初始数据进行有效的数据压缩．PCA 方法主要处理步骤说明如下：

（1）首先对输入数据进行规格化，以确保各属性的数据取值均落入相同的数值范围．

（2）根据已规格化的数据计算 c 个共轭向量，这 c 个共轭向量就是主要素（Principal Components）．而所输入的数据均可以表示为这 c 个共扼向量的线性组合．

（3）对 c 个共轭向量按其重要性（计算所得变化量）进行递减排序．

（4）根据所给定的用户阈值，消去重要性较低的共轭向量，以便最终获得消减后的数据集合；此外利用最主要的主要素也可以较好近似恢复原来的数据．

PCA 方法的计算量不大且可以用于取值有序或无序的属性，同时也能处理稀疏或异常（Skewed）数据．PCA 方法还可以将多于两维的数据通过处理降为两维数据．与离散小波变换相比，PCA 方法能较好地处理稀疏数据；而离散小波变换则更适合对高维数据进行处理变换．

4．数据块消减

数据块（Numerosity）消减方法主要包含参数与非参数两种基本方法．所谓参数方法就是利用一个模型来帮助通过计算获得原来的数据，因此只需要存储模型的参数即可（当然异常数据也需要存储）．例如，线性回归模型就可以根据一组变量预测计算另一个变量．而非参数方法则是存储利用直方图、聚类或取样而获得的消减后的数据集．以下就将介绍几种主要数据块消减方法．

（1）回归与线性对数模型

回归与线性对数模型可用于拟合所给定的数据集．线性回归方法是利用一条直线模型对数据进行拟合．例如，利用自变量 X 的一个线性函数可以拟合因变量 Y 的输出，其线性函数模型为：

$$Y = \alpha + \beta X \tag{4.10}$$

式中的系数 α 和 β 称为回归系数，也是直线的截距和斜率．这两个系数可以通过最小二乘法计算获得．多变量回归则是利用多个自变量的一个线性函数拟合因变量 Y 的输出，其主要计算方法与单变量线性函数计算方法类似．

对数线性模型则是拟合多维离散概率分布．该方法能够根据构成数据立方的较小数据块（Cuboids），对其一组属性的基本单元分布概率进行估计，并且利用低阶的数据立方构造高阶的数据立方.对数回归模型可用于数据压缩和数据平滑.

回归与对数线性模型均可用于稀疏数据以及异常数据的处理.但是回归模型对异常数据的处理结果要好许多.应用回归方法处理高维数据时计算复杂度较大;而对数线性模型则具有较好的可扩展性(在处理 10 个左右的属性维度时).

(2) 直方图

直方图是利用 Bin 方法对数据分布情况进行近似,它是一种常用的数据消减方法.一个属性 A 的直方图就是根据属性 A 的数据分布将其划分为若干不相交的子集(Buckets).这些子集沿水平轴显示,其高度(或面积)与该 Bucket 所代表的数值平均(出现)频率成正比.若每个 Bucket 仅代表一对属性值/频率,则这一 Bucket 就称为单 Bucket.通常 Buckets 代表某个属性的一段连续值.

以下是一个商场所销售商品的价格清单(按递增顺序排列,括号中的数表示前面数字出现次数):1(2)、5(5)、8(2)、10(4)、12(1)、14(3)、15(5)、18(8)、20(7)、21(4)、25(5)、28(2)、30(3).上述数据所形成属性值/频率对的直方图如图 4.5 所示.

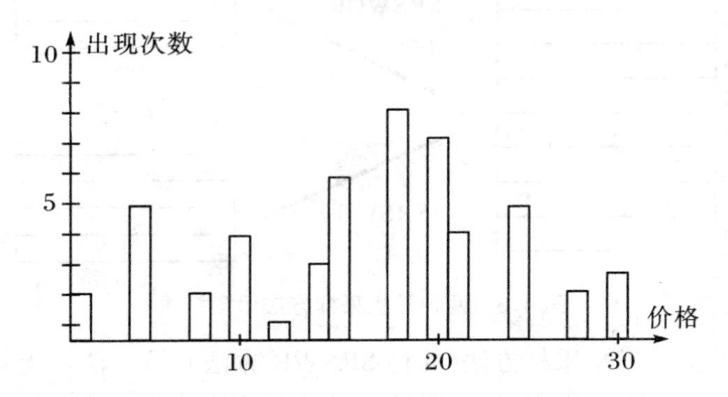

图 4.5　数据直方图描述示意(以 1 元为单位)

构造直方图所涉及的数据集划分方法有以下几种:

① 等宽方法:在一个等宽的直方图中,每个 Bucket 的宽度(范围)是相同的(如图 4.5 所示).

② 等高方法:在一个等高的直方图中,每个 Bucket 中数据个数是相同的.

③ V-Optimal 方法:若对指定 Bucket 个数的所有可能直方图进行考虑,V-Optimal方法所获得的直方图在这些直方图中变化最小.而所谓直方图变化最小就是指每个 Bucket 所代表数值的加权之和;其权值为相应 Bucket 的数据个数.

④ MaxDiff 方法:MaxDiff 方法以相邻数值(对)之差为基础,一个 Bucket 的边界则是由包含有 $\beta-1$ 个最大差距的数值对所确定,其中的 β 为用户指定的阈值.

V-Optimal 方法和 MaxDiff 方法一般来讲更准确和实用. 直方图在拟合稀疏数据和异常数据时具有较高的效能. 此外直方图方法也可以用于处理多维(属性), 多维直方图能够描述出属性间的相互关系. 研究发现直方图在对多达 5 个属性(维)的数据进行近似时也是有效的. 这方面仍然有较大的研究空间.

(3) 采样

采样方法由于可以利用一小部分(子集)来代表一个大数据集,从而可以作为数据消减的一个技术方法. 假设一个大数据集为 D,其中包括 N 个数据行,几种主要采样方法说明如下:

① 无替换简单随机采样方法(简称 SRSWOR 方法). 该方法从 N 个数据行中随机抽取出 n 个数据行(每一数据行被选中的概率为 $1/N$),以构成由 n 个数据行组成采样数据子集,如图 4.6 所示.

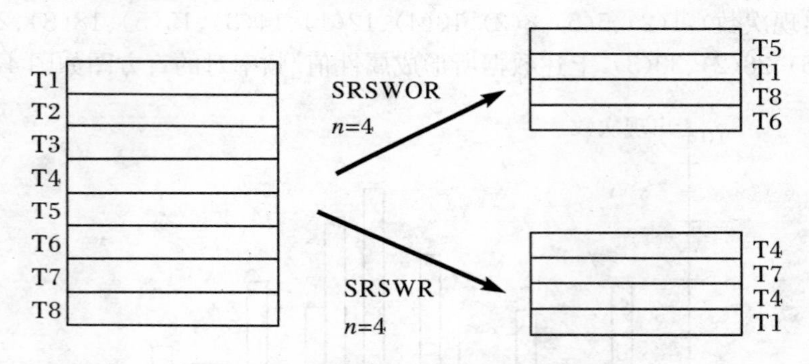

图 4.6 两种随机采样方法示意描述

② 有替换简单随机采样方法(简称 SRSWR 方法). 该方法与无替换简单随机采样方法类似. 该方法也是从 N 个数据行中每次随机抽取一数据行,但该数据行被选中后它仍将留在大数据集 D 中,这样最后获得的由 n 个数据行组成的采样数据子集中可能会出现相同的数据行,如图 4.6 所示.

③ 分层采样方法. 若首先将大数据集 D 划分为若干不相交的"层"(Stratified); 然后再分别从这些"层"中随机抽取数据对象,从而获得具有代表性的采样数据子集. 例如,可以对一个顾客数据集按照年龄进行分层,然后再在每个年龄组中进行随机选择,从而确保了最终获得分层采样数据子集中的年龄分布具有代表性.

利用采样方法进行数据消减的一个突出优点就是:这样获取样本的时间仅与样本规模成正比.

4.2　数字滤波

所谓数字滤波，就是通过一定的计算或判断程序减少干扰在有用信号中的比重.故实质上它是一种程序滤波.与模拟滤波相比，它有以下几个优点：

(1) 数字滤波是用程序实现的，不需要增加硬件设备，所以可靠性高，稳定性好.

(2) 数字滤波可以对频率很低(如0.01 Hz)的信号实现滤波，克服了模拟滤波器的缺陷.

(3) 数字滤波器可以根据信号的不同，采用不同的滤波方法或滤波参数，具有灵活、方便、功能强的特点.

(4) 可以多个通道共享.

主要数字滤波算法：算术平均值法、中值滤波法、滑动平均值滤波、程序判断滤波法、惯性滤波法.

1. 算术平均值法

算术平均值法是对输入的 N 个采样数据 x_i($i=1\sim N$)，寻找这样一个 y，使 y 与各采样值间的偏差的平方和为最小，即

$$E = \min\left[\sum_{i=1}^{N}(y-x_i)^2\right] \tag{4.11}$$

由一元函数求极值原理可得

$$y = \frac{1}{N}\sum_{i=1}^{N}x_i \tag{4.12}$$

例如某压力仪表采样数据如表4.1所示.

表4.1　压力仪表采样数据

序号	1	2	3	4	5	6	7	8	9	10
采样值	24	25	20	27	24	60	24	25	26	23

采样数据明显存在被干扰现象(彩色数据)，采用算术平均值滤波后，其采样值为：

$$Y=(24+25+20+27+24+60+24+25+26+23)/10=28$$

算术平均值法特点：

(1) N 值决定了信号平滑度和灵敏度.随着 N 的增大，平滑度提高，灵敏度降低.应该视具体情况选择 N，以便得到满意的滤波效果.

(2) 对每次采样值给出相同的加权系数，即 $1/N$.在不同采样时刻采集数据受

到同样重视.实际上某些场合需要增加新采样值在平均值中的比重,可采用加权平均值滤波法.滤波公式为:$Y = R_0Y_0 + R_1Y_1 + R_2Y_2 + \cdots + R_mY_m$.

(3) 平均值滤波法一般适用于具有周期性干扰噪声的信号,但对偶然出现的脉冲干扰信号,滤波效果尚不理想.

2. 中值滤波法

中值滤波法的原理是对被测参数连续采样 m 次($m \geqslant 3$)且是奇数,并按大小顺序排列;再取中间值作为本次采样的有效数据.

中值滤波法的特点:中值滤波法对脉冲干扰信号等偶然因素引发的干扰有良好的滤波效果.如对温度、液位等变化缓慢的被测参数采用此法会收到良好的滤波效果;对流量、速度等快速变化的参数一般不宜采用中值滤波法.

中值滤波法和平均值滤波法结合起来使用,滤波效果会更好.即在每个采样周期,先用中值滤波法得到 m 个滤波值,再对这 m 个滤波值进行算术平均,得到可用的被测参数.这也被称为去脉冲干扰平均值滤波法.

3. 滑动平均值滤波法

算术平均值滤波与加权平均值滤波的缺点是都需要连续采样 N 个数据,然后求算术平均值或加权平均值.这种方法适合于有脉动式干扰的场合.但由于采样 N 个需要的时间较长,故检测速度较慢.滑动平均值滤波可克服此缺点.

在 RAM 区中设置一个先进先出的循环队列作测量数据缓冲区,其长度固定为 N,每采样一个新数据,就将其存入队尾,而丢掉原来队首的一个数据,而后求出包括新数据在内的 N 个数据的算术平均值.这样每进行一次采样,就可计算出一个新的平均值,从而提高了系统响应速度和测量精度.需要注意的是,在滑动平均值滤波开始时,要先采集 N 个数据存放在缓冲区中,然后再做滑动平均值滤波.

滑动平均值滤波法的特点:对周期性干扰有良好的抑制作用,平滑度高,灵敏度低;但对偶然出现的脉冲性干扰抑制作用差,不易消除由于脉冲干扰引起的采样值偏差.所以不适合脉冲干扰比较严重的场合,而适用于高频振荡系统.

4. 程序判断滤波法

(1) 限幅滤波

限幅滤波是滤掉采样值变化过大的信号.限幅滤波的方法是把相邻两次的采样值相减,求出其增量(绝对值),然后与两次采样允许的最大差值(据情况而定)ΔY进行比较,若小于或等于 ΔY,则取本次的采样值;若大于 ΔY,则仍取上次的采样值作为本次的采样值.即

若$|Y(k) - Y(k-1)| \leqslant \Delta Y$,则 $Y(k) = Y(k)$,取本次采样值;

若$|Y(k) - Y(k-1)| > \Delta Y$,则 $Y(k) = Y(k-1)$,取上次采样值.

说明:①ΔY 的大小取决于采样周期 T 及 Y 值的变化动态响应.

②限幅滤波的应用系统主要用于变化比较缓慢的参数，如温度、液位等测量系统.

③使用时最大允许误差 ΔY 的选取，可根据经验数据或实验得出. ΔY 太大，各种干扰信号将“乘机而入”，使系统误差增大；ΔY 太小，又会使一些有用信号被“拒之门外”，使计算机采样效率变低.

(2) 限速滤波

限速滤波也是滤掉采样值变化过大的信号，限速滤波有时需要三次采样值来决定采样结果.

① 限速滤波的方法. 当 $|Y(2)-Y(1)|>\Delta Y$ 时，不是取 $Y(1)$ 作为本次的采样值，而是再采样一次，取 $Y(3)$，然后根据 $|Y(3)-Y(2)|$ 与 ΔY 的大小关系，来决定本次的采样值.

设顺序采样时刻 t_1、t_2、t_3 所采集到的数据分别为 $Y(1)$、$Y(2)$、$Y(3)$.

当 $|Y(2)-Y(1)|\leqslant\Delta Y$ 时，采用 $Y(2)$；

当 $|Y(2)-Y(1)|>\Delta Y$ 时，不采用 $Y(2)$，但保留，继续采样取得 $Y(3)$；

当 $|Y(3)-Y(2)|\leqslant\Delta Y$ 时，采用 $Y(3)$；

当 $|Y(3)-Y(2)|>\Delta Y$ 时，则取 $[Y(3)+Y(2)]/2$ 为采样值.

② 限速滤波的特点. 既照顾了采样的实时性，又顾及了采样值变化的连续性. 不足之处：一是不够灵活，二是不能反映采样点数大于 3 时各采样数值受干扰情况. 故应用受到限制.

限幅滤波和限速滤波统称程序判断滤波，其主要作用是：用于滤掉由于大功率设备的启停，所造成的电流尖峰干扰或误检测，以及变送器不稳定而引起的严重失真等. 前面几种滤波器的特点：基本上属于静态滤波，主要适用于变化比较快的信号，如压力、流量、速度等. 对于慢速随机变化的信号，采用在短时间内采样求平均值滤波，其效果往往不理想.

4.3　RC 低通滤波器

图 4.7 所示为 RC 低通滤波器，信号 $X(s)$ 频率越高，旁路阻抗越低，信号越容易被滤掉，信号 $X(s)$ 频率越低，旁路阻抗越高，信号越不容易被滤掉. 它是电子线路中常用的一种滤波器. RC 之积为滤波器的时间常数.

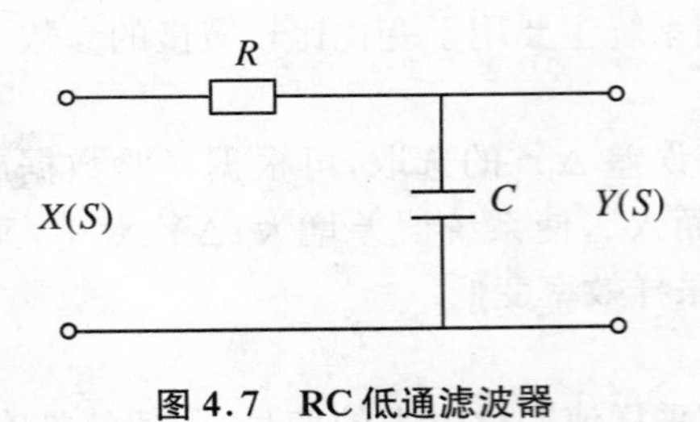

图 4.7 RC 低通滤波器

4.4 惯性滤波法

常用的 RC 滤波器的传递函数是

$$\frac{y(s)}{x(s)}=\frac{1}{1+T_f s} \tag{4.13}$$

其中 $T_f=RC$,它的滤波效果取决于滤波时间常数 T_f. 因此,RC 滤波器不可能对极低频率的信号进行滤波. 为此,人们模仿上式做成一阶惯性滤波器亦称低通滤波器. 即将上式写成差分方程:

$$T_f\frac{y(n)-y(n-1)}{T_s}+y(n)=x(n) \tag{4.14}$$

稍加整理得

$$y(n)=\frac{T_s}{T_f+T_s}x(n)+\frac{T_f}{T_f+T_s}y(n-1)=(1-\alpha)x(n)+\alpha y(n-1) \tag{4.15}$$

其中,α 称为滤波系数,且 $0<\alpha<1$,T_s 为采样周期,T_f 为滤波器时间常数.

根据惯性滤波器的频率特性,若滤波系数 α 越大,则带宽越窄,滤波频率也越低. 因此,需要根据实际情况,适当选取 α 值,使得被测参数既不出现明显的纹波,反应又不太迟缓.

4.5 复合数字滤波

为了进一步提高滤波效果,可以把两种以上不同滤波功能的数字滤波器组合起来,组成复合数字滤波器,也称为多级数字滤波器.

(1) 不同滤波器的复合

算术平均滤波或加权平均滤波与中值滤波组成的复合滤波器,既能够对周期性的脉动信号作平滑处理,也能够消除脉冲干扰.

如采样20个数据，经过排序后可表示为

$$X(1) \leqslant X(2) \leqslant \cdots \leqslant X(N), \quad 1 \leqslant N \leqslant 20$$

则去掉2个最大值和2个最小值后，其采样值取

$$Y(k) = \frac{X(3) + X(4) + \cdots + X(18)}{N-4} = \frac{1}{N-4}\sum_{i=3}^{N-2} X(i)$$

该式也称为防干扰的平均值滤波器.

(2) 同类滤波器的双重滤波

例如用RC低通滤波器构成的双重滤波器.由RC低通滤波的计算式，经第一级滤波得

$$Y(k) = AY(k-1) + BX(k) \tag{4.16}$$

再进行一级滤波得

$$Z(K) = CZ(k-1) + DY(k) \tag{4.17}$$

将式(4.16)代入式(4.17)得

$$Z(K) = CZ(k-1) + ADY(k-1) + BDX(k) \tag{4.18}$$

由式(4.17)得

$$Z(K-1) - CZ(k-2) = DY(k-1)$$

代入式(4.18)得

$$Z(K) = (A+C)Z(k-1) - ACZ(k-2) + BDX(k) \tag{4.19}$$

式中，A、B、C、D是与两级滤波器时间常数、采样周期有关的常数.式(4.19)即为两级数字滤波公式.

4.6　线性化处理

线性插值法是计算机处理非线性函数最常用的一种算法，是代数插值法中最简单的形式.插值法是借助于已知的函数关系，计算出给定点的值.设变量 y 和自变量 x 的关系如图4.8所示.

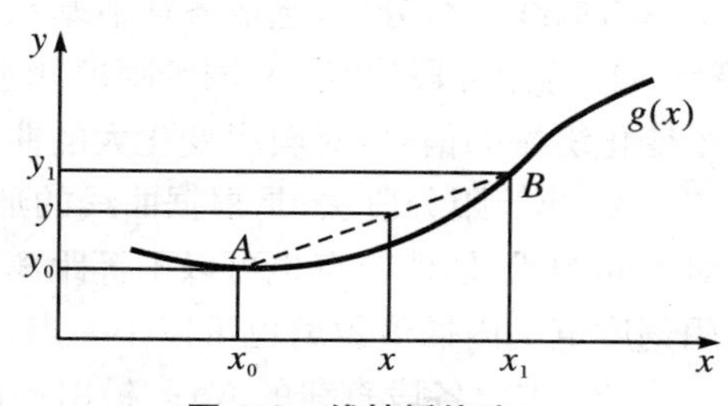

图4.8　线性插值法

已知 x 在点 x_0 和 x_1 所在的直线上，x_0 和 x_1 的对应值分别为 y_0 和 y_1，现在用直线 AB 代替弧线 AB，由此可得直线斜截式方程

$$y(x) = ax + b$$

根据插值条件应满足

$$\begin{cases} y_0 = ax_0 + b \\ y_1 = ax_1 + b \end{cases}$$

解方程求出 a、b，代入得直线方程

$$y(x) = y_0 + \frac{y_1 - y_0}{x_1 - x_0}(x - x_0) = y_0 + k(x - x_0) \tag{4.20}$$

式(4.20)中，$k = (y_1 - y_0)/(x_1 - x_0)$为直线的斜率．式(4.20)也可写成两点式方程

$$y(x) = y_0 \cdot \frac{x_1 - x}{x_1 - x_0} + y_1 \cdot \frac{x_0 - x}{x_0 - x_1} \tag{4.21}$$

由上图可以看出，插值点 x 与 x_0 和 x_1 之间的间距越小，则在这一区间 $f(x)$ 与 $g(x)$之间的误差越小．

据此，可以由已知的两点 x_0、x_1，确定其未知的中间点 x．接下来介绍分段插值方法及程序设计．

1．分段插值法的基本思想

将被逼近的函数(或测量结果)根据变化情况分成几段，为了提高精度及缩短运算时间，各段可根据精度要求采用不同的逼近公式．最常用的是线性插值和抛物线插值．关于分段点，可以根据曲线的具体情况划分．

2．分段插值法与程序设计步骤

(1) 测出系统的变化曲线

用实验法测量出传感器的输出变化曲线 $y = f(x)$，或各个插值节点(基点)的值$(x_i, y_i)(i = 0, 1, 2, \cdots, n)$．

为使测量结果更接近实际值，要反复进行测量，以便求出一个比较精确的输入输出曲线．

(2) 将曲线进行分段

将曲线进行分段，选取各插值基点，有两种分段方法，下面予以介绍．

① 等距分段法．沿 x 轴等距离地选取插值基点．该法的优点是计算方便，适用于变化缓慢的信号，对斜率变化大的曲线误差较大．

② 非等距分段法．是根据曲线的形状进行分段，即插值基点一般不等距．另外对不同的段，插值节点也可以不等距离，对曲率变化大的段，插值距离小一点，在常用刻度范围内插值距离也可以小一点．

(3) 求出各段直线的方程．根据各插值基点的 x_i、y_i 值，使用线性插值公式(两点式直线方程)，求出各段直线的方程，即求出模拟 $y = f(x)$的近似表达式$P_n(x)$．

(4) 编写应用程序(由输入值计算其函数值的程序)．据输入值 x_i，需判断用哪段直线方程计算．

3．分段插值的适用性与改进方法

适用性：总的来说分段插值法光滑度不太高，对于一些要求较高的系统不能满足要求，但对大多数工程能够满足需要.

改进方法：要提高模拟曲线的光滑度，一是用多项式插值模拟实际曲线；二是样条插值法.

4．插值法在流量测量中的应用

(1) 测量得到流量与压差的变化曲线，如图 4.9 所示.

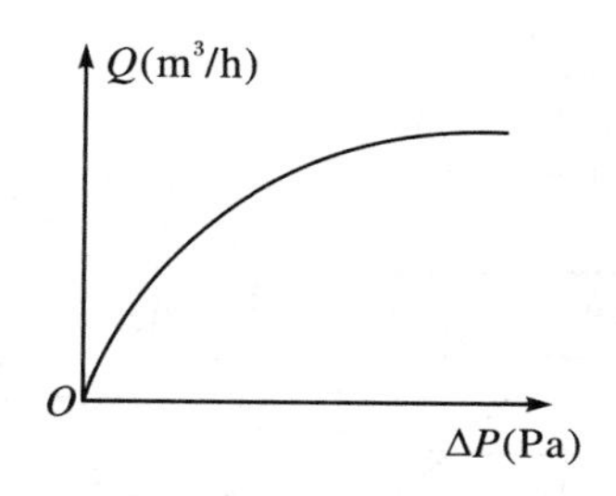

4.9　流量与压差的变化曲线

(2) 曲线分段，求出各段的直线方程. 将曲线分为三段，其基点为 ΔP_1、ΔP_2、ΔP_3，如图 4.10 所示.

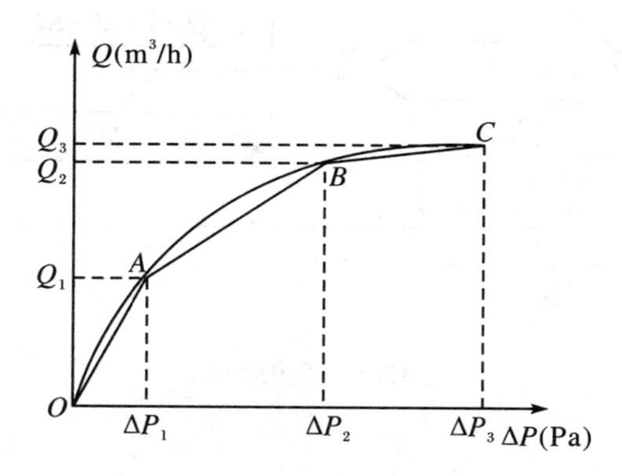

图 4.10　流量与压差的变化曲线

写出各段的直线方程，即插值公式：

$$Q=\begin{cases}Q_3 & \text{当 } \Delta P \geqslant \Delta P_3 \text{ 时；}\\ Q_2+k_3(\Delta P-\Delta P_2) & \text{当 } P_2 \leqslant \Delta P \leqslant \Delta P_3 \text{ 时；}\\ Q_1+k_2(\Delta P-\Delta P_1) & \text{当 } \Delta P_1 \leqslant \Delta P \leqslant \Delta P_2 \text{ 时；}\\ k_1\Delta P & \text{当 } 0 \leqslant \Delta P \leqslant \Delta P_1 \text{ 时.}\end{cases} \tag{4.22}$$

式中 k_1,k_2,k_3 分别为直线 BC、AB、OA 的斜率：

$$
\begin{aligned}
k_3 &= \frac{Q_3 - Q_2}{\Delta P_3 - \Delta P_2} \\
k_2 &= \frac{Q_2 - Q_1}{\Delta P_2 - \Delta P_1} \\
k_1 &= \frac{Q_1}{\Delta P_1}
\end{aligned}
\tag{4.23}
$$

(3) 设计程序

程序流程图如图 4.11 所示.

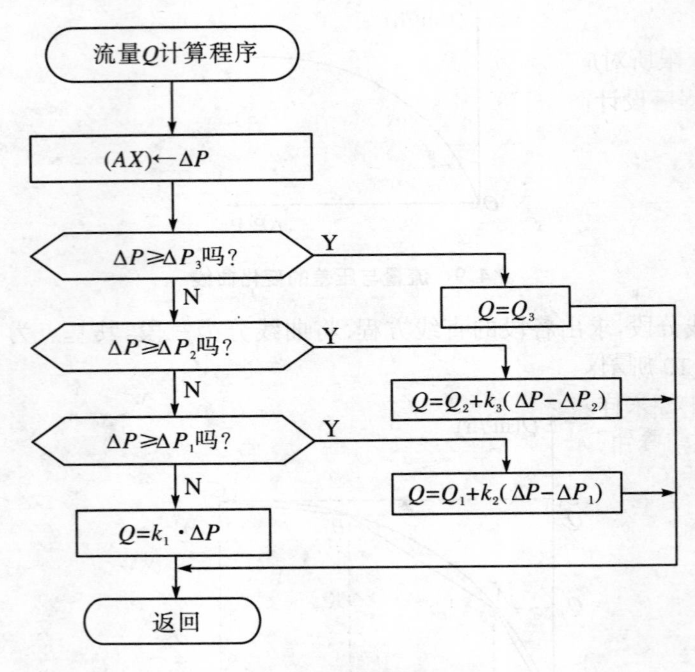

图 4.11 程序流程图

4.7 标度变换

标度变换通过一个关系式,用 A/D 转换得到的数字量,表示出被测物理量的客观值,分为线性和非线性参数标度变换两种.

线性参数标度变换是最常用的标度变换,其变换前提条件是被测物理量与 A/D 转换得到的数字量为线性关系.

线性标度变换的公式为

$$A_x = A_0 + (A_m - A_0)\frac{N_x - N_0}{N_m - N_0} \tag{4.24}$$

作变换得

$$\frac{A_x - A_0}{A_m - A_0} = \frac{N_x - N_0}{N_m - N_0} \tag{4.25}$$

显然,这是线性关系.

式中,A_0 —测量仪表量程的下限;N_0 —仪表下限所对应的数字量;A_x —实际测量值(工程量);N_x —测量值所对应的数字量;A_m —测量仪表量程的上限;N_m —仪表上限所对应的数字量.

为了使程序设计简单,一般设下限 A_0 所对应的数字量 $N_0 = 0$,式(4.24)可写成

$$A_x = A_0 + (A_m - A_0)\frac{N_x}{N_m} \tag{4.26}$$

在多数测量系统中,仪表下限值 $A_0 = 0$,对应的 $N_0 = 0$,式(4.26)可进一步简化为

$$A_x = A_m \frac{N_x}{N_m} \tag{4.27}$$

例:某压力测量仪表的量程为400～1200 Pa,采用8位A/D转换器,设某采样周期计算机中经采样及数字滤波后的数字量为ABH,求此时的压力值.

解:根据题意知,$A_0 = 400$ Pa,$A_m = 1200$ Pa,$N_x = \text{ABH} = 171$;取 $N_m = \text{0FFH} = 255$、$N_0 = 0$,则

$$\begin{aligned} A_x &= A_0 + (A_m - A_0)\frac{N_x}{N_m} \\ &= 400 + (1200 - 400) \times \frac{171}{255} \\ &= 936(\text{Pa}) \end{aligned}$$

非线性参数标度变换对应非线性参数,上面所述的三个公式都不能够使用.一般情况下,非线性参数的变化规律各不相同,故其标度变换公式也需根据各自的具体情况建立.通过被测量各个参数间的关系来确定标度变换公式.例如在流量测量中,流量与压差之间的关系为

$$Q = K\sqrt{\Delta P} \tag{4.28}$$

式中,Q 为流量;ΔP 为节流装置的压差;K 为刻度系数,与流体的性质、节流装置的尺寸有关.

可见,流体的流量与被测流体流过节流装置前后产生的压力差的平方根成正比,由此可得到测量流体时的标度变换公式.测量流体时的标度变换公式为

$$Q_x = Q_0 + (Q_m - Q_0)\sqrt{\frac{N_x - N_0}{N_m - N_0}} \tag{4.29}$$

式中，Q_x 为被测流体的流量值；Q_m 为流量仪表的上限值；Q_0 为流量仪表的下限值；N_x 为所测得的压差的数字量；N_m 为压差上限所对应的数字量；N_0 为压差下限所对应的数字量.

Q_m、Q_0、N_m、N_0 均为常数，令

$$K_1 = \frac{Q_m - Q_0}{\sqrt{N_m - N_0}} \tag{4.30}$$

则

$$Q_x = Q_0 + K_1\sqrt{N_x - N_0} \tag{4.31}$$

若取 $N_0 = 0$，则

$$Q_x = Q_0 + K_1\sqrt{N_x} \tag{4.32}$$

微机处理数据较模拟电路有许多优点：

(1) 可实现硬件电路的各种运算，如四则运算、滤波等.

(2) 能进行误差修正、信号处理，如线性补偿、温度误差、零点漂移、随机误差等.

(3) 能进行复杂的运算，如开方、各种复杂函数的计算、各种方程的求解等.

(4) 能够进行逻辑判断、错误处理，如错误检测、故障判断，并作出相应处理、报警，甚至能够修改结构参数，带故障工作等.

(5) 精度高、稳定可靠、不受干扰.

第 5 章　常用控制技术

5.1　PID 控制的概述

PID 控制技术问世至今已有 70 多年历史，是连续系统中技术最成熟、应用最广泛的一种调节方式，其调节的实质是根据输入的偏差值，按比例、积分、微分的函数关系进行运算，把运算结果用于输出控制. 它具有原理简单、易于实现、鲁棒性强和适应面广等优点.

5.1.1　数字 PID 控制器的设计

PID 控制器的设计一般分为两个步骤：首先是确定 PID 控制器的结构，在保证闭环系统稳定的前提下，尽量消除稳态误差. 通常，对于具有自平衡性的被控对象，应采用含有积分环节的控制器，如 PI、PID. 对于无自平衡性的被控对象，则应采用不包含积分环节的控制器，如 P、PD. 对具有滞后性质的被控对象，往往应加入微分环节. 此外，还可以根据被控对象的特性和控制性能指标的要求，采用一些改进的 PID 算法.

1. PID 控制的基本形式及数字化

PID 控制器是一种线性控制器，它将给定值与实际输出值的偏差 $e(t)$ 的比例、积分和微分进行线性组合，形成控制量输出 $u(t)$，PID 控制算法的控制结构图如图 5.1 所示.

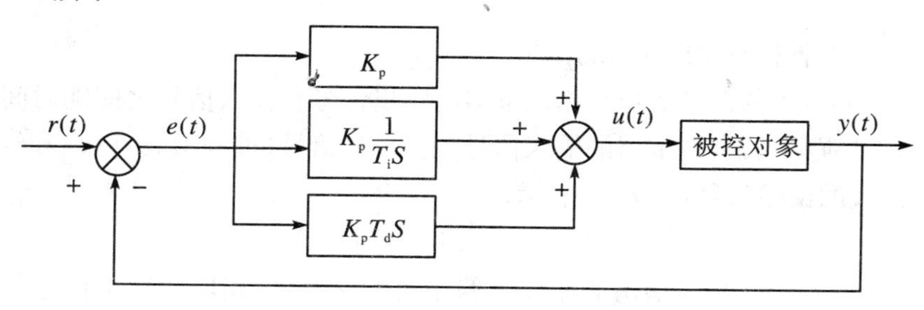

图 5.1　PID 控制算法的控制结构图

$$D(s) = \frac{U(s)}{E(s)} = K_p\left(1 + \frac{1}{T_i s} + T_d s\right) \tag{5.1}$$

在模拟控制系统中,PID 控制算法的模拟表达式为:

$$u(t) = K_p\left[e(t) + \frac{1}{T_i}\int_0^t e(t)\mathrm{d}t + T_d\frac{\mathrm{d}e(t)}{\mathrm{d}t}\right] \tag{5.2}$$

式中,$u(t)$为控制器输出的控制量;$e(t)$为偏差信号,它等于给定量与输出量之差;K_p 为比例系数;T_i为积分时间常数;T_d为微分时间常数.

计算机控制是一种采样控制,它只能根据采样时刻的偏差值计算机控制量.因此,PID 算式中的积分项和微分项只能用数值计算机的方法逼近.对式(5.2)整理后得到

$$u(k) = K_p\left[e(k) + \frac{T}{T_i}\sum_{j=0}^{k}e(j) + T_d\frac{e(k) - e(k-1)}{T}\right] \tag{5.3}$$

对式(5.3)离散化并两边取 Z 变换,整理后得 PID 控制器的 Z 传递函数为:

$$D(Z) = \frac{U(Z)}{E(Z)} = \frac{K_p(1 - Z^{-1}) + K_i + K_d\,(1 + Z^{-1})^2}{1 - Z^{-1}} \tag{5.4}$$

其中 $K_i = K_p \cdot \frac{T}{T_i}$, $K_d = K_p \cdot \frac{T_d}{T}$.

离散 PID 控制系统如图 5.2 所示.

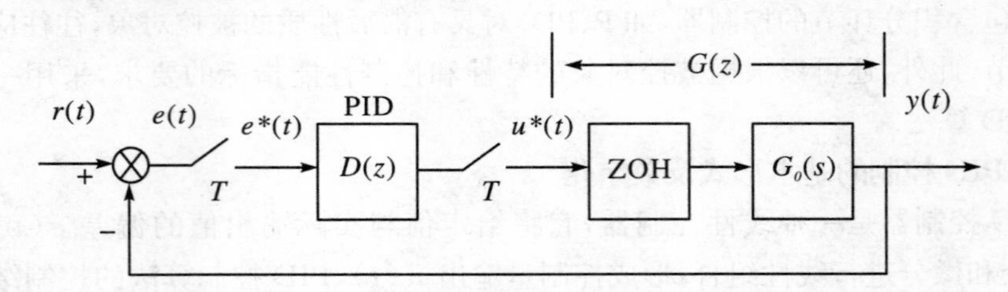

图 5.2 离散 PID 控制系统

2. PID 调节器各校正环节的作用

过程控制装置的调节规律是指调节器的输出信号和输入信号之间随时间的变化规律.需要强调的是:调节器的输入信号是指测量信号(被调参数)$y(t)$和给定信号 $r(t)$比较的偏差信号,用 $e(t)$表示.

$$e(t) = r(t) - y(t)$$

调节器的输出信号是指调节器接受偏差信号 $e(t)$后相应的输出信号的变化量,用 $u(t)$表示.

(1) 比例调节器

比例调节器是最简单的一种调节器，其控制规律为

$$u(t) = K_p e(t) + u_0 \tag{5.5}$$

式中，K_p 为比例系数，u_0 是控制量的基准，也就是 $e=0$ 时的控制作用（如原始阀门开度，基准电压等）. 其调节规律如图 5.3 所示.

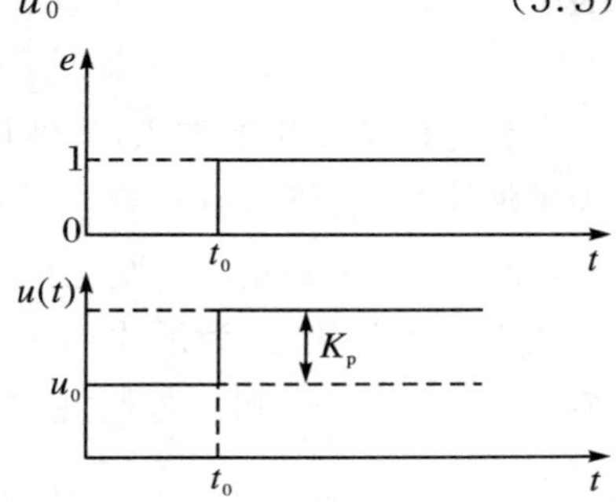

图 5.3　比例调节器对偏差阶跃变化的时间响应

如图 5.3 所示，比例调节器的阶跃相应比例调节器对于偏差 e 是即时反应，偏差一旦产生，调节器立即产生控制作用，使被控参数朝着减小偏差的方向变化，控制作用的强弱取决于比例系数 K_p.

比例调节器虽然简单、快速，但对没有积分环节的具有自平衡性（即系统阶跃响应终值为有限值）的控制对象存在静差. 加大比例系数 K_p 可以减小系统的静差，但 K_p 过大时，会使系统的动态质量变坏，引起被控量振荡，甚至导致闭环不稳定.

(2) 比例积分调节器

为了消除在比例调节器中残存的静差，可在比例调节器的基础上加上积分调节，形成比例积分调节器，其控制规律为

$$u(t) = K_p\left[e(t) + \frac{1}{T_i}\int_0^t e(t)\mathrm{d}t\right] + u_0 \tag{5.6}$$

其中，T_i 为积分时间.

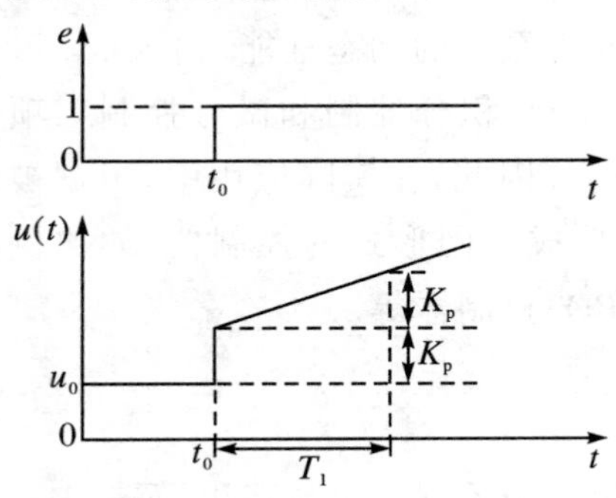

图 5.4　PI 调节器的阶跃响应

图 5.4 反映了比例积分调节器对偏差阶跃变化的时间响应. 从图中可看出，PI 调节器对于偏差的阶跃响应除有按比例变化的成分外，还带有累积的成分，因此，积分环节的加入可以消除系统静态误差.

因为只要偏差 e 不为零，它将通过累积作用影响控制量 u，以求减小偏差，直至偏差为零，控制作用不再变化，系统达到稳态.

显然，如果积分时间 T_i 大，则说明积分作用弱，反之，则说明积分作用强，增大

T_i将减慢消除静差的过程,但可减小超调,提高稳定性.

T_i必须根据对象特性来选定,对于管道压力,流量等滞后不大的对象,T_i可选的小一些,对温度等滞后较大的对象,T_i可选得大一些.

(3) 比例积分微分调节器

积分调节作用的加入,虽然可以消除静差,但付出的代价是降低了响应速度.为了加快控制过程,有必要在偏差出现或变化的瞬间,不但对偏差量作出即时反应,而且还要对偏差量的变化作出反应,或者说按偏差变化的趋向进行控制,使偏差消灭在萌芽状态.为了达到这一目的,可以在上述 PI 调节的基础上加入微分调节,以得到如下的 PID 控制规律.

$$u(t) = K_p\left[e(t) + \frac{1}{T_i}\int_0^t e(t)\mathrm{d}t + T_d\frac{\mathrm{d}e(t)}{\mathrm{d}t}\right] + u_0 \tag{5.7}$$

式中,T_d称为微分时间.理想的 PID 调节器对偏差阶跃变化的响应如图 5.5 所示,它在偏差 e 阶跃变化的瞬间($t = t_0$处)有一冲击式瞬间响应,这是由附加的微分环节引起的.

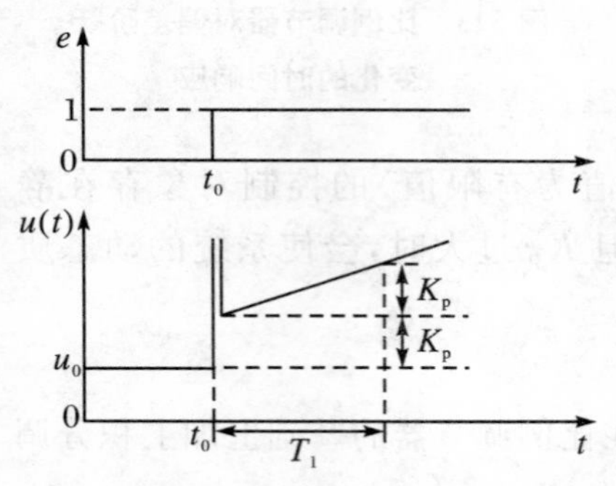

图 5.5 理想 PID 调节器的阶跃响应

比例控制能迅速反应误差,从而减小误差,但比例控制不能消除稳态误差,K_p的加大会引起系统的不稳定性;积分控制的作用是,只要系统存在误差,积分控制作用就不断地积累,输出控制量以消除误差,因而,只要有足够的时间,积分控制将能完全消除误差,积分作用太强会使系统超调加大,甚至使系统出现振荡;微分作用可以减小超调量,克服振荡,使系统的稳定性提高,同时加快系统的动态响应速度,减小调整时间,从而改善系统的动态性能.由式(5.1)和式(5.2)可知,PID 控制器的输出是由比例控制、积分控制和微分控制三项组成,三项在控制器中所起的控制作用相互独立.因此,在实际应用中,根据被控对象的特性和控制要求,可以选择其结构,形成不同形式的控制器,如比例(P)控制器、比例积分(PI)控制器、比例微分(PD)控制器等.

5.1.2 数字 PID 控制算法

用计算机实现的 PID 控制,就不仅仅是简单地把控制规律数字化,而是进一步把计算机的逻辑判断功能、多路控制功能等结合起来,使 PID 控制更加灵活多样,以满足生产过程提出的各种要求.

在计算机控制系统中，使用的是数字 PID 控制器，数字 PID 控制算法通常又分为位置式 PID 控制算法和增量式 PID 控制算法. 数字 PID 位置型控制示意图如图 5.6 所示，数字 PID 增量型控制示意图如图 5.7 所示.

1. 位置式 PID 控制算法

要用计算机实现连续系统中的模拟 PID 控制规律，就要对其进行离散化处理，变成数字 PID 控制器. 在采样周期远小于信号变化周期时，对连续 PID 算式离散化处理后可得离散的 PID 表达式：

$$u(k) = K_{\mathrm{p}}\left\{e(k) + \frac{T}{T_{\mathrm{i}}}\sum_{j=0}^{k} e(j) + \frac{T_{\mathrm{d}}}{T}[e(k) - e(k-1)]\right\} + u_0 \quad (5.8)$$

为了便于计算机程序实现，把上式改为

$$u(k) = K_{\mathrm{p}}e(k) + K_{\mathrm{i}}\sum_{j=0}^{k} e(j) + K_{\mathrm{d}}[e(k) - e(k-1)] + u_0 \quad (5.9)$$

式中，k 为采样序号，$k = 0, 1, 2, \cdots$，采样时刻的计算机输出值；$e(k)$为第 k 次采样时刻输入的偏差值；K_{i}为积分系数，$K_{\mathrm{i}} = K_{\mathrm{p}}T/T_{\mathrm{i}}$；$K_{\mathrm{d}}$为微分系数，$K_{\mathrm{d}} = K_{\mathrm{p}}T_{\mathrm{d}}/T$.

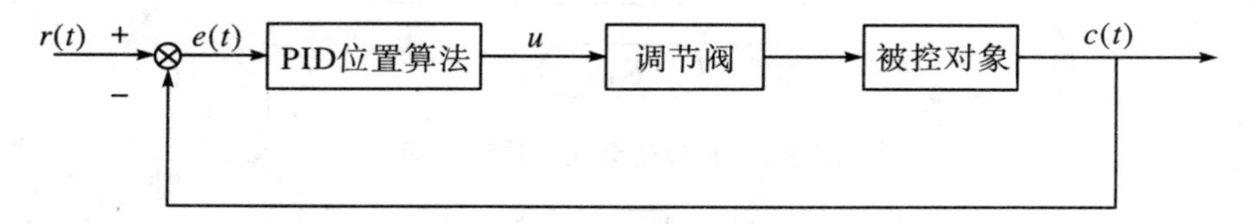

图 5.6　数字 PID 位置型控制示意图

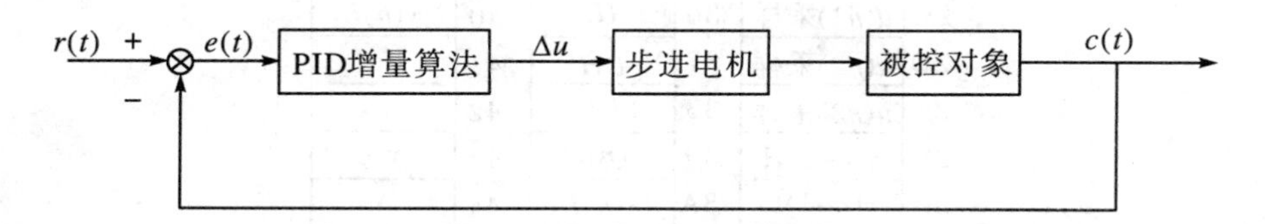

图 5.7　数字 PID 增量型控制示意图

由式(5.8)得出的控制量为全量值输出，也就是每次的输出值都与执行机构的位置(如控制阀门的开度)一一对应，所以把它称之为位置式数字 PID 控制算法.

在许多控制系统中，执行机构需要的是控制变量的绝对值而不是其增量，这时仍可采用增量式计算，但输出则采用位置式的输出形式.

PID 位置式算法流程图如图 5.8 所示.

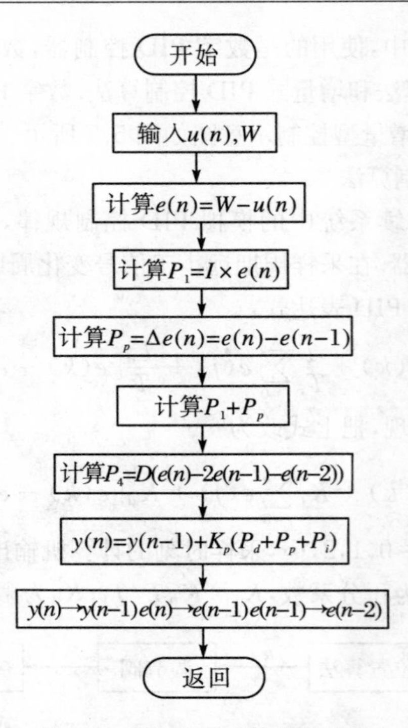

图 5.8　PID 位置式算法流程图

地址	内容	地址	内容	地址	内容
2A	$u(n)$中间值	34	K_pL	3E	E$(n-2)L$
2B	标志位	35	IH	3F	$y(n)H$
2C	$u(n1)$采样	36	IL	40	$y(n)L$
2D	$u(n2)$采样	37	DH	41	
2E	$u(n3)$采样	38	DL	42	y_{max}
2F	$y(n-1)$H	39	$e(n)H$	43	y_{mix}
30	$y(n-1)$L	3A	$e(n)L$	44	
31	WH	3B	$e(n-1)H$	45	
32	WL	3C	$e(n-1)L$	46	
33	K_pH	3D	$e(n-2)H$	47	

图 5.9　参数内部 RAM 分配图

图 5.9 给出了参数内部 RAM 分配情况. 根据 PID 位置式算法流程图编写的程序清单如下:

```
PID:  MOV   R5,31H       ;取 w
      MOV   R4,32H
      MOV   R3,#00H      ;取 u(n)
```

```
MOV   R2,2AH
ACALL   CPL1        ;取 u(n)的补码
ACALL   DSUM        ;计算 e(n)=w-u(n)
MOV   39H,R7        ;存 e(n)
MOV   3AH,R6
MOV   R5,35H        ;取 1
MOV   R4,36H
MOV   R0,#4AH       ;R0 存放乘积高位字节地址指针
ACALL   MULT1       ;计算 PI=1*e(n)
MOV   R5,39H        ;取 e(n)
MOV   R4,3AH
MOV   R3,3BH        ;取 e(n-1)
MOV   R2,3CH
ACALL   CPL1        ;求 e(n-1)的补码
ACALL   DSUM        ;求 PP=Δe(n)=e(n)-e(n-1)
MOV   A,R7
MOV   R5,A          ;存 Δe(n)
MOV   A,R6
MOV   R4,A
MOV   R3,4BH        ;取 PI
MOV   R2,4AH
AVALL   DSUM        ;求 PI+PP
MOV   4BH,R7        ;存(PI+PP)
MOV   4AH,R6
MOV   R5,39H        ;取 e(n)
MOV   R4,3AH
MOV   R3,3DH        ;取 e(n-2)
MOV   R2,3EH
ACALL   DSUM        ;计算 e(n)+e(n-2)
MOV   A,R7          ;求[e(n)+e(n-2)]
MOV   R5,A
MOV   A,R6
MOV   R4,A
MOV   R3,3BH        ;取 e(n-1)
```

```
MOV   R2,3CH
ACALL   CPL1        ;求 e(n-1)的补码
ACALL   DSUM        ;计算 e(n)+e(n-2)-e(n-1)
MOV   A,R7          ;求和
MOV   R5,A
MOV   A,R6
MOV   R4,A
MOV   R3,3BH        ;取 e(n-1)
MOV   R2,3CH
ACALL   CPL1        ;求 e(n-1)的补码
ACALL   DSUM        ;计算 e(n)+e(n-2)-2e(n-1)
MOV   R3,47H
MOV   R2,46H
MOV   R5,2FH        ;取 y(n-1)
MOV   R4,30H
ACALL   DSUM        ;求出 y(n)=y(n-1)+Kp×(PI+PP+PD)
MOV   2FH,R7        ;y(n)送入 y(n-1)单元
MOV   30H,R6
MOV   3DH,3BH       ;e(n-1)送入 e(n-2)单元
MOV   3EH,3CH
MOV   3BH,39H       ;e(n)送入 e(n-1)单元
MOV   3CH,3AH
RET
MOV   R5,37H        ;取 D
MOV   R4,38H
MOV   R0,#46H
ACALLMULT1          ;求 PD=D×[e(n)-2e(n-1)+e(n-2)]
MOV   R5,47H        ;存 PD
MOV   R6,46H
MOV   R3,4BH        ;取 PI+PP
MOV   R2,4AH
ACALL   DSUM        ;计算 PI+PP+PD
MOV   R5,33H        ;取 Kp
MOV   R4,34H
```

```
MOV   R0,#46H        ;计算 Kp×(PI+PP+PD)
ACALL  MULT1
DSUM                 ;双字节加法子程序:(R5R4)+(R3R2)的和送至(R7R6)中
DSUM:  MOV   A,R4
       ADD   A,R2
       MOV   R6,A
       MOV   A,R5
       ADDC  A,R3
       MOV   R7,A
       RET
CPL1                 ;双字节求补子程序
CPL1:  MOV   A,R2
       CPL   A
       ADD   A,#01H
       MOV   R2,A
       MOV   A,R3
       CPL   A
       ADDC  A,#00H
       MOV   R3,A
       RET
```

由于位置式PID控制算法是全量输出,故每次输出均与过去的状态有关,计算时要对 $e(k)$进行累加,计算机运算工作量大.而且,因为计算机输出 $u(k)$对应的是执行机构的实际位置,如果计算机出现故障,$u(k)$大幅度变化,会引起执行机构位置的大幅度变化,在某些场合,可能造成重大的生产事故,为避免这种情况的发生,提出了增量式PID控制的控制算法.

2. 增量式PID控制算法

增量式PID是指数字控制器的输出只是控制量的增量 $\Delta u(k)$,将控制量的增量传送给执行机构,避免执行机构位置突变,对数字PID位置式取增量,即数字控制器输出的是相邻两次采样时刻所计算的位置值之差

$$\begin{aligned}\Delta u(k) &= u(k) - u(k-1)\\ &= K_p[e(k) - e(k-1)] + K_i e(k) + K_d[e(k) - 2e(k-1) + e(k-2)]\end{aligned} \tag{5.10}$$

由式(5.10)得出的是数字PID控制器输出控制量的增量值,因此,称之为增

量式数字 PID 控制算法. 它只需要保持三个采样时刻的偏差值.

为了便于计算机编程,简化计算,提高计算速度,将式(5.10)可进一步改写为

$$\Delta u(k) = Ae(k) + Be(k-1) + Ce(k-2) \tag{5.11}$$

式中,$A = K_p\left(1+\frac{T}{T_i}+\frac{T_d}{T}\right)$,$B = K_p\left(1+2\frac{T_d}{T}\right)$,$C = K_pT_d/T$. 它们都是与采样周期、比例系数、积分时间常数、微分时间常数有关的系数.

可以看出,由于一般计算机控制系统采用恒定的采样周期 T,一旦确定了 K_p、K_i、K_d,只要使用前后 3 次测量值的偏差,即可求出控制增量. 在编写程序时,可以根据事先确定的比例系数、积分系数和微分系数,计算出 A、B、C,存入内存单元.

利用增量式数字 PID 控制算法,可以得到位置式数字 PID 控制算法的递推算式,即

$$u(k) = u(k-1) + \Delta u(k)$$

采用增量式算法时,计算机输出的控制增量 $\Delta u(k)$ 对应的是本次执行机构位置(例如阀门开度)的增量. 对应阀门实际位置的控制量,即控制量增量的积累 $u(k) = \sum_{j=0}^{k}\Delta u(j)$ 需要采用一定的方法来解决,例如用有积累作用的元件来实现,而目前较多的是利用算式 $u(k) = u(k-1) + \Delta u(k)$ 通过软件来完成.

增量式 PID 控制算法的程序设计依据下式进行:

$$\Delta u_k = d_0e_k + d_1e_{k-1} + d_2e_{k-2} \tag{5.12}$$

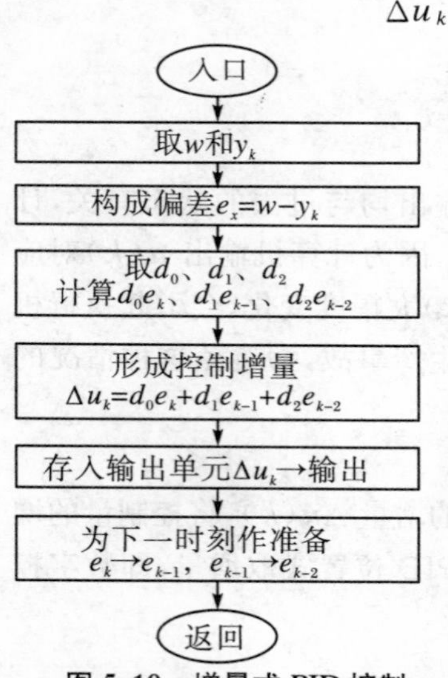

图 5.10 增量式 PID 控制算法的程序设计

初始化时,需首先置入调节参数 d_0,d_1,d_2 和设定值 w,并设置误差初值 $e_k = e_{k-1} = e_{k-2} = 0$. 增量式 PID 控制算法的程序设计流程如图 5.10 所示.

和位置式 PID 控制相比,增量式 PID 控制具有许多优点:

(1) 由于计算机输出增量,所以误动作时影响小,必要时可用逻辑判断的方法去掉.

(2) 为实现手动—自动无扰切换,在切换瞬时,必须首先将计算机的输出值设置为阀门原始开度. 由于增量式计算只与本次的偏差值有关,与阀门原来的位置无关,其输出对应于阀门位置的变化部分,因此,易于实现从手动到自动的无扰动切换.

(3) 算式中不需要累加. 控制增量 $\Delta u(k)$ 的确定,仅与最近 k 次的采样值有关,所以较容易通过加权处理而获得比较好的控制效果,位置式算法要用到过去偏差的累加值,容易产生较大的累计误差.

在实际应用中，应根据被控对象的实际情况加以选择.一般认为，在以闸管或伺服电机作为执行器件，或对控制精度要求较高的系统中，应当采用位置式算法；而在以步进电机或多圈电位器作执行器件的系统中，则应采用增量式算法.

增量式 PID 控制器的不足之处有积分截断效应大，有静态误差，溢出影响大.

5.1.3　数字 PID 控制算法的实现

控制器的数字算法，在理论设计阶段可以用不同的形式表示，通常是用差分方程或脉冲传递函数表示.若用差分方程描述时，由于它本身就是是一种迭代计算式，原理上可以方便地在计算机上编排实现.若用脉冲函数表示，实现时需要将其转换成一定形式的迭代方程.由于脉冲函数的不同处理方法，形成了不同的编排实现结构，并具有不同的特点.用脉冲传递函数给定的控制算法，基本上有三种编排方法：直接编排结构、串联编排结构及并联编排结构.

1. 直接型结构

令控制器由下述脉冲函数表示，即

$$D(z)=\frac{U(z)}{E(z)}=\frac{\sum_{i=0}^{n}b_iz^{-i}}{1+\sum_{i=1}^{n}a_iz^{-i}} \tag{5.13}$$

直接编排结构就是按高阶传递函数分子、分母多项式系数进行编排实现.它又可以分成两种，即零极型和极零型.

(1) 第一种直接编排：零点-极点型

将上面的脉冲函数进行 Z 反变换，可得：

$$U(z)=\sum_{i=0}^{n}b_iz^{-i}E(z)-\sum_{i=1}^{n}a_iz^{-i}U(z) \tag{5.14}$$

$$u(k)=\sum_{i=0}^{n}b_iz^{-i}e(k-i)-\sum_{i=1}^{n}a_iz^{-i}u(k-i) \tag{5.15}$$

依据上式可得图 5.11(a).图中左半部分为分子各项系数，右半部分为分母各项系数，故称零点-极点型.从图中可以看出，这种编排需要将变量 $e(k)$ 及 $u(k)$ 分别做 n 次延时计算，从而花费运算时间.为了减少数据传递，稍作变换，可以把图 5.11(a)表示为图 5.11(b).

$$u(k)=b_0e(k)+p_1(k-1)$$

$$p_i(k-1)=p_{i+1}(k-1)+b_ie(k)-a_iu(k)\quad[i=1,2,\cdots,(n-1)]$$

$$p_n(k)=b_ne(k)-a_nu(k)$$

该种方法的特点是实现比较简单，不需要作任何变换.但也存在严重的缺陷即控制器中任一系数存在误差,将使控制器所有的零极点产生相应的变化.

(2) 第二种直接编排:极点-零点型[如图 5.11(c)所示].

$$D(z)=\frac{U(z)}{M(z)}\cdot\frac{M(z)}{E(z)}=\sum_{i=0}^{n}b_iz^{-i}\left[\frac{1}{1+\sum_{i=1}^{n}a_iz^{-i}}\right]$$

$$D(z)=\frac{U(z)}{M(z)}\cdot\frac{M(z)}{E(z)}=\sum_{i=0}^{n}b_iz^{-i}\left[\frac{1}{1+\sum_{i=1}^{n}a_iz^{-i}}\right] \tag{5.16}$$

其中

$$\frac{M(z)}{E(z)}=\frac{1}{\left(1+\sum_{i=1}^{n}a_iz^{-1}\right)},\quad \frac{U(z)}{M(z)}=\sum_{i=0}^{n}b_iz^{-i}$$

$$m(k)=e(k)-\sum_{i=1}^{n}a_im(k-i),\quad u(k)=\sum_{i=0}^{n}b_im(k-i)$$

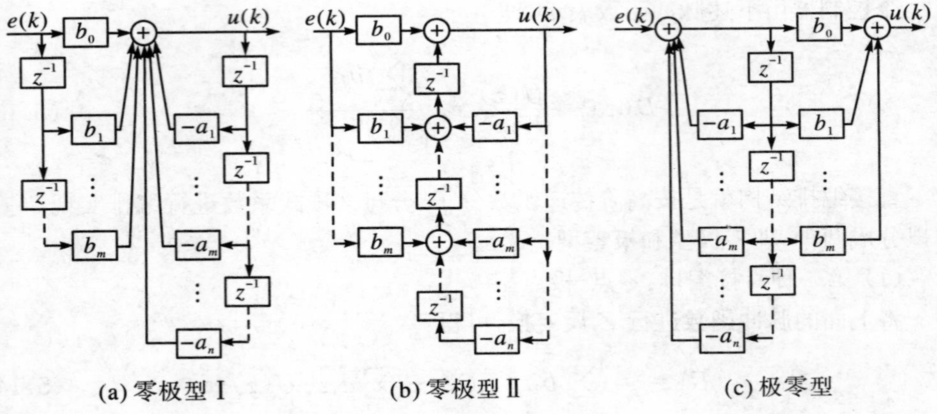

(a) 零极型 Ⅰ　(b) 零极型 Ⅱ　(c) 极零型

图 5.11　直接型结构

2. 串联型结构

将 $D(z)$ 的分子分母因式分解,得一阶或二阶的环节乘积,可以用这些低阶环节的编排结构(采用直接型编排实现)进行串联而得. 串联型编排实现结构图如图 5.12 所示.

$$D(z)=\frac{U(z)}{E(z)}=b_0D_1D_2\cdots D_l \tag{5.17}$$

式中 D_i 可以为下述一阶或二阶环节,即

$$D_i=\frac{1+\beta_iz^{-1}}{1+\alpha_{i1}z^{-1}}$$

或

$$D_i = \frac{1 + \beta_{i1} z^{-1} + \beta_{i2} z^{-2}}{1 + \alpha_{i1} z^{-1} + \alpha_{i2} z^{-2}}$$

该种方法的特点是控制器中某一系数产生误差,只影响相应环节的零点或极点;环节前后顺序不同影响系统总的误差;存储器中的系数与相应环节的零点或极点相对应,实验调试非常方便.

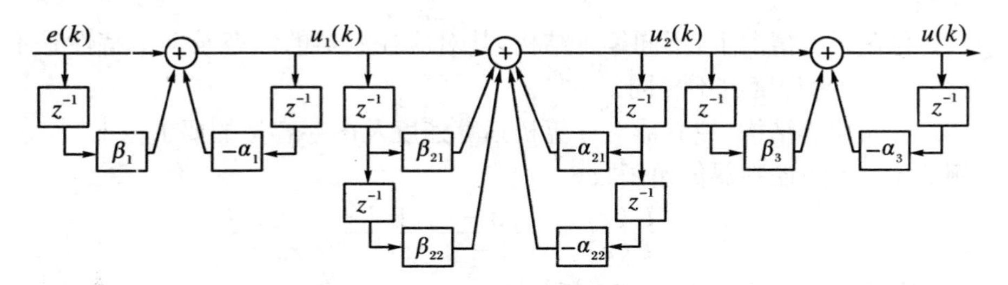

图 5.12　串联型编排实现结构图

3. 并联型结构

将 $D(z)$进行部分分式展开,得一阶或二阶环节之和.可以用这些低阶环节的编排结构(采用直接型编排实现)进行并联而得.并联型编排实现结构图如图 5.13 所示.

$$D(z) = \frac{U(z)}{E(z)} = \gamma_0 + D_1 + D_2 + \cdots + D_l \tag{5.18}$$

其中

$$D_i = \frac{\gamma_i}{1 + \alpha_{i1} z^{-1}}$$

或

$$D_i = \frac{\gamma_{i0} + \gamma_{i1} z^{-1}}{1 + \alpha_{i1} z^{-1} + \alpha_{i2} z^{-2}}$$

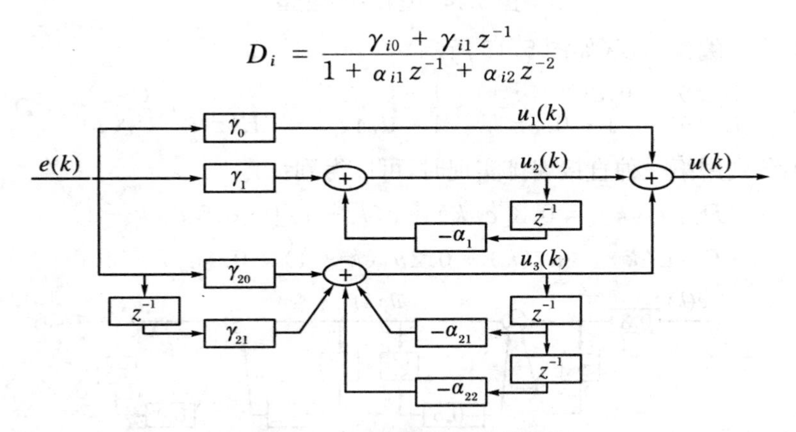

图 5.13　并联型编排实现结构图

该种方法的特点是各个通道彼此独立,一个环节的运算误差只影响本环节的输出,对其他环节的输出没有影响;某一系数产生的误差,只影响相应环节的零点或极点,对其他环节没有影响.

需要说明的问题有以下几点:

(1) 在没有误差情况下,不管采用哪种编排结构,其对应控制器的静态及动态特性是相同的.

(2) 存在误差情况下,不同编排结构,其对应控制器的静态及动态特性是不同的,对误差的敏感程度也不相同.

(3) 不同编排结构,控制器对计算机运算速度及内存容量的要求也不同.

例 5.1 已知控制器传递函数

$$D(Z) = \frac{U(z)}{E(z)} = \frac{0.3 + 0.6z^{-1} + 0.06z^{-2}}{1 + 0.3z^{-1} + 0.2z^{-2}}$$

(1) 直接编排实现(如图 5.14 所示)

$$u(k) = 0.3e(k) + 0.36e(k-1) + 0.06e(k-2) - 0.1u(k-1) + 0.2u(k-2)$$

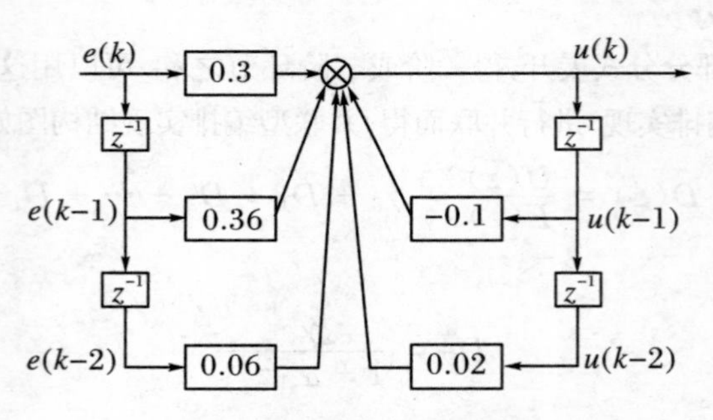

图 5.14 直接—零极型

(2) 串联编排实现(如图 5.15 所示)

$$D(z) = \frac{U(z)}{E(z)} = \frac{0.3(1 + z^{-1})}{1 + 0.5z^{-1}} \cdot \frac{1 + 0.2z^{-1}}{1 - 0.4z^{-1}} = \frac{U_1(z)}{E(z)} \cdot \frac{U(z)}{U_1(z)} = D_1 \cdot D_2$$

若 $D_1 D_2$ 分别用第一种直接编排实现时,可以得到:

$$D_1: u_1(k) = 0.3[e(k) + e(k-1)] - 0.5u_1(k-1)$$

$$D_2: u(k) = u_1(k) + 0.2u_1(k-1) + 0.4u(k-1)$$

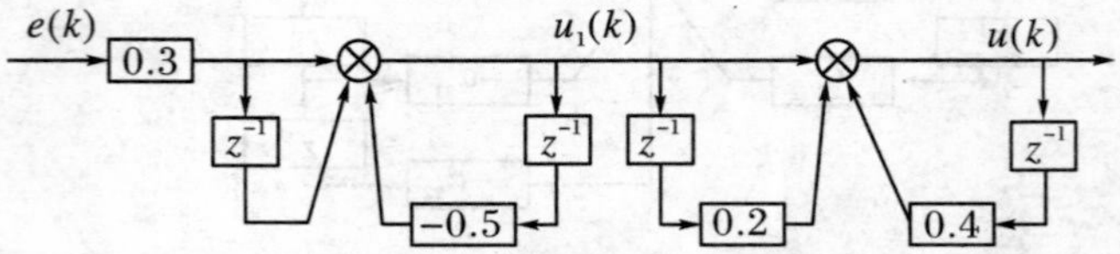

图 5.15 串联编排实现

（3）并联编排实现（如图 5.16 所示）

$$D(z)=\frac{U(z)}{E(z)}=\frac{U_1(z)}{E(z)}+\frac{U_2(z)}{E(z)}+\frac{U_3(z)}{E(z)}$$
$$=-0.3-\frac{0.1}{1+0.5z^{-1}}+\frac{0.7}{1-0.4z^{-1}}$$

可以得到下列迭代方程：

$$u_1(k)=0.3e(k)$$
$$u_2(k)=0.1e(k)-0.5u_2(k-1)$$
$$u_3(k)=0.7e(k)+0.4u_3(k-1)$$
$$u(k)=-u_1(k)-u_2(k)+u_3(k)$$

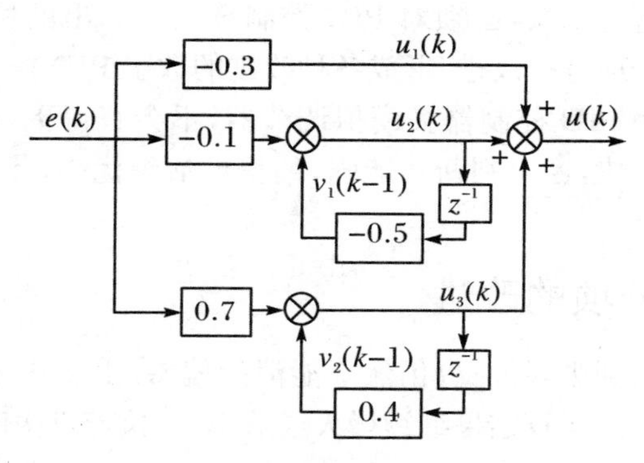

图 5.16　并联编排实现

从本例可以看出，同一环节可以得到不同的计算机编排形式，不同编排所需要的计算机内存及计算量也不同，当环节的阶次较高时，差别将是很明显的.

5.2　数字 PID 控制算法的改进

鉴于计算机运算速度快，逻辑判断功能强，编程灵活等优势，除了按位置式和增量式进行标准的数字 PID 控制计算外，也可根据系统的实际要求，对 PID 控制算法进行改进，以提高系统的控制品质，在控制性能上超过模拟调节器.

在实际过程控制系统中，执行元件（如电机或阀门）自身的机械物理特性决定了其受控范围是有限的，同时 D/A 转换器所能表示的数值范围也是有限的，因此要求计算输出的控制量应满足

$$u_{\min}\leqslant u\leqslant u_{\max}\tag{5.19}$$

上式中，u_{min}和u_{max}分别为控制器允许输出的最小值和最大值.计算输出的控制量的变化率应满足

$$|\dot{u}| \leqslant \dot{u}_{max} \tag{5.20}$$

式中$\dot{u}_{max}$为控制器允许输出变化率的最大值.

若计算机输出的控制量在式(5.19)和式(5.20)规定的范围之内，控制是有效的；一旦超出这个范围，则达不到期望的控制效果.

在PID控制算法的增量式中，当给定值发生阶跃变化时，由比例项和微分项计算出的控制增量将会增大，如果超过了执行机构所允许的最大限度，同样会引起饱和现象，使系统出现过大的超调和持续振荡，动态品质变差.

为了避免出现饱和现象，必须对PID控制算法计算出的控制量进行约束，也就是对积分项和微分项进行改进，形成各种改进的数字PID控制算法.

如果单纯用数字PID控制器去模拟调节器，不会获得更好的效果.因此必须发挥计算机运算速度快，逻辑判断功能强，编程灵活等优势，才能在控制性能上超过模拟调节器.

5.2.1 积分项的改进

如果执行机构已到极限位置，仍然不能消除偏差，由于积分的作用，尽管计算PID差分方程式所得的运算结果继续增大或减小，但执行机构已无相应的动作，控制信号则进入深度饱和区.

如果系统程序反向偏差，则$u(k)$首先需要从饱和区退出，进入的饱和区越深，退出时间越长，导致超调量增加.

解决上述问题的改进方法主要有遇限消弱积分法、积分分离法和有限偏差法.

1. 积分分离

改进原因：当有较大的扰动或大幅度改变给定值时，存在较大的偏差，以及系统有惯性和滞后，在积分项的作用下，会产生较大的超调和长时间的波动.

积分分离的基本思想是：当被控量和给定值偏差大于给定的门限值时，取消积分控制，以免超调量过大；当被控量和给定值接近时，积分控制引入这样控制量不易进入饱和区；即使进入了饱和区，也能很快退出，消除静差，所以能使系统的输出特性得到改善.积分分离PID控制效果如图5.17所示.

设β为积分分离阈值，则

当$|e(k)| \leqslant \beta$时，采用PID控制，可保证稳态误差为0.

当$|e(k)| > \beta$时，采用PD控制，可使超调量大幅度减小.

控制规律表达式可表示为

$$u(k)=K_{\mathrm{p}}\left\{e(k)+K_{1}\frac{T}{T_{\mathrm{i}}}\sum_{j=0}^{k}e(j)+\frac{T_{\mathrm{d}}}{T}[e(k)-e(k-1)]\right\}$$
$$=K_{\mathrm{p}}\cdot e(k)+K_{1}+K_{\mathrm{i}}\sum_{j=0}^{k}e(j)+K_{\mathrm{d}}[e(k)-e(k-1)]\qquad(5.21)$$

其中 $K_1=\begin{cases}1, & |e(k)|\leqslant e_0\\ 0, & |e(k)|>e_0\end{cases}$,称为控制系数.

积分分离阈值 β 的确定:β 过大,达不到积分分离的目的;β 过小,则一旦控制量 $y(t)$无法跳出各积分分离区,只进行 PD 控制,将会出现残差.积分分离 PID 控制算法流程图如图 5.18 所示.

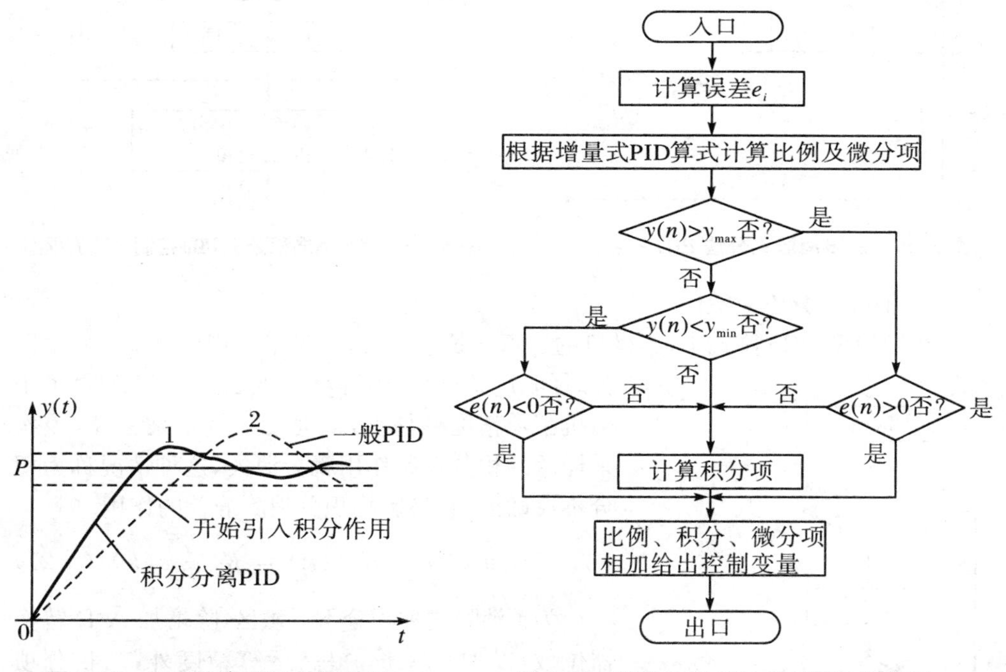

图 5.17　积分分离 PID 控制效果　　图 5.18　积分分离 PID 控制算法流程图

2. 遇限消弱积分法

遇限消弱积分法基本思想是,一旦控制量进入饱和区,则只执行消弱积分项的累加,停止进行增大积分的累加.即计算 $u(k)$时,先判断 $u(k-1)$是否超过限制范围,若超出 $u_{\max}$,则只累加负偏差;若小于 $u_{\max}$,则只累计正偏差,这种发放也可以避免控制量长期停留在饱和区.遇限消弱积分法的控制效果与算法流程分别参见图 5.19 和图 5.20.

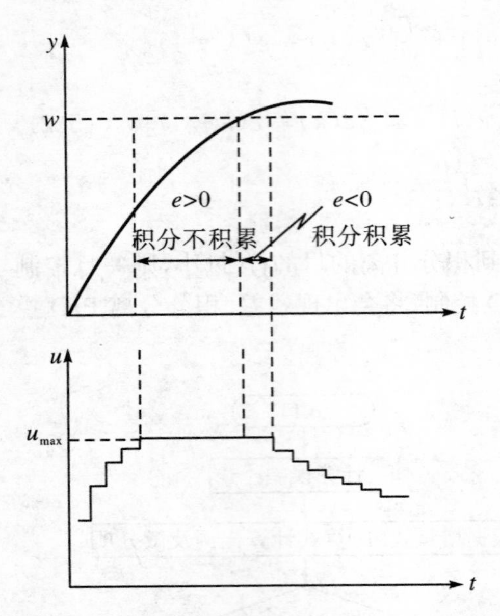

图 5.19　遇限消弱积分法 PID 控制效果

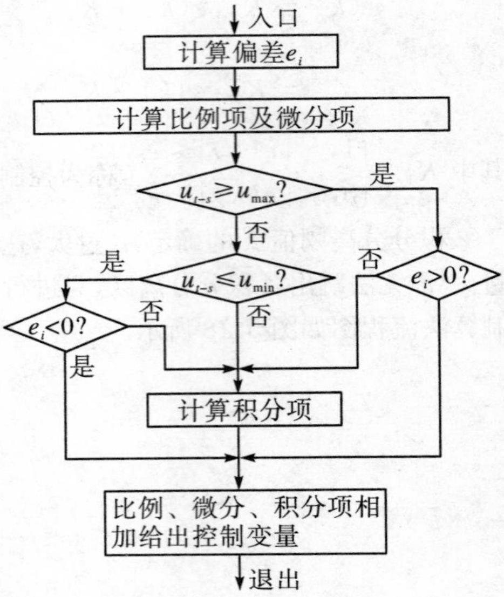

图 5.20　遇限消弱积分法 PID 控制算法流程图

3. 消除积分不灵敏区

在增量型 PID 算式中，当微机的运算字长较短时，如果采样周期 T 较短，而积分时间 T_i 又较长，则容易出现 $\Delta u_i(\sim T/T_i)$ 小于微机字长精度的情况，此时 Δu_i 就要被丢掉，该次采样后的积分控制作用就会消失，这种情况称为积分不灵敏区，它将影响积分消除静差的作用.

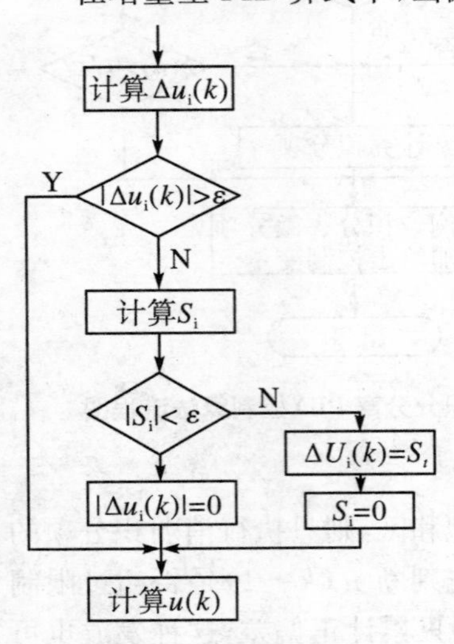

图 5.21　消除积分不灵敏区程序流程图

$$\Delta u_i(k) = K_i e(k) = K_p \frac{T}{T_i} e(k) \quad (5.21)$$

为了消除这种积分不灵敏区，除增加 A/D 转换器位数，以加长字长，提高运算精度外，当积分项 Δu 小于输出精度 ε 的情况下，不要把它们作为“零”处理，而是把它们累积起来，直到累加值大于 ε 是才输出，同时把累积单元清零. 消除积分不灵敏区程序流程如图 5.21 所示.

$$S_i = \sum_{k=1}^{n} \Delta u_i(k) \quad (5.22)$$

4. 梯形积分

为了减小残差，提高积分项的运算精度，可以

把矩形积分改为梯形积分，即

$$\int_0^t e\mathrm{d}t \approx \sum_{i=0}^{k} \frac{e(i)+e(i-1)}{2} \cdot T \tag{5.23}$$

5.2.2　微分项的改进

1. 不完全微分 PID 控制

对于具有高频扰动的生产过程，由于标准 PID 控制算式中的微分作用过于灵敏，导致系统控制过程振荡，降低了调节品质. 特别是对每个控制回路计算机的输出是快速的，而执行机构的动作需要一定的时间. 如果输出值较大，在一个采样时间内执行机构不能到达应到的位置，会使输出失真.

为此，在标准 PID 控制算法中加入一个低通滤波器，加在整个 PID 控制器之后，即将过大的控制输出分几次执行，以避免出现饱和现象，形成不完全微分 PID 控制算法，改善系统的性能，结构如图 5.22 所示.

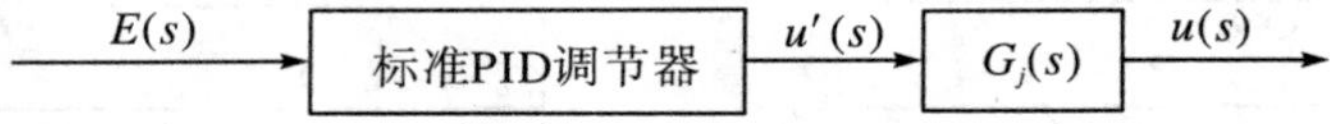

$E(s)$ → 标准PID调节器 → $u'(s)$ → $G_j(s)$ → $u(s)$

图 5.22　不完全微分 PID 控制器框图

一阶惯性环节的传递函数为

$$D_\mathrm{f}(s) = \frac{1}{T_\mathrm{f}s+1} \tag{5.24}$$

其拉氏反变换有

$$T_\mathrm{f}\frac{\mathrm{d}u(t)}{\mathrm{d}t} + u(t) = u'(t) \tag{5.25}$$

对 PID 调节器表达式离散化有

$$u(k) = \alpha u(k-1) + (1-\alpha)u'(k) \tag{5.26}$$

式中，$u'(k) = K_p\left[e(k) + \frac{T}{T_i}\sum_{i=0}^{k}e(i) + T_d\frac{e(k)-e(k-1)}{T}\right]$，$\alpha = \frac{T_f}{T_f+T}$.

由式(5.26)可以求得不完全微分 PID 控制增量型控制算法，即

$$\Delta u(k) = \alpha\Delta u(k-1) + (1-\alpha)\Delta u'(k) \tag{5.27}$$

式中，$\Delta u'(k) = K_\mathrm{p}[e(k)-e(k-1)] + K_\mathrm{i}e(k) + K_\mathrm{d}[e(k)-2e(k-1)+e(k-2)]$，$K_\mathrm{i} = K_\mathrm{p}\frac{T}{T_\mathrm{i}}$称为积分系数，$K_\mathrm{d} = K_\mathrm{p}\frac{T_\mathrm{d}}{T}$，称为微分系数.

在单位阶跃信号作用下，完全微分和不完全微分两者的控制作用完全不同，其输出特性的差异如图 5.23 所示.

如图 5.23(a)所示，纯微分在第一个周期出现大跃变信号，并且在一个周期内

急剧下降为零,信号变换剧烈,容易引起系统振荡.如果这个作用很强,还会造成饱和效应,系统产生溢出现象.不完全微分数字 PID 控制器的微分作用输出按指数规律逐渐减弱,作用时间长,能延续几个周期,微分项能在各个采样周期内起到作用,因而系统变化缓慢,较均匀.这样,不易引起振荡,改善了控制效果,控制效果如图 5.23(b)所示.其延续时间的长短和 K_d的选取有关,越大延续时间越短,越小延续时间越长,一般取 10～30.

可见,不完全微分数字 PID 不但能抑制高频干扰,而且还能使数字控制器的微分作用在每个采样周期内均匀地输出,避免出现饱和现象,克服纯微分的不均匀性,改善系统性能.

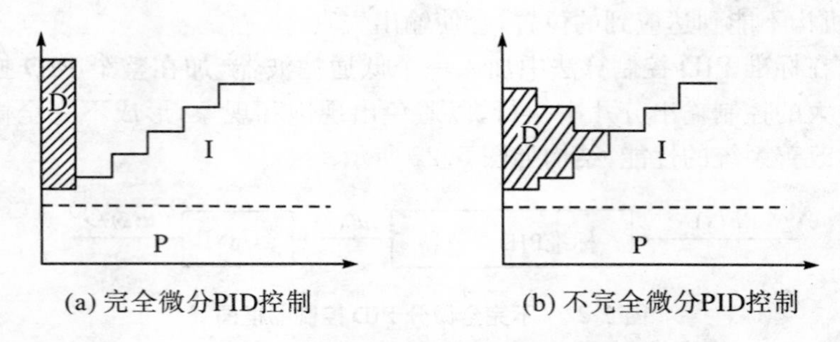

图 5.23　PID 控制算式的输出特性

2. 微分先行 PID 控制

为了避免给定值的升降给系统带来冲击,如超调过大,调节阀动作剧烈.可以把微分提前,只对被控量 $y(t)$微分,不对偏差 $e(t)$微分,起到平滑微分的作用.微分运算有两种结构,一种是对输出量的微分,如图 5.24 所示;另一种是对偏差的微分,如图 5.25 所示.

输出量微分只是对输出量 $y(t)$进行微分,而对给定值 $r(t)$不作微分,适用于给定值频繁变动的场合,可以避免因给定值 $r(t)$频繁变动时所引起的超调量过大、系统振荡等,改善了系统的动态持性.

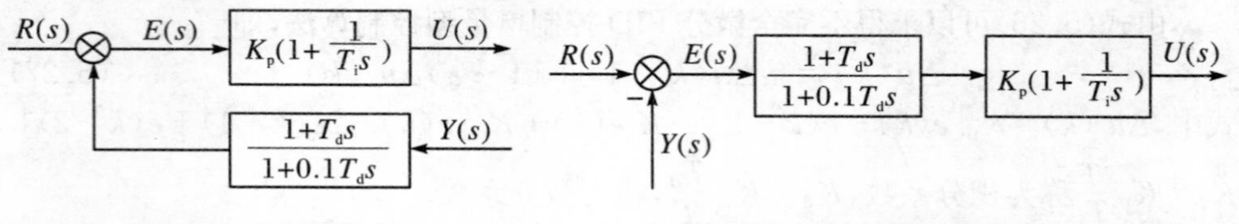

图 5.24　输出量微分　　　　图 5.25　对偏差的微分

偏差微分是对偏差值 $e(t)$进行微分,也就是对给定值 $r(t)$和输出量 $y(t)$都有微分作用,适用于串级控制的副控回路.副控回路的给定值是主控调节器给定的，所以应该对其作微分处理.因此，应该在副控回路中采用偏差微分的 PID.

3. 带死区的 PID 控制算法

在计算机控制系统中，控制器的频繁动作会引起系统振荡，这是许多系统所不允许的.通常，我们希望在满足系统控制要求的前提下，控制器的输出越平稳越好.因此，为了避免控制作用过于频繁，在标准数字 PID 控制器的前面增加一个非线性环节，形成带死区的 PID 控制算法，其框图如图 5.26 所示.

改进原因：避免控制动作过于频繁，以消除由于频繁动作所引起的振荡，有时采用带有死区的 PID 控制系统.

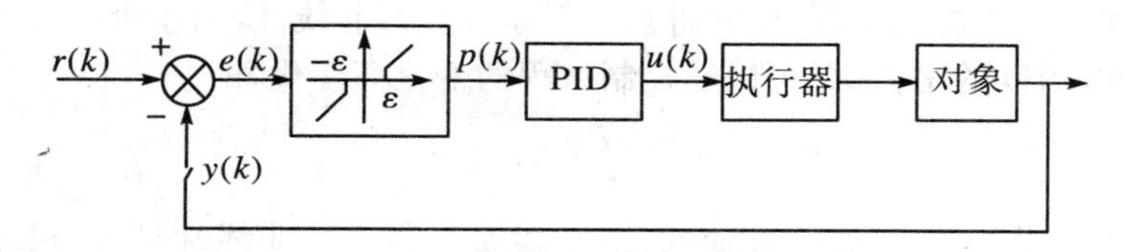

图 5.26　带死区的 PID 控制系统框图

相应的算式为

$$p(k)=\begin{cases}e(k), & \text{当}\,|r(k)-y(k)|=|e(k)|>\varepsilon \\ 0, & \text{当}\,|r(k)-y(k)|=|e(k)|\leqslant\varepsilon\end{cases} \tag{5.28}$$

式中，死区阈值 ε 是一个可调参数，其具体数值可根据实际控制对象由实验确定. ε 值太小，使调节过于频繁，达不到稳定被控对象的目的；如果 ε 值取得太大，则系统将产生很大的滞后.通常，ε 值根据实际被控对象由实验确定.当 $\varepsilon=0$，即为常规 PID 控制.

带死区 PID 控制器的输出为

$$u(k)=K_{\mathrm{p}}\left\{p(k)+\frac{T}{T_{\mathrm{i}}}\sum_{j=0}^{k}p(j)+\frac{T_{\mathrm{d}}}{T}[p(k)-p(k-1)]\right\}+u_0 \tag{5.29}$$

4. 时间最优 PID 控制

时间最优 PID 控制是庞特里亚金（Pontryagin）于 1956 年提出的一种最优控制理论，也叫快速时间最优控制原理，它是研究满足约束条件下获得允许控制的方法.用最大值原理可以设计出控制变量只在 $|u(t)|\leqslant 1$ 范围内取值的时间最优控制系统.而在工程上，设 $|u(t)|\leqslant 1$ 都只取 ± 1，而且依照一定的法则加以切换，使系统从一个初始状态转到另一个状态所经历的过渡时间最短，这种类型的最优切换系统称为开关控制（Bang - Bang 控制）系统.

在工业控制应用中，最有发展前途的是 Bang - Bang 控制与反馈控制相结合的系统，这种控制方式在给定值升降式特别有效，具体形式为

$$|e(k)| = |r(k) - y(k)| \begin{cases} > \alpha, & \text{Bang-Bang 控制} \\ \leqslant \alpha, & \text{PID 控制} \end{cases} \tag{5.30}$$

时间最优位置随动系统，从理论上讲应采用 Bang-Bang 控制，但 Bang-Bang 控制很难保证足够的定位精度，因此对于高精度的快速伺服系统，宜采用 Bang-Bang 控制和线性控制组合的方式，在定位线性控制段采用数字 PID 控制就是可选的方案之一.

5.2.3 可变增益 PID 控制

在实际的实时控制中，严格的讲被控对象都具有非线性，为了补偿受控过程的这一非线性，PID 的增益 K_p可以随控制过程的变化而变化，即

$$u_i = f(e)\left[e_i + \frac{T}{T_i}e_i + \frac{T_d}{T}(e_i - e_{i-1})\right] \tag{5.31}$$

其中 $f(e)$是与误差 e 有关的可变增益，它实质上是一个非线性环节，可由计算机实现对被控对象的非线性补偿.

5.3 数字 PID 控制算法的整定

5.3.1 数字 PID 控制器的参数整定

当 PID 控制器的结构和控制算法确定下来后，其控制质量的好坏主要取决于参数的选择是否恰当. 对于模拟 PID 控制器来说，参数的整定是根据加工工艺对控制性能的要求，对系统的比例系数 K_p、积分时间常数 T_i和微分时间常数 T_d的选择和确定. 而对数字 PID 控制器来说，除了整定 K_p、T_i和 T_d之外，还需确定系统的采样周期 T. 控制器的参数整定主要有理论计算和工程整定两种方法. 理论计算法是用采样系统理论进行分析设计确定参数；工程整定法是直接在系统中进行实验来确定参数. 通常先理论计算确定控制策略，再进行工程整定确定参数.

1. PID 调节器参数对控制性能的影响

理论和实践都表明，PID 控制器的各参数与系统的动态和稳态性能关系密切，都起着重要作用.

(1) 比例系数 K_p对系统性能的影响

A. 对动态性能的影响

比例系数 K_p太小，系统动作缓慢，比例系数 K_p增大使系统动作灵敏，加快调节速度，但 K_p偏大，容易引起系统振荡，反而使调节时间加长，甚至使系统不稳定.

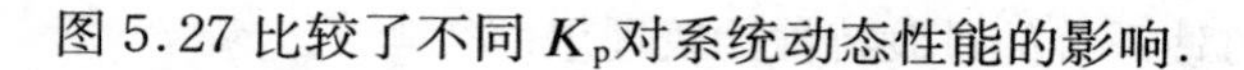
图 5.27 比较了不同 K_p对系统动态性能的影响.

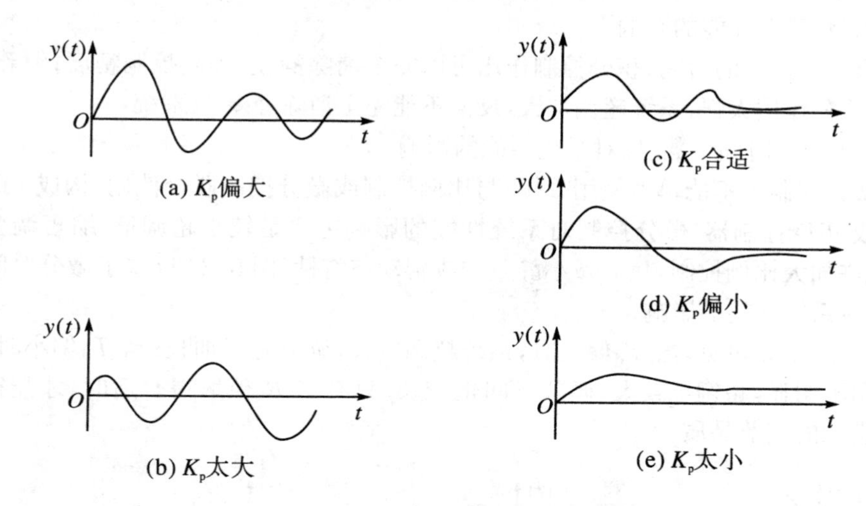

图 5.27　比例系数 K_p对系统性能的影响

B. 对静态性能的影响

在系统稳定的前提下，加大比例系数 K，可以减小静差，提高控制精度，但不能完全消除静差.

(2) 积分时间常数 T_i对系统性能的影响

积分控制常与比例和微分控制共同作用，构成 PI 控制器或 PID 控制器，积分时间常数 T_i对系统性能的影响如图 5.28 所示.

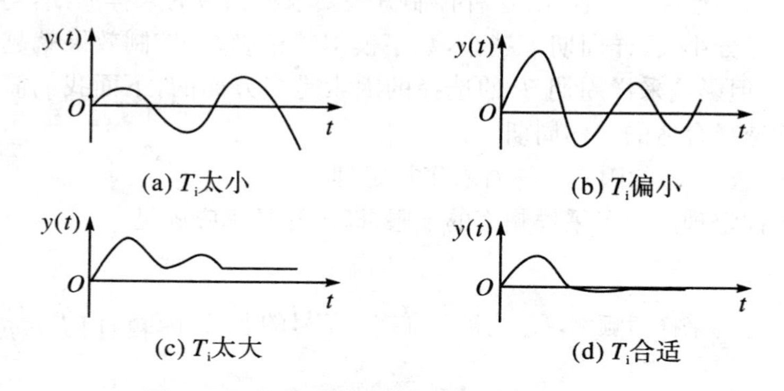

图 5.28　积分时间常数 T_i对系统性能的影响

A. 对动态性能的影响

积分时间常数 T_i太大，积分作用对系统的影响减小，系统响应速度变慢；减小积分时间常数 T_i，系统响应变快，但振荡次数增多，T_i偏小，系统振荡加剧，容易使系统不稳定.选择合适的 T_i值,可使系统的过渡特性比较理想.

B. 对静态性能的影响

只要有足够的时间,积分控制作用可以完全消除静差,提高控制精度;但若 T_i太小,积分作用太强,系统超调加大,反而不能完全消除静差.

(3) 微分时间常数 T_d对系统性能的影响

微分控制也不能单独使用,一般与比例控制或微分控制联合使用,构成 PD 控制器或 PID 控制器.微分控制对系统性能的影响主要是较小超调量、缩短调节时间、允许加大比例控制,从而减小静差和改善动态特性.图 5.29 反映了微分时间常数 T_d对系统性能的影响.

由图 5.29 可见,当 T_d偏大时,系统超调较大,调节时间加长;当 T_d偏小时,微分作用不明显,超调也较大,调节时间也较长.只有当 R 值取得合适时,才能得到比较满意的调节品质.

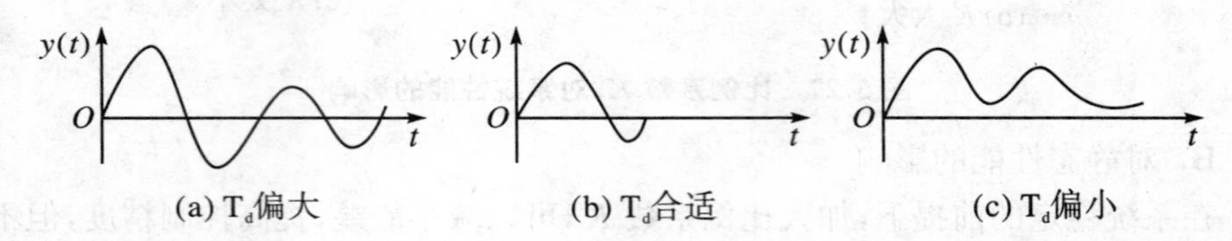

图 5.29 微分时间常数 T_d对系统性能的影响

2. 采样周期 T 的选择

数字 PID 控制与一般的采样控制有些不同,它是用计算机对模拟 PID 控制进行数字模拟的准连续过程控制.这种控制方式要求相当短的采样周期,与系统时间常数相比要充分小.采样周期丁越小,数字模拟越精确,其控制效果就越接近于连续控制系统.但影响采样周期 T 的选择的因素是多方面的,下面我们简要地讨论一下应怎详选择合适的采样周期.

(1) 首先要考虑的因素——香农采样定理

香农采样定理给出了采样频率的下限,即采样频率应满足

$$f_s \geqslant 2f_{max} \tag{5.32}$$

式(5.32)中,f_s 为采样角频率,f_{max}为被采样连续信号的上限角频率.由 $f=\frac{2\pi}{T}$,可得:

$$T_s \leqslant \frac{\pi}{f_{max}} \tag{5.33}$$

式(5.33)中,T_s 为采样周期,式(5.33)给出了采样周期的上限.从对调节品质的要求来看,似乎应将采样周期取得小些,这样在按连续系统 PID 控制选择整定参数时,可得到较好的控制效果.但采样周期 T 选得太小,对计算机的运行速度和存储

容量要求越高,计算机的工作时间和工作量也随之增加.另外,当采样周期小到一定程度后,对系统性能的改善并不显著.

(2) 其次要考虑下列诸因素

① 给定值的变化频率

给定值变化频率越高,采样频率应越高,即采样周期越小.这样,给定值的改变可以迅速地通过采样得到反映,而不会在随动控制中产生大的时延.

② 被控对象的特性

被控对象如果是慢速的热工或化工对象时,采样周期可以取大一点;被控对象若是较快速的系统时,采样周期应该取得较小;被控对象的纯滞后比较显著时,采样周期 T 应取得与纯滞后时间 r 基本相等.

③ 执行机构的类型

执行机构的动作惯性越大,采样周期 T 也应取得越大,这样,执行机构才来得及反映数字控制器输出值的变化.

④ 控制算法的类型

当采用 PID 算法时,如果采样周期 T 选得过小,由于受计算精度的限制,偏差 $e(k)$ 始终为零,将使积分和微分作用不明显.另外,各种控制算法也需要计算时间.

⑤ 测量控制回路数

测量控制回路数越多,则采样周期了 T 越长,两者的关系是

$$T_s \geqslant \sum_{j=1}^{N} T_j \tag{5.34}$$

式(5.34)中,T_j 为第 j 个回路控制程序执行时间和输入输出时间.

从以上分析可知,采样周期 T 的选择受各方面因素的影响,有时甚至是相互矛盾的,因此,必须根据具体情况和主要的要求作出折中的选择.表 5.1 列出了常见被控量的采样周期 T 的经验数据,以供参考.在具体选择采样周期 T 时,可参照表 5.1 所示的经验数据,再通过现场实验,最后确定合适的采样周期 T.

表 5.1　采样周期 T 的经验数据

被控量	采样周期 T/s	备注
流量	1～5	优先选用 1～2 s
压力	3～10	优先选用 6～8 s
液位	6～8	优先选用 7 s
温度	15～20	优先选用 7 s
成分	15～20	优先选用 18 s

5.3.2 PID 参数的简易工程法整定

PID 控制器的参数整定有理论计算和工程整定等多种方法，理论计算法确定 PID 控制器参数需要知道被控对象的精确数学模型，这在工业控制中是做不到的．因此，常用的方法还是简单易行的工程整定法，它由经典频率法简化而来，虽然较为粗糙，但很实用，不需要进行大量的计算，且不依赖于被控对象的数学模型，适于现场应用．

由于数字 PID 控制系统的采样周期 T 一般远远小于系统的时间常数，是一种准连续控制，因此，可以按模拟 PID 控制器参数整定的方法来选择数字 PID 控制参数，并考虑采样周期 T 对整定参数的影响，对控制参数做适当的调整，然后在控制实践中加以检验和修正．

1. 扩充临界比例度法

扩充临界比例度法是简易工程整定方法之一，是以模拟 PID 控制器中使用的临界比例度为基础的一种数字 PID 控制器参数整定方法，它适用于具有自平衡性的被控对象，不需要被控对象的数学模型．比例度 δ 和比例系数 K_p 有如下关系：

$$\delta = \frac{1}{K_p}$$

用扩充临界比例度法整定数字 PID 控制器参数的步骤如下：

① 选择一个足够短的采样周期，它一般应为被控对象的纯滞后时间的 1/10 以下．

② 用选定的采样周期使系统工作在纯比例控制，即去掉积分作用和微分作用，只保留比例控制．然后逐渐减小比例度 δ，直到系统发生等幅振荡，记下使系统发生振荡的临界比例度 δ_k 以及系统的临界振荡周期 T_k，如图 5.30 所示．

③ 选择控制度．控制度定义为数字控制系统误差平方的积分与对应模拟控制系统误差平方的积分之比，即

$$\text{控制度} = \frac{\left[\int_0^{\infty} e^2(t)\mathrm{d}t\right]_{\text{DDC}}}{\left[\int_0^{\infty} e^2(t)\mathrm{d}t\right]_{\text{模拟}}} \tag{5.35}$$

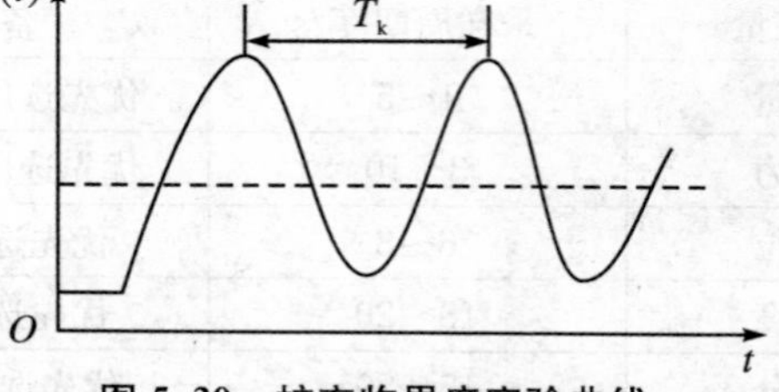

图 5.30 扩充临界度实验曲线

对于模拟控制系统，其误差平方积分可由记录仪上的图形直接计算，对于数字控制系统则可以用计算机来计算．控制度用来比较数字控制(DDC)系统与模拟控制系统的控制效果，当控制度为1.05时，就认为数字控制与模拟控制效果相当；当控制度为2时，数字控制比模拟控制的质量差1倍．

④ 选择控制度后，按表5.2即可求得 T、K_p、T_i和 T_d的值．

表5.2　扩充响应曲线法PID参数整定表

控制度	控制规律	T	K_p	T_i	T_d
1.05	PI	0.1τ	$0.84T_\tau/\tau$	3.4τ	
	PID	0.05τ	$1.15T_\tau/\tau$	2.0τ	0.45τ
1.2	PI	0.2τ	$0.78T_\tau/\tau$	3.6τ	
	PID	0.16τ	$1.0T_\tau/\tau$	1.9τ	0.55τ
1.5	PI	0.5τ	$0.68T_\tau/\tau$	3.9τ	
	PID	0.34τ	$0.85T_\tau/\tau$	1.62τ	0.65τ
2.0	PI	0.8τ	$0.57T_\tau/\tau$	4.2τ	
	PID	0.6τ	$0.6T_\tau/\tau$	1.5τ	0.82τ

2．扩充响应曲线法

在模拟控制系统中，如果已知系统的动态特性曲线，可以用响应曲线法代替临界比例度法，在数字控制系统中同样可以用扩充响应曲线法代替扩充临界比例度法．一般情况下，扩充响应曲线法适用于多容自平衡系统，用扩充响应曲线法整定 T 和K_p、T_i、T_d的步骤如下：

(1) 断开数字控制器，使系统工作在手动操作状态下，将被控量调到给定值附近使之稳定下来，此时，突然改变给定值，给对象一个阶跃输入信号，如图5.31(a)所示．

(2) 用仪表记录下被控量在阶跃输入下的整个变化过程曲线，如图5.31(b)所示．

(3) 在曲线最大斜率处作切线，求得滞后时间 τ，被控对象时间常数 T_τ以及它们的比值 T_τ/τ，查表5.2，即可得数字PID控制器的 T、K_p、T_i和 T_d．

以上两种方法特别适用于被控对象是一阶滞后惯性环节，如果对象为其他特性，可以采用其他方法来整定．

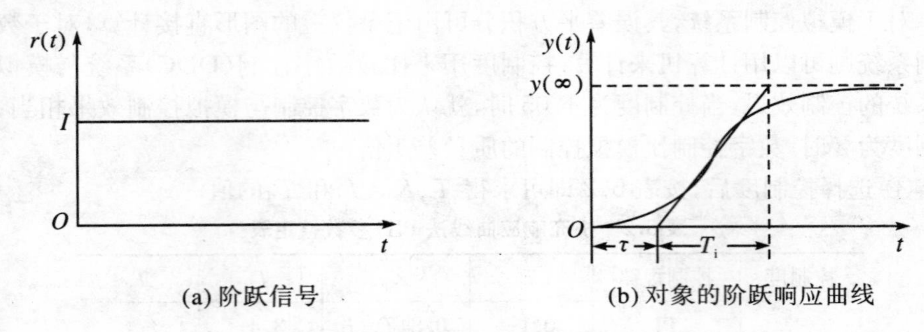

(a) 阶跃信号　　(b) 对象的阶跃响应曲线

图 5.31　对象的阶跃响应特性曲线

3. 归一参数整定法

除了上面介绍的扩充临界比例度法之外，Roberts P.D. 在 1974 年提出了一种简化扩充临界比例度整定法，为纯比例控制作用下的临界振荡周期. 由于该方法只需整定一个参数即可，故称其为归一参数整定法. 根据大量的经验和研究表明，一个动态性能好的系统，有关参数可按下式选取，即

$$\begin{cases} T = 0.1T_k \\ T_i = 0.5T_k \\ T_d = 0.125T_k \end{cases} \tag{5.36}$$

式(5.36)中，T_k 为纯比例控制时的临界振荡周期，将式(5.34)代入增量式数字 PID 控制算式得

$$\Delta u(k) = K_p[2.45e(k) - 3.5e(k-1) + 1.25e(k-2)]$$

这样，对四个参数的整定简化为对一个参数 K_p，的整定，使问题得到简化. 通过改变 K_p的值，观察控制效果，直到满意为止.

5.3.3　PID 参数的试凑法整定

实际系统，即使按上述方法确定参数后，系统的性能也不一定能满足要求，也还要现场进行探索性调整. 而有些系统，则可以直接进行现场参数试凑整定.

试凑整定法是通过模拟或实际的闭环运行情况，观察系统的响应曲线，根据 PID 控制器各组成环节对系统性能的影响，从一组初始 PID 参数开始，反复试凑，不断修改参数，直至获得满意的控制效果为止，是目前实际工程应用最为广泛的一种 PID 控制器参数整定方法.

在试凑时，可参考 5.3.1 节分析的 PID 控制器三参数对控制过程的响应趋势，对参数进行“先比例，后积分，再微分”的整定，步骤如下：

(1) 整定比例部分

先置 PID 控制器中的 $T_i=\infty$、$T_d=0$，使之成为比例控制器，再将比例系数 K_p，由小调大，并观察相应的系统响应，直到得到反应快、超调小的响应曲线.如果系统没有静差或静差已经小到允许的范围内，并且响应曲线已属满意，那么只要用比例控制器即可，最优比例系数可由此确定.

(2) 加入积分环节

如果只用比例控制，系统的静差不能满足设计要求，则需加入积分环节.整定时先置积分时间常数 T_i 为一较大值，并将经第一步整定得到的比例系数略为缩小(如缩小为原来值的0.8倍)，然后减小积分时间常数，使系统在保持良好动态性能的情况下消除静差.在此过程中，可根据响应曲线的好坏反复改变比例系数和积分时间常数，以期得到满意的控制过程与响应的参数.

(3) 加入微分环节

若使用比例积分控制器能消除静差，但系统的动态过程经反复调整仍不能满意，则可加入微分环节，构成 PID 控制器.在整定时，可先置微分时间常数 T_D 为零，然后在第二步的基础上，增大 T_d，同时，相应地改变比例系数和积分时间常数，逐步试算，以获得满意控制效果和控制参数.

常见被控量的 PID 参数经验选择范围如表5.3所示.

表5.3 常见被控量的 PID 参数经验选择范围

被调量	特点	K_p	T_i(min)	T_d(min)
流量	时间常数小，并有噪声，故 K_p 较小，T_i 较小，不用微分	1～2.5	0.1～1	
温度	对象有较大滞后，常用微分	1.6～5	3～10	0.5～3
压力	对象的滞后不大，不用微分	1.4～3.5	0.4～3	
液位	允许有静差时，不用积分和微分	1.25～5		

当被控对象的结构和参数不能完全掌握，或得不到精确的数学模型时，控制理论的其他技术难以采用时，系统控制器的结构和参数必须依靠经验和现场调试来确定，这时应用 PID 控制技术最为方便.即当我们不完全了解一个系统和被控对象，或不能通过有效的测量手段来获得系统参数时，最适合用 PID 控制技术.PID 的参数设置可以参照以下来进行：

整定参数寻最佳，从小到大逐步查；
先调比例后积分，微分作用最后加；
曲线震荡很频繁，比例刻度要放大；

曲线漂浮波动大，比例刻度要拉小；
曲线偏离回复慢，积分时间往小降；
曲线波动周期长，积分时间要加长；
曲线震荡动作繁，微分时间要加长.

5.4 其他控制算法

工业生产过程中的大多数被控对象都具有较大的纯滞后性质.被控对象的纯滞后时间 τ 使系统的稳定性降低，动态性能变坏，如容易引起超调和持续的振荡.在20世纪50年代，国外就对工业生产过程中纯滞后现象进行了深入的研究，一般来说，这类被控对象对快速性要求是次要的，而对稳定性、不产生超调的要求是主要的.基于此，人们提出了多种设计方法，比较有代表性的方法有纯滞后补偿控制——达林(Dahlin)算法和史密斯(Smith)预估器.

5.4.1 达林(Dahlin)算法

如果对象有惯性环节和滞后环节，那么如何设计其控制器？达林(Dahlin)通过研究，提出了设计方法，后来被称为达林(Dahlin)算法.

设计算机控制系统中的连续时间的被控对象 $G_0(s)$是带有纯滞后的一阶或二阶惯性环节，即

$$G_0(s)=\frac{k\mathrm{e}^{-qs}}{\tau_1 s+1} \quad 或 \quad G_0(s)=\frac{k\mathrm{e}^{-qs}}{(\tau_1 s+1)(\tau_2 s+1)} \tag{5.37}$$

式中 q 为纯滞后时间，为简单起见，假定被控对象的纯滞后时间为采样周期的整数倍，即 $q=NT$（N 为正整数）；τ_1、τ_2 为被控对象的惯性时间常数；k 为放大倍数.许多实际工程系统都可以用这两类传递函数近似表示.

带有纯滞后的计算机控制系统如图5.32所示.

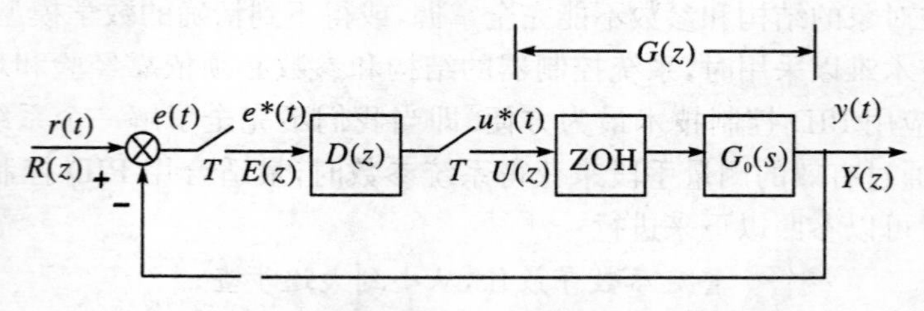

图5.32 带有纯滞后的计算机控制系统示意图

不论是对一阶惯性对象还是对二阶惯性对象，达林算法的设计目标是：要设计一个合适的数字控制器，使闭环传递函数相当于一个纯滞后环节和一个惯性环节的串联，其中纯滞后环节的滞后时间与被控对象的纯滞后时间完全相同，这样就能保证使系统不产生超调，同时保证其稳定性．整个闭环系统的传递函数为

$$\varphi(s) = \frac{e^{-NTs}}{\tau s + 1} \tag{5.38}$$

其中 τ 为整个闭环系统的惯性时间常数．

假定系统中采用的保持器为零阶保持器，采用加零阶保持器的 Z 变换，则与 $\varphi(s)$ 相对应的整个闭环系统的闭环 Z 传递函数为：

$$\varphi(z) = Z\left[\frac{1 - e^{-Ts}}{s} \cdot \frac{e^{-NTs}}{\tau s + 1}\right] = \frac{(1 - e^{-T/\tau})z^{-(N+1)}}{1 - e^{-T/\tau}z^{-1}} \tag{5.39}$$

由此，可得出达林算法所设计的控制器 $D(z)$ 为

$$D(z) = \frac{\varphi(z)}{[1 - \varphi(z)]G(z)} = \frac{(1 - e^{-T/\tau})z^{-(N+1)}}{[1 - e^{-T/\tau}z^{-1} - (1 - e^{-T/\tau})z^{-(N+1)}]G(z)} \tag{5.40}$$

其中 $G(z) = Z\left[\frac{1 - e^{-Ts}}{s} \cdot G_0(s)\right]$．

综上所述，针对被控对象的不同形式，要想得到同样性能的系统，就应采用不同的数字控制器 $D(z)$．

(1) 被控对象为含有纯滞后的一阶惯性环节

$$G_0(s) = \frac{k e^{-NTs}}{\tau_1 s + 1}$$

则

$$G(z) = Z\left[\frac{1 - e^{-Ts}}{s} \cdot G_0(s)\right] = Z\left[\frac{k(1 - e^{-Ts})e^{-NTs}}{s(\tau_1 s + 1)}\right] = \frac{k(1 - e^{-T/\tau_1})z^{-(N+1)}}{1 - e^{-T/\tau_1}z^{-1}}$$

于是得到数字控制器为

$$D(z) = \frac{\varphi(z)}{[1 - \varphi(z)]G(z)} = \frac{(1 - e^{-T/\tau})(1 - e^{-T/\tau_1}z^{-1})}{k(1 - e^{-T/\tau_1})[1 - e^{-T/\tau}z^{-1} - (1 - e^{-T/\tau})z^{-(N+1)}]} \tag{5.41}$$

例 5.2　如图 5.32 所示的控制系统，设

$$G_0(s) = \frac{5e^{-Ts}}{0.5s + 1}$$

$$\varphi(s) = \frac{e^{-Ts}}{s + 1}$$

采样周期 $T = 0.5$ s，求数字控制器 $D(z)$．

解：根据已知条件可得 $N = 1$，$\tau_1 = 0.5$ s，$\tau = 1$ s，$k = 5$，则

$$D(z)=\frac{0.125(1-0.368z^{-1})}{1-0.607z^{-1}-0.393z^{-2}}$$

(2) 被控对象为含有纯滞后的二阶惯性环节

$$G_0(s)=\frac{k\mathrm{e}^{-NTs}}{(\tau_1 s+1)(\tau_2 s+1)}$$

$$G(z)=Z\left[\frac{1-\mathrm{e}^{-Ts}}{s}\cdot G_0(s)\right]=\frac{k(c_1+c_2z^{-1})z^{-(N+1)}}{(1-\mathrm{e}^{-T/\tau_1}z^{-1})(1-\mathrm{e}^{-T/\tau_2}z^{-1})}$$

其中

$$c_1=1+\frac{\tau_1\mathrm{e}^{-T/\tau_1}-\tau_2\mathrm{e}^{-T/\tau_2}}{\tau_2-\tau_1},\quad c_2=\mathrm{e}^{-T(1/\tau_1+1/\tau_2)}+\frac{\tau_1\mathrm{e}^{-T/\tau_1}-\tau_2\mathrm{e}^{-T/\tau_2}}{\tau_2-\tau_1}$$

于是得到数字控制器为

$$D(z)=\frac{\varphi(z)}{[1-\varphi(z)]G(z)}$$

$$=\frac{(1-\mathrm{e}^{-T/\tau})(1-\mathrm{e}^{-T/\tau_1}z^{-1})(1-\mathrm{e}^{-T/\tau_2}z^{-1})}{k(c_1+c_2z^{-1})[1-\mathrm{e}^{-T/\tau}z^{-1}-(1-\mathrm{e}^{-T/\tau})z^{-(N+1)}]}\tag{5.42}$$

5.4.2 史密斯(Smith)预估器

史密斯提出了一种纯滞后补偿模型，由于当时模拟仪表不能实现这种补偿，致使这种方法在工业实际中无法实现. 随着计算机技术的飞速发展，现在人们可以利用计算机方便地实现纯滞后补偿.

1. 史密斯补偿原理

在图 5.33 所示的单回路控制系统中，控制器的传递函数为 $D(s)$，被控对象传递函数为 $G_p(s)\mathrm{e}^{-\tau s}$，被控对象中不包含纯滞后部分的传递函数为 $G_p(s)$，被控对象纯滞后部分的传递函数为 $\mathrm{e}^{-\tau s}$.

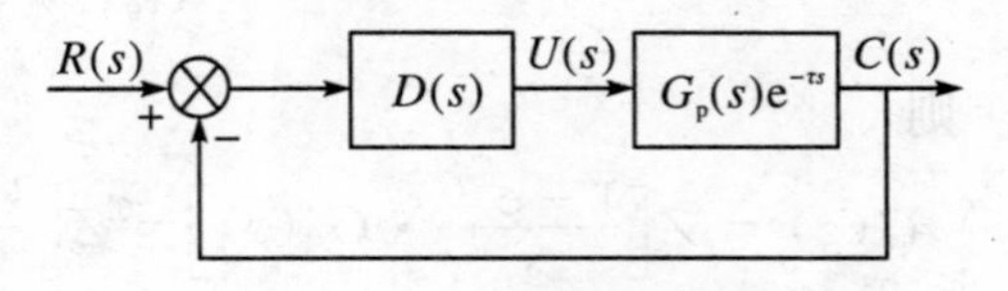

图 5.33　纯滞后对象控制系统

图 5.33 所示系统的闭环传递函数为

$$\Phi(s)=\frac{D(s)G_p(s)\mathrm{e}^{-\tau s}}{1+D(s)G_p(s)\mathrm{e}^{-\tau s}}\tag{5.43}$$

由式(5.43)可以看出，系统特征方程中含有纯滞后环节，它会降低系统的稳定性.

史密斯补偿的原理是：与控制器 $D(s)$ 并接一个补偿环节，用来补偿被控对象中的纯滞后部分，这个补偿环节传递函数为 $G_p(s)(1-\mathrm{e}^{-\tau s})$，$\tau$ 为纯滞后时间，补偿后的系统如图 5.34 所示.

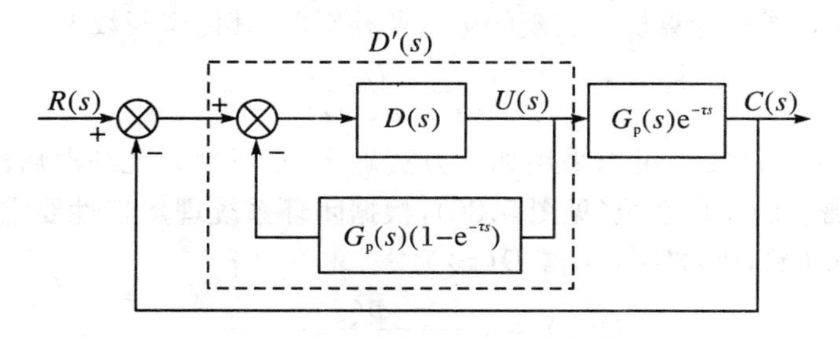

图 5.34　史密斯补偿后的控制系统

由控制器 $D(s)$和史密斯预估器组成的补偿回路称为纯滞后补偿器，其传递函数为

$$D(s) = \frac{D(s)}{1 + D(s)G_{\mathrm{p}}(s)(1 - \mathrm{e}^{-\tau s})} \tag{5.44}$$

根据图 5.34 可得史密斯预估器补偿后系统的闭环传递函数为

$$\Phi'(s) = \frac{D(s)G_{\mathrm{p}}(s)}{1 + D(s)G_{\mathrm{p}}(s)\mathrm{e}^{-\tau s}} \tag{5.45}$$

由式(5.45)可以看出，经过补偿后，纯滞后环节在闭环回路外，这样就消除了纯滞后环节对系统稳定性的影响．拉氏变换的位移定理说明 $\mathrm{e}^{-\tau s}$ 仅仅将控制作用在时间坐标上推移了一个时间τ，而控制系统的过渡过程及其他性能指标都与对象特性为 $G_{\mathrm{p}}(s)$时完全相同．

2．史密斯预估器的计算机实现

由图 5.34 可以得到带有史密斯预估器的计算机控制系统结构框图，如图 5.35 所示．图中 $H_0(s)$为零阶保持器，带零阶保持器的广义对象脉冲传递函数为

$$G(z) = z^{-N}Z\left[\frac{1 - \mathrm{e}^{-Ts}}{s}G_{\mathrm{p}}(s)\right] = z^{-N}G'(z)$$

式中，$G'(z)$为被控对象中不具有纯滞后部分的脉冲传递函数，$N = \tau / T$，τ是被控对象纯滞后时间，T 是系统采样周期．

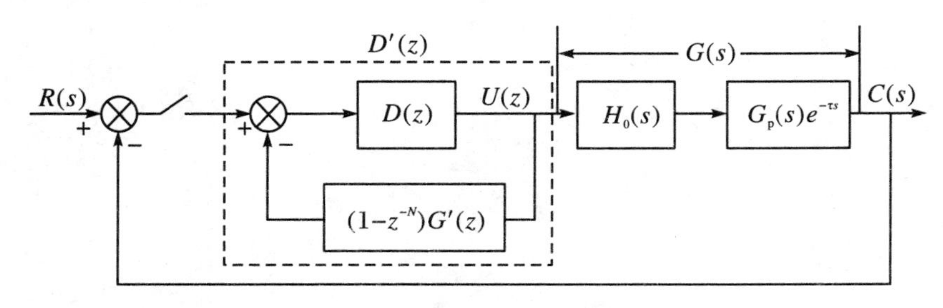

图 5.35　史密斯补偿计算机控制系统

$D'(z)$就是要在计算机中实现的史密斯补偿器，其传递函数为

$$D'(z)=\frac{D(z)}{1+(1-z^{-N})D(z)G'(z)} \tag{5.46}$$

对于控制器 $D(z)$，可以采用如下方法确定：不考虑系统纯滞后部分，先构造一个无时间滞后的闭环系统（见图 5.36），根据闭环系统理想特性要求确定的闭环传递函数为 $\Phi(z)$，则数字控制器 $D(z)$为

$$D(z)=\frac{\Phi(z)}{[1-\Phi(z)]G'(z)} \tag{5.47}$$

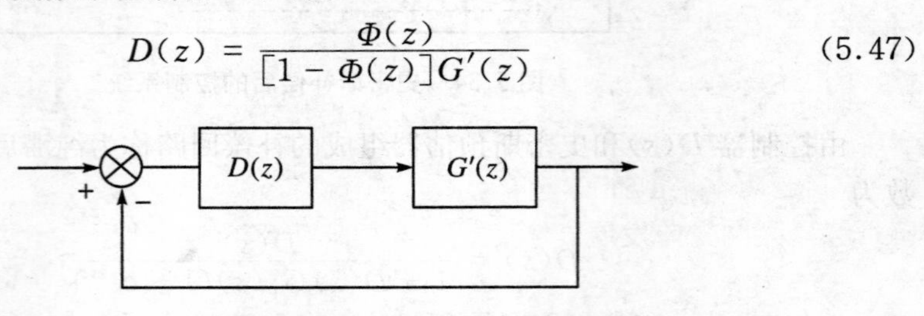

图 5.36　理想闭环系统

第6章　工业控制网络

自从20世纪70年代出现计算机分级控制系统以来，计算机控制技术开始由单节点的经典反馈控制向数字化、分布式化、网络化的综合集成反馈控制系统方向发展.它经历了集散控制系统DCS、现场总线控制系统FCS两个主要阶段，并逐渐向工业以太网方向发展.

6.1　集散控制系统简介

6.1.1　集散控制系统的发展历程

1975年前后，大规模集成电路由4位微处理器发展成8位微处理器，在形成单板机产品投入工业应用的同时，自动化与仪表行业在原来采用中小规模集成电路而形成的直接数字控制器(DDC)的自控和计算机技术的基础上，结合阴极射线管(CRT)、数据通信技术，开发出以集中显示操作、分散控制为特征的集散控制系统，后来也称为分散型控制系统(DCS).在以后的20多年中，DCS产品虽然在原理上并没有多少突破，但由于技术的进步、外界环境变化和需求的改变，设计思想发展了，共出现了三代DCS产品.1975年至80年代前期为第一代产品，20世纪80年代中期至90年代前期为第二代产品，20世纪90年代中期至21世纪初为第三代产品.

20世纪70年代中期，过程工业发展很快，但由于设备大型化、工艺流程连续性要求高、要控制的工艺参数增多，而且条件苛刻，要求显示操作集中等，使已经普及的电动单元组合仪表不能完全满足要求.在此情况下，业内厂商经过市场调查，确定开发的DCS产品应以模拟量反馈控制为主，辅以开关量的顺序控制和模拟量开关量混合型的批量控制(针对精细化工等行业的批量生产方式)，这样可以覆盖炼油、石化、化工、冶金、电力、轻工及市政工程等大部分行业.由于当时计算机并不普及，人们已习惯于常规自动化仪表的显示操作，所以开发DCS强调用户可以不懂计算机就能使用DCS.同时，用户已习惯于在购置系统的同时配置自动化仪表，所以开发 DCS 还强调向用户提供整个系统. 此外,开发的 DCS 应与处于中央控制室的常规仪表具有相同的技术条件,以保证系统的可靠性、安全性.

我国从 20 世纪 70 年代中后期起,首先由大型进口设备中成套引入国外的 DCS,首批有化纤、乙烯、化肥等进口项目. 同时国内也开始自行研制和设计 DCS,经过 20 多年的努力,国内已有多家生产 DCS 的厂家,其产品应用于大中小各类过程控制企业,其中和利时、浙大中控、上海新华 3 家已具有相当规模. 目前,国外 DCS 产品在国内市场中占有率还较高,其中以 Honeywell、横河两公司产品为多.

6.1.2 集散控制系统的组成

集散控制系统的典型结构如图 6.1 所示,其中控制站、操作站和通信网络是 DCS 的核心部分,下面对这三个部分进行简单介绍.

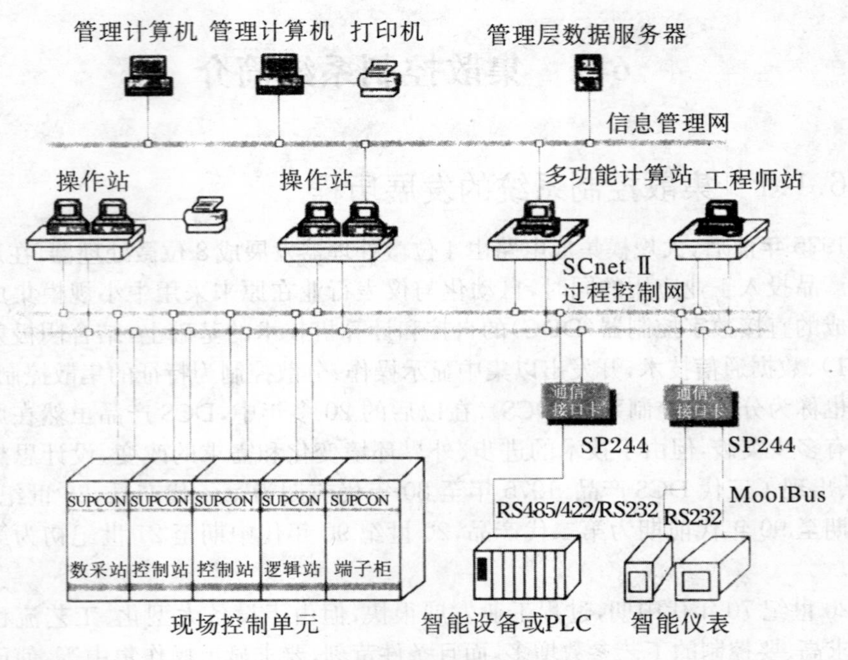

图 6.1 集散控制系统的典型结构

1. DCS 控制站

DCS 系统中,控制站继承了 DDC 技术,它是一个完整的计算机,实际运行中可以在不与操作站及网络相连的情况下,完成过程控制策略,保证生产装置正常运行. 从计算机系统结构来说,控制站属于过程控制专用计算机,其中第一代采用 8 位微处理器,第二代采用 16 位微处理器,第三代采用 32 位微处理器. 大型 DCS 控制站对中央处理器要求较高，必须为专用的处理器，可用于复杂控制运算、冗余切换、通信等操作.

控制站的主要I/O设备为现场的输入输出处理设备，以及过程输入输出量，包括信号变换与信号调理，A/D、D/A转换等.它在第二代和第三代产品中采用了嵌入式、单片机等技术完成量程调整、远程I/O数据传输、小型化及减少过程输入输出量的硬件规格等功能，直至连接智能化的现场变送器或接收现场总线提供的数字信号.通过DCS控制站的更新换代，在信号变换过程中采用了隔离技术以防止来自现场的干扰信号；引入了与现场连接的端子及输入输出信号的物理位置的确认技术.可以说DCS是继承了自动化仪表技术的计算机系统.

DCS控制站的系统软件很多，主要有实时操作系统、编程语言及编译系统、数据库系统、自诊断系统等，只是完善程度不同而已.第一代DCS控制站的功能更近似于多回路调节器，而且每个控制站都可以配置人机界面和备用操作器；第二代DCS控制站的实时操作系统及程序编译系统比较完整，编程语言有面向过程语言和高级语言，控制策略的组态由操作站或工作站在与控制站联机的情况下，完成编译和下载；第三代DCS控制站的系统软件齐全，操作站或工程师站可以完成离线组态及在线修改控制策略.

为了实现对应功能模块及模块之间连接，构成反馈控制回路，控制策略就显得十分重要.在不断积累完善中，形成了目前典型的功能模块50多种，这是DCS厂家的专有技术.

对于顺序控制和批量控制组态编程，各种DCS控制站采用不同的方法，直到近年来才向IEC61131-3编程语言标准靠拢.

DCS系统的数据主要是来自现场的信号和各种变量，在控制站中表现为与设备的工位号对应的相关过程值(PV)、设定值(SV)、操作输出值(MV)及回路状态等.这些数据被采集到DCS控制站相应的存储器里，构成了实时数据.其他与工位号有关的组态信息，如量程、工程单位、回路连接信息、顺序控制信息等，也在控制站中存储，但同时必须在操作站或工程师站中存储，而且它们必须有映像关系.至于历史数据存储，一般不是在DCS控制站完成的.

在完善DDC直接数字控制技术过程中，对A/D、D/A转换及控制算法，分别引入扫描周期和控制周期概念.在第二代、第三代DCS控制站中，扫描周期可以比缺省值的1 s更短，如可以选用0.2～0.5 s，以满足少数快速反应的控制对象的要求.

中小型DCS控制站，以控制16～32个回路为限，其分散性较易为人们所接受.目前小型DCS所占有的市场，已逐步与PLC、工业PC、FCS共享.目前小型DCS逐渐与这三种系统融合，而且“软DCS”技术已在小型DCS中开始得到发展.

控制站是整个DCS的基础,它的可靠性和安全性最为重要,死机和控制失灵的现象是绝对不允许的,而且冗余、掉电保护、抗干扰、防爆系统构成等方面都应有很高的可靠性,才能满足用户需求.

2. DCS操作站

DCS操作站具有操作员功能、工程师功能、通信功能和高级语言功能.其中工程师功能中包括系统组态、系统维护、系统通用功能.

DCS操作站与控制站不同,有着丰富的外围设备和人机界面.第二代DCS操作站还具有如下特点:操作站和工程师站(或称工作站)分开,也有公司将操作站的历史数据存储用硬盘(历史模件)和高级语言应用站(应用模件)分别独立挂在通信网络上;操作系统除采用DOS系统外,有的产品采用Unix等操作系统;实时数据库储存性能逐渐完善.在人机界面方面,逐渐过渡为以GUI图形用户界面为平台并采用鼠标、组态制作流程图和控制回路图等方法,采用菜单、窗口、CAD等技术,使人机界面友好.第三代DCS操作站是在个人计算机(PC)及Windows操作系统普及和通用监控图形软件已商品化的基础上诞生的,面对用户要求的DCS系统应具有开放性、便于系统集成和操作等.目前大多数DCS操作站已采用高档PC机或工控机,Windows NT(或Windows 98)操作系统,客户机/服务器(C/S)结构,DDE(动态数据交换)或OPC(用于过程控制对象链接嵌入)接口技术,以太网接口与管理网络相连.在采用通用监控图形软件这一点上,各DCS厂家做法不一,有的以此为平台,形成"软DCS"操作站,这多用于中小型DCS;或以此类软件为核心,进行二次开发.大多数DCS厂家对原来的组态软件进行改造,使之符合上述特点,满足系统开放要求.操作站要实现其多项功能,必须完成数据组织和存储两方面任务,如与工位号相关的一些数据.在操作站中要对由控制站某端与现场仪表相连的、由物理位置而决定的工位规定工位号(即特征号或标签Tag)和工位说明,使之与工艺对象一致,以保证工艺操作人员的操作.工位号可以在整个DCS系统中通用.其他还有系统配置、操作标记、趋势记录、历史数据管理、总貌画面组态、控制站组态、工艺单元或区域组态等.这些均组织成文件,最终形成数据库,存储在硬盘相应区域,使数据具有独立性和共享性,保证数据的完整性和安全性.

DCS系统组态、操作站组态、控制站组态均有相应的软件,为DCS用户的工程设计人员提供人机界面.在工程设计中,第一代、第二代DCS均采用先让DCS用户的工程设计人员填写工作单或绘制组态图(或称SAMA图),再在操作站或工程师站上键入,形成应用软件,同时拷贝出软盘的方式.在第三代DCS中,逐步向无纸化和PC机上完成工程设计的方式过渡.

3. 通信网络

在DCS系统诞生时,主要需要解决一个生产装置中几个控制站和一个或几个操作站之间的数据通信问题.第二代DCS则需解决多个装置的DCS互联问题.第三代DCS则需解决一个工厂的多个车间互联及与全厂计算机管理网络互联的问题.

在实际应用中,如石化行业,DCS一直多用在一个生产装置范围内的多机通信系统中,而且控制站和操作站均集中放置在控制室内.电力行业、冶金行业、自来水行业则将控制站分散放在楼上、楼下、生产线上或分散在各处,与集中放置操作站的控制室总距离一般也多在1 km以内.由于计算机网络系统技术的发展,全厂各生产车间用DCS的通信总线相连的较少,所以在第三代DCS中,DCS通信功能的发展是与全厂管理网络(以太网)技术相融合,逐渐实现通信网络由多重结构向扁平化过渡.第三代DCS的通信系统特点是具有开放性.

在DCS中采用数字通信技术,在控制站内采用站内通信总线及远程I/O总线,以及在第三代DCS的控制站内增加连接PLC、分析仪和现场智能仪表的接口卡,使DCS与现场仪表之间的接线减少,并对现场仪表进行设备管理,这为DCS向下兼容并与现场总线通信技术融合打下基础.

目前DCS同样也面临许多的问题.现场接线繁杂,DCS控制站控制比较集中,FCS与DCS控制站的相互关系,智能控制、先进控制与优化如何在DCS、FCS中实现等,已成为DCS发展中急需解决的问题.

6.1.3　JX－300X集散控制系统

1. 系统结构

JX－300X集散控制系统是浙大中控开发的具有自主知识产权的集散控制系统,其结构如图6.2所示.JX－300X的基本组成包括工程师站(ES)、操作站(OS)、控制站(CS)和通信网络SCnetⅡ.通过在JX－300X的通信网络上挂接总线变换单元(BCU)可实现与JX－100、JX－200、JX－300系统的连接.在通信网络上挂接通信接口单元(CIU)可实现JX－300X与PLC等数字设备的连接.通过多功能计算站(MFS)和相应的应用软件AdvanTrol－PIMS可实现与企业管理计算机网的信息交换,实现企业网络(Intranet)环境下的实时数据采集、实时流程查看、实时趋势浏览、报警记录与查看、开关量变位记录与查看、报表数据存储、历史趋势存储与查看、生产过程报表生成与输出等功能,从而实现整个企业生产过程的管理、控制全集成综合自动化.

JX－300X采用高速、可靠、开放的通信网络SCnetⅡ.JX－300X系统控制网络SCnetⅡ连接工程师站、操作站、控制站和通信处理单元.通信网络采用总线形或星形拓扑结构,曼彻斯特编码方式,遵循开放的TCP/IP协议和IEEE802.3标准.SCnetⅡ采用1∶1冗余的工业以太网,TCP/IP的传输协议辅以实时的网络故障诊断，其特点是可靠性高、纠错能力强、通信效率高. 通信速率为 10 Mbit/s. SCnetⅡ真正实现了控制系统的开放性和互连性. 通过配置交换器(Switch)，操作站之间的网络速度能提升至 100 Mbit/s，而且可以接多个 SCnetⅡ子网，形成一种组合结构. 每个 SCnetⅡ网理论上最多可带 1024 个节点，最远可达 10000 m. 目前已实现的网络可带载 15 个控制站和 32 个其他站.

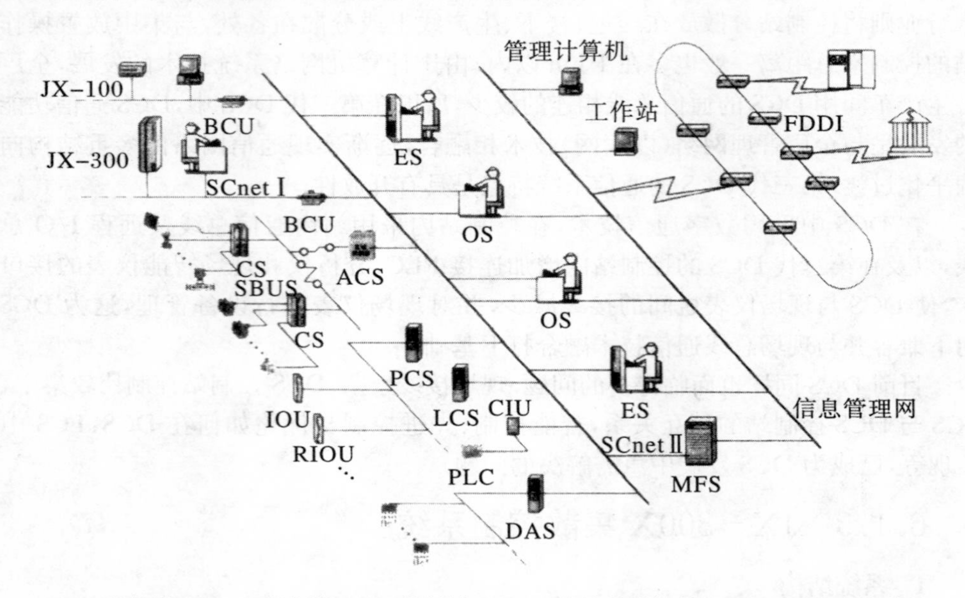

OS—操作站，ES—工程师站，CS—控制站，MFS—多功能计算站，BCU—总线变换单元，CIU—通信接口单元，PCS—过程控制站，ACS—区域控制站，LCS—逻辑控制站，DAS—数据采集站，SBUS—系统 I/O 总线，IOU—IO 单元，RIOU—远程 IO 单元

图 6.2 JX－300X 集散控制系统结构示意图

2. 系统特点

JX－300X 控制站以先进的微控制器为核心，提高了系统的实时性和控制品质，系统能完成各种先进的控制算法. 过程管理级采用高性能 CPU 的主机和 Windows 9X/NT/2000 的多任务操作系统，以适合集散控制系统良好的操作环境和管理任务的多元化. 过程控制网络采用双重化的 Ethernet 技术，使过程控制级能快速安全的协调工作，做到真正的分散控制和集中管理.

JX－300X 覆盖了大型集散系统的安全性、冗余功能、网络扩展功能、集成的用户界面及信息存取功能，除了具有模拟量信号输入输出、数字量信号输入输出、回路控制等常规 DCS 的功能，还具有高速数字量处理、高速顺序事件记录(SOE)、可编程逻辑控制等特殊功能. 它不仅提供了功能块图(SCFBD)、梯形图(SCLD)等直观的图形组态工具,还为用户提供了开发复杂高级控制算法(如模糊控制)的类C语言编程环境SCX.系统规模变换灵活,可以实现从一个单元的过程控制,到全厂范围的自动化集成.

JX－300X提供的基本组态软件组成如图6.3所示.用户只需填表就可完成大部分的组态工作.软件提供专用控制站编程语言SCX(类C语言)、功能强大的专用控制模块、超大编程空间,可方便地实现各种理想的控制策略.图形化控制组态软件SCcontrol集成了LD编辑器、FBD编辑器、SFC编辑器、数据类型编辑器、变量编辑器、DFB编辑器.SCcontrol的所有编辑器使用通用的标准菜单File、Windows、Help,可灵活地自动切换不同编辑器的特殊菜单和工具条.

SCcontrol在图形方式下组态十分容易.在各编辑器中,目标(功能块、线圈、触点、步、转换等)之间的连接在连接过程中进行语法检查.不同数据类型间的链路在编辑时就被禁止.SCcontrol提供注释、目标对齐等功能,改进图形程序的外观.SCcontrol采用工程化的文档管理方法,通过导入导出功能,用户可以在工程间重用代码和数据.

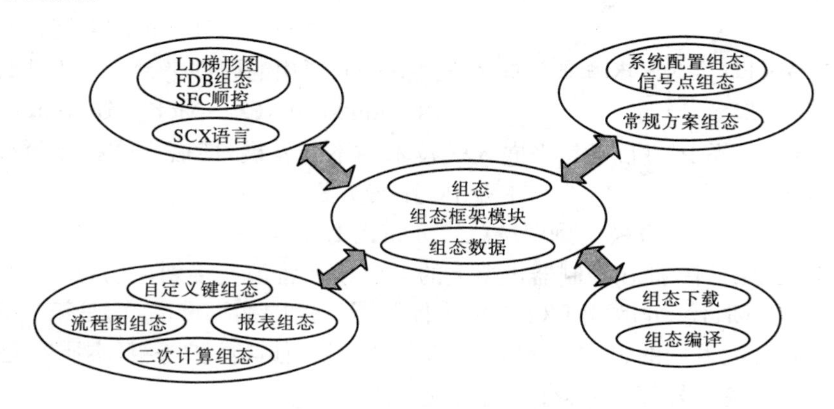

图6.3　JX－300X提供的基本组态软件组成示意图

6.2　现场总线技术简介

6.2.1　现场总线控制系统的演变

现场总线(Field Bus)技术的一个显著特点是开放性,允许并鼓励不同厂家按照现场总线技术标准自主开发具有特点的产品.因此,现场总线技术引入自动化控制系统,将促使传统控制系统结构演化,逐步形成基于现场总线的控制系统(FCS).

1. 从PLC到通用工业PC

(1) 在传统控制系统中,控制器(或称CPU、处理器)与I/O模块及其他功能模块、机架为同一系列产品,有一致的物理结构设计.典型的结构是I/O模块及其他功能模块通过机架背板上的总线(公司自定义的总线)连接.机架扩展也是自定义总线的扩展.这些产品的连接技术是封闭的,第三方想开发兼容产品必须得到厂家允许.

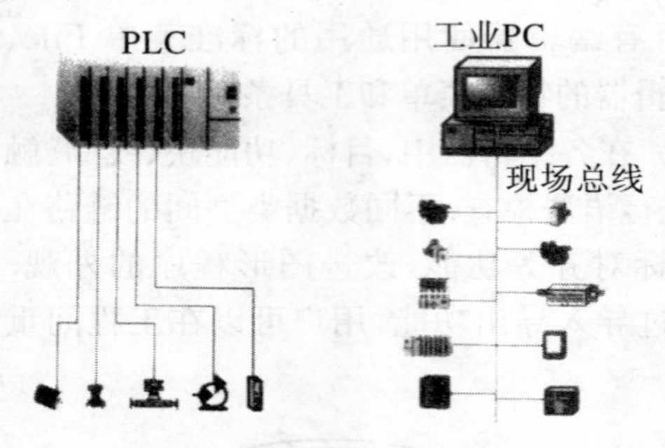

图6.4 传统PLC与工业PC配置方式的比较

(2) 基于现场总线的控制系统中,控制器与现场设备(I/O模块、功能模块及传感器、变送器、驱动器等)连接是通过标准的现场总线,因此没有必要使用与控制器捆绑的I/O模块产品(这与插在PLC机架上的I/O模块的配置方法不同),可使用任何一家的具有现场总线接口的现场设备与控制器集成.控制器趋向于采用标准的、通用的硬件平台——工业计算机(Industrial Compact Computer),如Intel/Windows类PC机.近年来嵌入式技术的不断发展,使嵌入式控制器硬件逐渐成为控制器平台.传统PLC与工业PC配置方式的比较见图6.4.

2. 从PLC的I/O模块到现场总线分布式I/O

在FCS系统中,插在控制器机架上的I/O模块将被连接到现场总线上的分散式I/O模块所取代.分散式I/O不再是控制器厂家的捆绑产品,而是第三方厂家的产品.廉价的、专用的、具有特殊品质的I/O模块(如高防护等级、本质安全、可接受高压或大电流信号等)将具有广阔市场.

3. 从PLC I/O控制的现场设备到具有现场总线接口的现场设备

现场设备包括传感器、变送器、开关设备、驱动器、执行机构等.传统PLC控制系统的I/O设备与PLC I/O模块连接,PLC通过模拟量(4~20 mA)或开关量(如24VDC)控制监测现场设备.在FCS系统中,现场设备具有现场总线接口,控制器通过标准的现场总线与现场设备连接.

4. 从DCS向FCS的演变

现场总线等控制网络的出现使控制系统的体系结构发生了根本性改变,如图6.5所示,形成了在功能上管理集中、控制分散,在结构上横向分散、纵向分级的体系结构.把基本控制功能下放到现场具有智能的芯片或功能块中,使不同现场设备中的功能块可以构成完整的控制回路,使控制功能彻底分散,直接面对对象.把同时具有控制、测量与通信功能的功能块与功能块应用进程作为网络节点，采用开放的控制网络协议进行互联，形成底层控制网络.

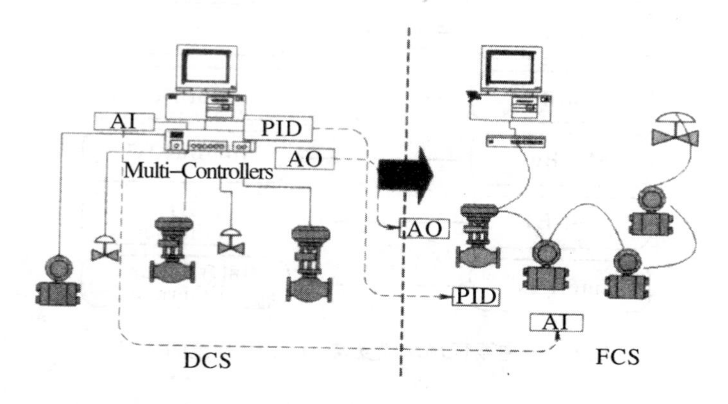

图 6.5　DCS 向现场总线控制 FCS 的演变

5. 采用通用平台的系统软件

在传统 PLC 系统中，系统软件(包括 PLC 系统软件和编程软件)与 PLC 硬件联系紧密，技术上对外是封闭的. 在 FCS 系统中，控制器采用通用工业 PC 平台，系统软件不再与控制器、I/O、现场设备等硬件捆绑，可运行在通用标准的工业 PC + Windows NT 平台上.

6. 现场总线技术的发展趋势

现场总线技术的发展应体现为两个方面：一个是低速现场总线领域的继续发展和完善，另一个是高速现场总线技术的发展.

目前现场总线产品主要是低速总线产品，应用于运行速率较低的领域，对网络的性能要求不是很高. 从应用状况看，无论是 PP 和 ProfiBus，还是其他一些现场总线，都能较好地实现速率要求较慢的过程控制. 因此，在速率要求较低的控制领域，谁都很难统一整个世界市场. 而现场总线的关键技术之一是互操作性，实现现场总线技术的统一是所有用户的愿望.

高速现场总线主要应用于控制网内的互联，连接控制计算机、PLC 等智能程度较高、处理速度快的设备，以及实现低速现场总线网桥间的连接，它是充分实现系统的全分散控制结构所必需的.

近年来，随着以太网技术的迅速发展，以太网作为现场总线的中高层通信网络已形成共识，8 种现场总线都在各自修改其应用层协议，支持 IEC61784 规范，争取通过高层协议以达到相互兼容之目的，从而使 IEC61158 成为一个基本统一的、由多部分组成的标准. 图 6.6 所示为主要现场总线支持 TCP/IP 规范的情况.

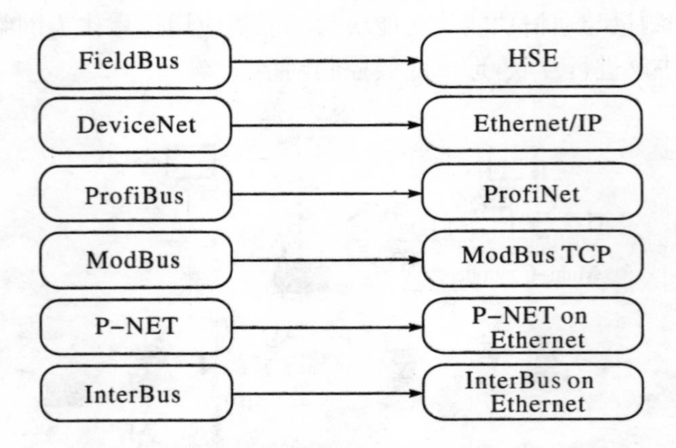

图 6.6 主要现场总线支持 TCP/IP 规范的情况

6.2.2 现场总线技术的特点

现场总线的概念是随着微电子技术的发展，使数字通信网络延伸到工业过程现场成为可能后，在 1984 年提出的. 根据国际电工委员会 IEC1158 定义(后改为 IEC61158)，现场总线是“安装在生产过程区域的现场设备、仪表与控制室内的自动控制装置、系统之间的一种串行、数字式、多点通信的数据总线”. 或者说，现场总线是应用在生产现场、连接智能现场设备和自动化测量控制系统的数字式、双向传输、多分支结构的网络系统与控制系统，它以单个分散的、数字化、智能化的测量和控制设备作为网络节点，用总线相连接，实现相互交换信息，共同完成自动控制功能. 其中，“生产过程”应包括断续生产过程和连续生产过程两类. 现场设备、仪表指位于现场层的传感器、驱动器、执行机构等设备. 因此，现场总线是面向工厂底层自动化及信息集成的数字化网络技术.

现场总线是网络技术向工业生产现场发展的产物，是在市场需求的背景下发展起来的新型技术. 它综合运用微处理器技术、网络技术、通信技术和自动控制技术，把专用微处理器引入传统的现场仪表，使它们各自都具备数字计算和数字通信能力，成为能独立承担某些控制、通信任务的网络节点. 现场总线作为工厂数字通信网络的基础，沟通了生产过程现场及控制设备之间及其与更高控制管理层次之间的联系. 它不仅是一个底层网络，而且还是一种开放式、新型的全分布控制系统. 这项以智能传感、控制、计算机、数字通信等技术为主要内容的综合技术，已经受到世界范围的关注，成为自动化技术发展的热点，并导致自动化系统结构与设备的深刻变革. 国际上许多实力强、有影响的公司都先后在不同程度上进行了现场总线技术与产品的开发. 现场总线设备的工作环境处于过程设备的底层，作为工厂设备级基础通信网络，要求具有协议简单、容错能力强、安全性好、成本低的特点，具有较强的时间确定性和较高的实时性要求，还具有网络负载稳定、多数为短帧传送、信息交换频繁等特点.由于上述特点，现场总线系统从网络结构到通信技术，都具有不同于上层高速数据通信网的特色.具体来说，现场总线主要有以下技术特点：

(1) 系统的开放性.开放系统是指通信协议公开，各不同厂家的设备之间可进行互联并实现信息交换.现场总线开发者就是要致力于建立统一的工厂底层网络的开放系统.这里的开放是指对相关标准的一致性、公开性，强调对标准的共识与遵从.一个开放系统，它可以与任何遵守相同标准的其他设备或系统相连.一个具有总线功能的现场总线网络系统必须是开放的，开放系统把系统集成的权利交给了用户.用户可按自己的需要和对象把来自不同供应商的产品组成大小随意的系统.

(2) 互可操作性与互用性.这里的互可操作性，是指实现互联设备间、系统间的信息传送与沟通，可实行点对点、一点对多点的数字通信.而互用性则意味着不同生产厂家的性能类似的设备可进行互换而实现互用.

(3) 现场设备的智能化与功能自治性.它将传感测量、补偿计算、工程量处理与控制等功能分散到现场设备中完成，仅靠现场设备即可完成自动控制的基本功能，并可随时诊断设备的运行状态.

(4) 系统结构的高度分散性.由于现场设备本身已可完成自动控制的基本功能，使得现场总线已构成一种新的全分布式控制系统的体系结构.从根本上改变了现有 DCS 集中与分散相结合的集散控制系统体系，简化了系统结构，提高了可靠性.

(5) 对现场环境的适应性.作为工厂网络底层的现场总线，是专为在现场环境工作而设计的，它可支持双绞线、同轴电缆、光缆、射频、红外线、电力线等，具有较强的抗干扰能力，能采用两线制实现送电与通信，并可满足本质安全防爆要求等.

6.2.3　现场总线标准化

1. 现场总线标准化大历程

现场总线技术自 20 世纪 90 年代初开始发展以来，一直是世界各国关注和发展的热点，目前具有一定规模的现场总线已有数十种之多，为了开发应用以及争夺市场的需要，世界各国所采用的技术路线基本上都体现在开发研究的过程中同步制订的各自的国家标准(或协会标准)中.同时各国还力求将自己的协议标准转化成各区域标准化组织的标准.

由于现场总线是以开放的、独立的、全数字化的双向多变量通信代替 0～10 mA

或 4～20 mA 的模拟传输技术，因此现场总线标准化是该领域的重点课题．国际电工委员会、国际标准化组织、各大公司及世界各国的标准化组织对于现场总线的标准化工作都给予了极大的关注．现场总线技术在历经了群雄并起、分散割据的初始阶段后，已有了一定范围的磋商合并，但由于行业与地域发展等历史原因，加上各公司和企业集团受自身利益的驱使，致使现场总线的国际化标准工作进展缓慢，至今尚未形成完整统一的国际标准．经历了十多年的纷争，1999 年形成了一个由 8 个类型组成的 IEC61158 现场总线国际标准，IEC61158 也成了国际上制订时间最长、意见分歧最大的国际标准之一．IEC61158 包括的 8 个组成部分分别是：IEC61158 技术报告、ControlNet、ProfiBus、P－Net、FF－HSE、SwiftNet、WorldFIP 和 InterBus．IEC61158 国际标准只是一种模式，它既不改变原 IEC 技术报告的内容，也不改变各组织专有的行规（Profile），各组织按照 IEC 技术报告 Type1 的框架组织各自的行规．IEC 标准的 8 种类型都是平等的，其中 Type2～Type8 需要对 Type1 提供接口，而标准本身不要求 Type2～Type8 之内提供接口，用户在应用各类型时仍可使用各自的行规，其目的就是为了保护各自的利益．

长期的争论并未到此结束，各国代表为了各自的利益，随后提出了各种修改 IEC61158 第一版技术规范的协议．为此，执委会作出 CA105/19 决议，要求 SC65C 修正目前的技术规范，使其包含至少另外一种行规．遵照 CA 决议和 IEC 主席的要求，SC65C/WG6 工作组于 1999 年 7 月 21 日至 23 日在加拿大渥太华召开了工作会议，讨论制定单一标准的、多功能的现场总线标准．本次会议共有 8 个总线组织的代表参加，会议讨论了 IEC．TS61158 的具体修改以及时间表．根据渥太华会议纪要 IEC65C/218/INF，新的 IEC61158 将保留原来的 IEC 技术报告并作为 Type1，其他总线将按照 IEC 原技术报告的格式作为 Type2～Type8 进入 IEC61158．新版标准将采用的 8 种类型为：TS61158、ControlNet、ProfiBus、P－Net、PPHSE、SwiftNet、WorldFIP 以及 InterBus 现场总线．2000 年 1 月 4 日，经 IEC 各国家委员会投票表决，修改后的 IEC61158 第二版标准最终获得通过．至此，IEC/SC65C/WG6 现场总线工作组工作告一段落，IEC61158 标准的修订和维护由新成立的 MT9 维护工作组负责．为了反映现场总线与工业以太网技术的最新发展，IEC/SC65C/MT9 小组对 IEC61158 第二版标准进行了扩充和修订，新版标准规定了 10 种类型现场总线，除原有的 8 种类型，还增加了 Type9 PP H1 现场总线和 Type10 PROFINET 现场总线．2003 年 4 月，IEC61158 Ed.3 现场总线第三版正式成为国际标准．

长期以来，由于现场总线争论不休，互联、互通与互操作问题很难解决，于是现场总线开始转向以太网．经过近几年的努力，以太网技术已经被工业自动化系统广泛接受．为了满足高实时性能应用的需要，各大公司和标准组织纷纷提出各种提升工业以太网实时性的技术解决方案，从而产生了实时以太网(Real Time Ethernet，简称 RTE)．为了规范这部分工作的行为，2003 年 5 月，IEC/SC65C 专门成立了 WGll 实时以太网工作组，负责制定 IEC61784－2“基于 ISO/IEC8802.3 的实时应用系统中工业通信网络行规”国际标准，该标准包括：Communication Profile Family(CPF)2 Ethernet/IP；CPF3 ProfiNet；CPF4 P－net；CPF6 InterBus；CPF10 Vnet/IP；CPF11 TC－net；CPF12 EtherCAT；CPF13 Ethernet Powerlink；CPF14 EPA(中国)；CPF15 Modbus/TCP 和 CPF16 SERCOS 等 11 种实时以太网行规集．其中，包括我国 EPA 实时以太网标准的 7 个新增实时以太网将以 IEC PAS 公共可用规范同时予以发表，若两年后没有提出异议，这些实时以太网规范将进入 IEC61158 标准，从而构成了 IEC61158 第四版．

2007 年 11 月，国际电工委员会(IEC)正式批准并发布了实时以太网国际标准应用行规 IEC61784－2、现场总线国际标准 IEC61158－300、IEC61158－400、IEC61158－500、IEC61158－600．

2．现场总线标准 IEC61158Ed.45 的构成

IEC61158 第四版是由多部分组成的、长达 8100 页的系列标准，它包括：

IEC/TR61158－1 总论与导则．

IEC 61158－2 物理层服务定义与协议规范．

IEC 61158－300 数据链路层服务定义．

IEC 61158－400 数据链路层协议规范．

IEC 61158－500 应用层服务定义．

IEC 61158－600 应用层协议规范．

从整个标准的构成来看，该系列标准是经过长期技术争论而逐步走向合作的产物，标准采纳了经过市场考验的 20 种主要类型的现场总线、工业以太网和实时以太网，具体类型详见表 6.1．

表中的 Type1 是原 IEC61158 第一版技术规范的内容．由于该总线主要是依据 FP 现场总线和部分吸收 WorldFIP 现场总线技术制定的，所以经常被理解为 FE 现场总线．Type2 CIP (Common Industial Protocol)包括 DeviceNet，ControlNet 现场总线和 Ethernet/IP 实时以太网．Type6 SwiftNet 现场总线由于市场推广应用很不理想，在第四版标准中被撤销．Type13 是预留给 Ethernet Powerlink(EPL)实时以太网的．由于提交的 EPL 规范不符合 IEC61158 标准格式要求，在此之前还没有正式被接纳．

表 6.1 IEC61158 Ed.4 现场总线类型

类型	技术名称	类型	技术名称
Type1	TS61158 现场总线	Type11	TCnet 实时以太网
Type2	CIP 现场总线	Type12	EtherCAT 实时以太网
Type3	ProfiBus 现场总线	Type13	Ethernet Powerlink 实时以太网
Type4	P-NET 现场总线	Type14	EPA 实时以太网
Type5	FF HSE 高速以太网	Type15	ModBus-RTPS 实时以太网
Type6	SwiftNet 被撤销	Type16	SERCOS Ⅰ、Ⅱ 现场总线
Type7	WorldFIP 现场总线	Type17	VNET/IP 实时以太网
Type8	InterBus 现场总线	Type18	CC Link 现场总线
Type9	PF H1 现场总线	Type19	SERCOSⅢ 实时以太网
Type10	ProfiNet 实时以太网	Type20	HART 现场总线

《用于工业测量与控制系统的 EPA(Ethernet for Plant Automation)系统结构与通信规范》是由浙江大学、浙江中控技术有限公司、中科院沈阳自动化所、重庆邮电大学、清华大学、大连理工大学等单位联合制定的用于工厂自动化的实时以太网通信标准.EPA 标准在 2005 年 2 月经国际电工委员会 IEC/SC65C 投票通过已作为公共可用规范(Public Available Specification)IEC/PAS 62409 标准化文件正式发布,并作为公共行规(Common Profile Family14,CPF14)列入正在制定的实时以太网行规集国际标准 IEC61784-2,2005 年 12 月正式进入 IEC61158 第四版标准,成为 IEC61158-314/414/514/614 规范.

6.2.4 典型现场总线简介

现场总线技术在经历了群雄并起的发展阶段后,企业标准、国家标准、国际标准多达 200 余种.经过分散割据的初始阶段后,尽管已有一定范围的磋商合并,但至今尚未形成完整统一的国际标准(作为 IEC 标准颁布的现场总线标准就达八种之多).其中有较强实力和影响的有 FoundationFieldbus(FF)、ProfiBus、Hart、CAN 等.它们具有各自的特色,在不同应用领域形成了自己的优势.

1. 基金会现场总线

现场总线基金会是国际上一个非盈利的组织,于 1994 年 9 月成立,致力于制订单一的国际的、互可操作的现场总线标准,目前有近 120 家过程控制领域的主要产品提供商和用户.

基金会现场总线在过程自动化领域得到广泛支持，具有良好发展前景.该总线协议以ISP协议和World FIP协议为基础.协议以OSI通信参考模型为基础，取其物理层、数据链路层、应用层为FF通信模型的相应层次，并在应用层上增加了用户层.用户层针对自动化测控应用的需要，定义了信息存取的统一规则，采用设备描述语言规定了通用的功能模块集.

(1) FF总线的通信模型.基金会现场总线的核心部分之一是实现现场总线信号的数字通信.为了实现通信系统的开放性，其通信模型是参考了ISO/OSI参考模型，并在此基础上根据自动化系统的特点进行演变后得到的，如图6.7所示.FF的特色是其通信协议增加了用户层，通过对象字典OD(Object Dictionary)和设备描述语言DDL(Device Description Language)实现可互操作性.

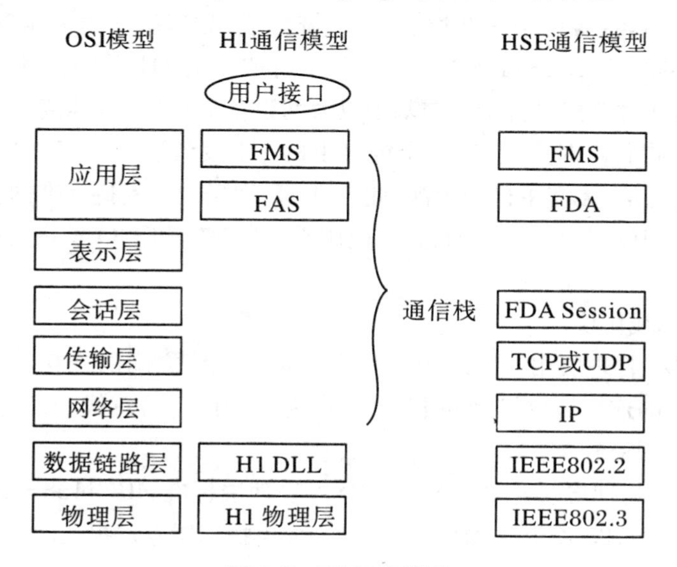

图6.7　FF通信模型

(2) FF H1低速现场总线.H1总线的物理层采用了IEC61158－2的协议规范.数据链路层DLL规定如何在设备间共享网络和调度通信，支持面向连接和非连接的数据通信，通过链路活动调度器LAS来管理现场总线的访问.应用层则规定了在设备间交换数据、命令、事件信息以及请求应答中的信息格式.按照现场总线的实际要求，H1把应用层划分为两个子层：总线访问子层FAS和总线报文规范子层FMS.功能块应用进程只使用FMS，并不直接访问FAS，FAS负责把FMS映射到DLL.用户层则用于组成用户所需要的应用程序，如规定标准的功能块、设备描述，实现网络管理、系统管理等.不过，在相应软硬件开发的过程中，往往把数据链路层和应用层看作一个整体,统称为通信栈.这时,现场总线的通信参考模型可简单地视为三层.

(3) HSE高速以太网.2000年3月现场总线基金会公布了高速以太网的技术规范HSE,取代原先规划的H2高速总线标准.HSE采用了基于Ethernet和TCP/IP的通信模型,如图6.7所示.其中,一至四层为标准的Internet协议;第五层是现场设备访问会话FDA Session,为现场设备访问代理FDA Agent提供会话组织和同步服务;第七层是应用层,它也划分为FMS和现场设备访问FDA两个子层,其中的FDA的作用与H1中的FAS相类似,也是基于虚拟通信关系VCR为FMS提供通信服务.

HSE利用以太网作为高速主干网,传输速率为100 Mbit/s到1 Gbit/s,或以更高的速度运行,主要用于复杂控制、子系统集成、数据服务器的组网等.HSE和H1两个网络都符合IEC61158标准,HSE支持所有的H1总线低速部分的功能,支持H1设备通过链接设备接口与基于以太网设备的连接.与链接设备连接的H1设备之间可以进行点对点通信,一个链接上的H1设备还可以直接与另一个链接上的H1设备通信,无需主机的干涉.此外,HSE现场设备支持标准的功能模块,例如AI、AO和PID以及一些新的、具体应用于离散控制和I/O子系统集成的"柔性功能模块".

(4) FF总线协议.

① 物理层.物理层用于实现现场物理设备与总线之间的连接,为现场设备与通信传输媒体的连接提供机械和电气接口,为现场设备对总线的发送或接收提供合乎规范的物理信号.

H1总线的物理层符合ISA S50.021SA物理层标准、IEC1158-2物理层标准以及FF-816 31.25 Kbit/s物理层行规规范.当物理层发送报文时,对数据帧加上前导码与定界码,并对其实行数据编码,再经过发送驱动器,把物理信号传送到总线媒体上.当它从总线上接收物理信号时,需要去除前导码、定界码,并进行解码后,把数据信息送往通信协议栈.

基金会现场总统采用曼彻斯特编码技术将数据编码加载到直流电压或电流上形成物理信号,该信号被称为"同步串行信号",因为在串行数据流中包含了同步时钟信息.数据与时钟信号混合形成现场总线信号.曼彻斯特编码如图6.8所示.现场总线信号接收器把在一个时钟周期中间的正跳变作为逻辑"0",负跳变作为逻辑"1".

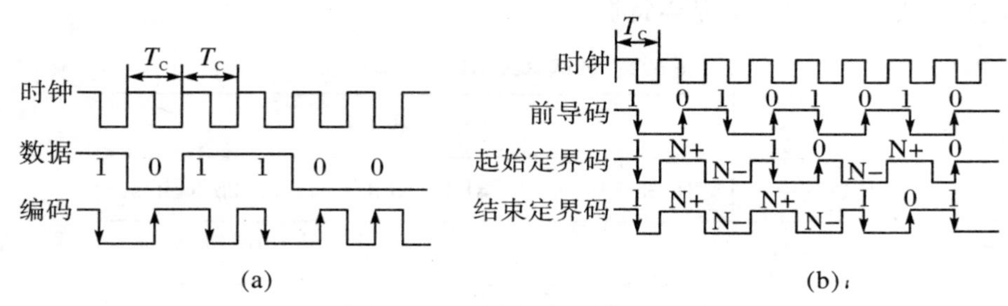

图 6.8　曼彻斯特编码

前导码是一个8位的数字信号10101010,如果采用中继器的话,前导码可以多于一个字节.收信端的接收器采用这一信号与正在接收的现场总线信号同步.起始定界码标明了现场总线信息的起点,其长度为8个时钟周期.结束定界码标志着现场总线信息的终止,其长度也为8个时钟周期.二者都是由"0"、"1"、"N+"、"N-"按规定的顺序组成,其中"N+"在整个时钟周期都保持高电平,"N-"在整个时钟周期都保持低电平.接收设备通过起始定界码找到现场总线报文的起点,在找到起始定界码后,接收设备接收数据直至收到结束定界码为止.

图6.9所示为H1总线上的信号波形.图6.9(a)表示了H1总线对现场设备的配置,主干电缆的两端分别连接一个终端器,每个终端器由100 Ω的电阻和一个电容串联组成,形成对31.25 kHz信号的通带电路,其等效电阻为50 Ω.现场总线网络所配置的电源电压范围为9～32 VDC,对于本质安全应用场合的允许电源电压应由安全栅额定值给定.图6.9(b)中发送设备产生的信号是31.25 kHz、峰值为15～20 mA的电流信号,传送给相当于50 Ω的等效负载,产生了一个调制在9～32 V直流电源电压上的0.75～1 V峰值的电压信号,如图6.9(c)所示.

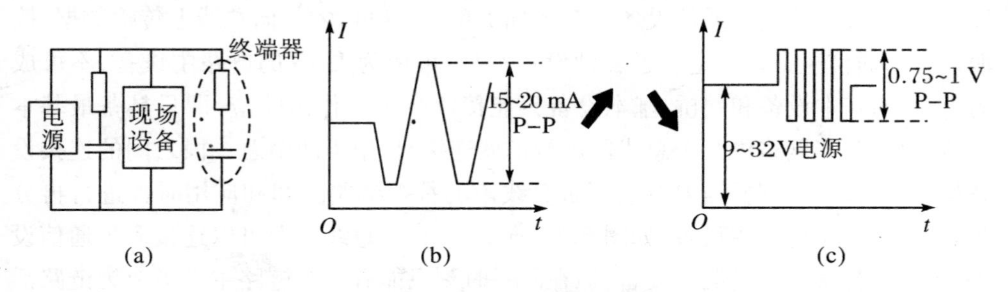

图 6.9　H1 总线上的信号波形

基金会现场总线支持多种传输介质,双绞线是H1总线使用较广泛的一种电缆.H1支持总线供电和非总线供电两种方式.如果在危险区域,系统应该具备本质安全性能,应在安全区域的设备和危险区域的本质安全设备之间加上本质安全栅.

表6.2为低速总线H1的基本特性.

表6.2 低速总线H1的基本特性

	低速总线H1		
传输速率	31.25 Kbit/s	31.25 Kbit/s	31.25 Kbit/s
信号类型	电压		
拓扑结构	总线型、树型等		
最大传输距离	1900 m(屏蔽双绞线)		
分支距离	120 m		
供电方式	非总线	总线	总线
本质安全	不支持	不支持	支持
设备数/段	2～32	1～12	2～6

② 通信栈.通信栈包括数据链路层DLL、现场总线访问子层FAS和现场总线报文规范FMS三部分.

ⅰ.数据链路层.数据链路层位于物理层与总线访问子层之间,为系统管理内核和总线访问子层访问总线媒体提供服务.概括地说,DLL的功能主要是对总线访问的调度和对传输信息进行帧校验.

DLL通过链路活动调度器LAS来管理总线的访问.每个总线段上有一个LAS,总线段上的其他通信设备只有得到LAS的许可,才能向总线上传输数据.按照设备的通信能力,FF定义了三种设备类型:可成为LAS的链路主设备、不可成为LAS的基本设备和网桥.基本设备只能接收令牌并作出响应,即只具备最基本的通信功能.当网络中几个总线段进行扩展连接时,用于两个总线段之间的连接设备称为网桥.由于网桥需要对它下游总线段的数据链路时间和应用时钟进行再分配,因而它属于链路主设备.如图6.10所示,在一个总线段上可以连接多种通信设备,也可以挂接多个链路主设备,但在同一时刻只能有一个链路主设备成为链路活动调度器LAS,没有成为LAS的链路主设备起着后备LAS的作用.如果当前的LAS失效,其他链路主设备中的一台将成为LAS.

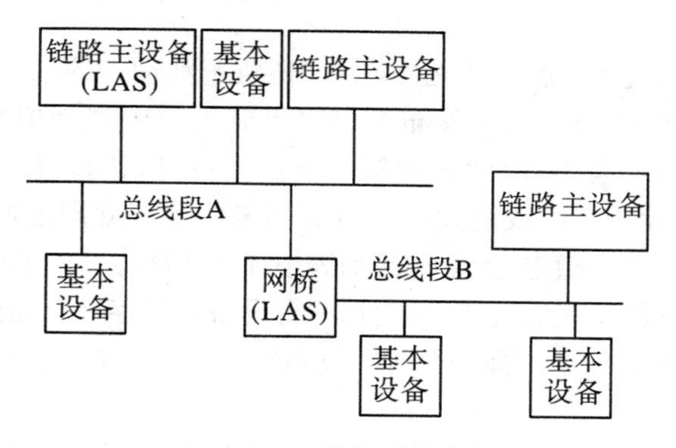

图6.10　通信设备与LAS

H1总线的通信分为两类:受调度/周期性通信(Scheduled/Cyclic)和非调度/非周期性通信(Unscheduled/Acyclic).

对于受调度的通信来说,LAS中有一张预定的调度时刻表,这张时刻表对所有需要周期性传输的设备中的数据缓冲器起作用,LAS按预定时刻表周期性依次发起通信活动.当设备发送缓冲区数据的时刻到来时,LAS向该设备发出一个强制性数据CD.一旦收到CD,该设备将缓冲区中的数据发布到现场总线上的所有设备,这批数据被所有组态为"预订者"(Subscriber)的设备接受,如图6.11(a)所示.现场总线系统中这种受调度通信一般用于在设备间周期性地传送测量和控制数据,这也是LAS执行的最高优先级的活动,其他操作只在受调度传输之间进行.

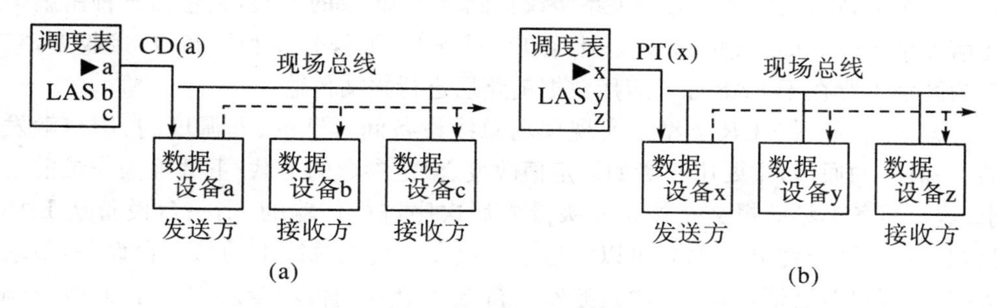

图6.11　受调度通信和非调度通信

在现场总线上的所有设备都有机会在调度报文传送之间发送"非调度"报文.非调度通信在预定调度时间表之外的时间进行.LAS按活动表发布一个传输令牌(PT)给一个设备,得到这个令牌的设备就被允许发送信息,直到它发送完毕或到"最大令牌持有时间"为止.LAS活动表记录了所有响应传输令牌PT的设备清单,如图6.11(b)所示.非调度通信通常用来传输组态信息、诊断/维护信息、报警事件等内容.

除了 CD 的调度和令牌传递之外,LAS 还负责活动表的维护和数据链路的时间同步. LAS 周期性地在总线上发布节点探测报文,若探测到新的通信设备,LAS 就把新设备加到活动表中,因此各种新的通信设备可以随时加到现场总线上. 相反,如果设备没有使用令牌或连续三次试验仍未将令牌立即返回给 LAS,则 LAS 将把该设备从活动表中撤走. 无论在活动表中加入或撤除一个通信设备,LAS 都会向所有设备广播该活动表的改变,这使每一台设备可保存一个当前活动表的副本. LAS 还周期性的在总线上广播一个时间发布报文,使所有设备正确地拥有相同的数据链路时间.

ⅱ. 现场总线访问子层. 现场总线访问子层 FAS 属于 FF 应用层的一部分,它处于现场总线报文规范 FMS 和数据链路层 DLL 之间. 现场总线访问子层的作用是使用数据链路层的调度和非调度特点,为 FMS 和应用进程提供报文传递服务. FAS 的协议机制可以划为三层:FAS 服务协议机制、应用关系协议机制、DLL 映射协议机制,它们之间及其与相邻层的关系如图 6.12 所示.

FAS 服务协议机制　总线访问子层的服务协议机制是 FMS 和应用关系端点之间的接口. 它负责把服务用户发来的信息转换为 FAS 的内部协议格式,并根据应用关系端点参数,为该服务选择一个合适的应用关系协议机制. 反之,根据应用关系端点的特征参数,把 FAS 的内部协议格式转换成用户可接受的格式,并传送给上层.

应用关系协议机制　应用关系协议机制是 FAS 层的中心,它包括三种由虚拟通信关系 VCR 来描述的服务类型:客户/服务器、报告分发和发布方/接收方,它们的区别主要在于 FAS 如何应用数据链路层进行报文传输.

客户/服务器 VCR 类型是实现现场总线设备间排队的、非调度的、用户触发的、一对一的通信,主要用于诸如设定值改变、整定参数的上载/下载等操作员的请求. 这种服务类型的报文是按优先级及先后次序进行传输的. 当一台设备从 LAS 收到一个传输令牌 PT 时,它可以发送请求报文给现场总线上的另一台设备,请求者称为“客户”,被请求者称为“服务器”. 待服务器收到传输令牌 PT 后,向客户端发送相应的响应.

报告分发 VCR 类型是排队的、非调度的、用户触发的、一对多的通信,主要用于现场总线设备发送报警信息给操作员站. 当一台设备从 LAS 收到一个传输令牌 PT 时,它可以把报文发送给由该 VCR 定义的一个“组地址”,这个“组地址”包含了所有要接收该报文的设备.

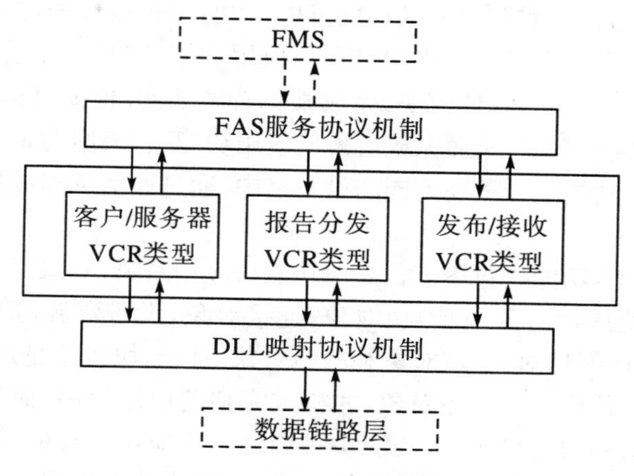

图6.12 FAS协议机制

发布方/接收方 VCR 类型是指缓冲式的、一对多的通信. 当设备收到强制数据 CD 以后,它可以向现场总线上的所有设备"发布"或广播它的报文,那些希望接收发布报文的设备被称为"接收方". 发布方/接收方 VCR 类型常用于周期性的、受调度的输入输出信号,如过程变量的测量值、控制结果的输出值等.

DLL 映射协议机制　数据链路层映射协议机制是对下层即数据链路层的接口. 它将来自应用关系协议机制的 FAS 内部协议格式转换成数据链路层 DLL 可接受的服务格式,并送给 DLL,反之亦然.

ⅲ. 现场总线报文规范. 现场总线报文规范层 FMS 是应用层中的另一个子层,它描述了用户应用所需要的通信服务、信息格式和建立报文所必需的协议行为等. 针对不同的对象类型,FMS 定义了相应的 FMS 通信服务,用户应用可采用标准的报文格式集在现场总线上相互发送报文.

FMS 把对象描述收集在一起,形成对象字典 OD. 应用进程中的网络可视对象和相应的 OD 在 FMS 中称为虚拟现场设备 VFD. 在通信伙伴看来,虚拟现场设备 VFD 是一个自动化系统的数据和行为的抽象模型,它用于远距离查看对象字典中定义过的本地设备的数据.

③ 用户层. 基金会现场总线在应用层之上增加了一个内容广泛的用户层,它定义了标准的基于模块的用户应用,从而使得设备与系统的集成与互操作更加易于实现.

ⅰ. 功能块应用进程. 在 FF 规范中,功能块应用进程用于实现用户所需的各种自动控制功能,在 FF 智能仪表等设备开发以及应用中占了非常重要的地位. 研究并分析 FF 的功能块应用进程的结构及其实现技术是非常有意义的.

ⅱ. 功能块应用进程结构. 在 FF 规范中,功能块应用进程位于通信栈之上的用户层,主要是用来完成用户所需的自动化应用功能. 它是基于功能块模型的,每一功能块都是一个独立的软件模块,完成某一特定功能. 根据具体的应用需求,可将多个功能块集成在一起,从而完成所需的应用功能. 它采用的是一种分布式的应用程序框架,允许功能块分散在不同的设备之中,通过通信及集成技术来组成完整的应用程序.

在具体结构上,功能块应用进程是由功能块应用对象,对象字典和设备描述三部分组成. 功能块应用对象包括:块对象,连接对象,设备资源,报警对象,趋势对象,观测对象,程序调用对象,域对象和激活对象. 其中,块对象是最重要的,以块对象为骨架,配合其他所需的应用对象,才构成完整的应用程序. 而块对象又可分为资源块、变送器块和功能块三种. 功能块是构建用户应用进程的基础,资源块和变送器块则用于将功能块同设备硬件特性隔离开来,为功能块提供通用的设备硬件访问方式. 资源块着重于提供设备的硬件特征,包括设备类型,制造商 ID,设备内存等,以及提供一些可影响功能块应用进程运行的选项. 而变送器块则着重于从设备硬件获得或输出数据,并经过必要的处理,如线性化、改变量程等,再将数据传给输入或输出类功能块,从而将功能块同具体硬件隔离开来,简化了功能块的设计开发. 对象字典和设备描述主要用于对各种功能块应用对象以及它们的子对象进行数据定义和描述,保证外界程序能真正理解各类对象数据格式和意义. 正是通过对象字典和设备描述,功能块应用对象才做到完全自描述,才能进行相互操作,从而能组成分布式的用户应用程序. 但对象字典和设备描述侧重点有所不同. 对象字典侧重于描述对象通信所需的信息,包括对象的数据类型、长度、值地址、读写方式等;而设备描述则侧重于描述对象的表现形式、对象之间的关系等一些有助于主机程序(实际上是人)对对象理解的信息.

ⅲ. 功能块通用结构及其分析. FF 的功能块模型提供了一种通用结构来定义功能块的输入、输出,算法和控制参数以及将多个功能块组合成一个应用进程. 这种结构简化了功能块公共特征的识别和标准化.

功能块是参数,算法和事件的完整组成. 功能块之间的信息及数据交换是通过输入参数和输出参数来传递的. 功能块的执行调度是由外部输入事件来控制,实际上是由系统管理内核来管理的. 功能块算法是功能块特有的,与外界无关,但受到内含参数的控制. 功能块接收输入参数,根据内含参数及算法运行,产生输出参数以及输出事件,从而实现某一控制功能. 采用这种通用结构,功能块就成为已封装好的软件构件. 它的内部算法是外界无法也无需改变的,对外接口则通过功能块参数的访问及标准事件来提供. 这样做的好处在于:对开发商来说,能专注于功能块本身的开发和维护而无需顾及不同的用户应用情况;对用户来说,能专注于应用情况，可以使用最恰当的功能块来组成最佳的应用进程，而无需考虑是否使用不同开发商的功能块.

功能块的执行在时间上可分为三步：第一步预处理，隔离参数；第二步执行，确定输出参数；第三步执行后处理，更新块输出参数，报警以及趋势等.

由于在功能块执行时，所用的输入参数的值是决不能更改的，同样该块提供给其他块的输出参数也必须保持一致.因此在预处理阶段，必须要隔离参数，而在块执行完毕后，才能更新输出参数.在具体算法执行阶段上又可细分为四个子阶段：

决定模式（Mode）参数中的实际（Actual）模式值.

计算给定值（Setpoint）和工作点（Working Setpoint）.

执行控制或计算算法，决定前向通路上输出参数的值与状态.

计算反向通路上的输出参数值与状态.

ⅳ.对象字典的结构及其分析.功能块对象字典用来描述各种功能块应用对象的数据格式和意义.每一网络可视的对象都必须在对象字典中有登记项.通过访问这些登记项，外界程序才能真正理解和操作对象.

功能块对象字典可分成四个部分：OD对象描述；数据类型和数据结构；静态对象字典及动态对象字典.OD对象描述是对象字典的第一个登记项，它是对象字典本身概貌的描述，包括各组登记项的起始序号及长度等.数据类型和数据结构部分，顾名思义，定义了各种数据类型和数据结构，其中，序号1到63作为标准数据类型定义.而数据结构定义从64开始，到255为止.所有应用对象的数据类型都必须在该部分登记.静态对象字典是用来描述在应用进程运行期间无法动态创建的对象，包括各种块对象、链接对象、报警对象、趋势对象、域对象和程序调用对象，但其中较特殊的是第一个静态对象——目录对象.目录对象是用来描述静态对象字典的，有点类似于OD对象描述.它主要描述各静态对象的起始序号及序号长度.在静态对象字典之后是动态对象字典，它主要是用来描述在应用进程运行期间可动态创建的对象，包括观测对象和程序调用对象.

对象字典作为对象信息的指南，描述着对象的报文数据，所有允许从网络上访问的对象都必须在对象字典中有登记项.该登记项信息应主要是从对象的数据类型，数据长度以及访问控制方面描述，保证对象通信的准确性.登记项的具体实现形式由开发者自己确定，只需保证对象信息的完整描述.下面给出登记项的一种实行方法：每一登记项是某一对象的一组值和描述的指针.对象描述可分成三个部分：基本的、专有的和扩展的.基本描述用来确定对象数据类型和对象的长度.它可由多个对象公用.如不同功能块中的所有Mode－Blk参数都有同样的基本描述.专有描述用来确定参数的访问，使用和指定参数的FB读/写方法，为每个对象独有.扩展描述用来访问对象设备描述的信息,它是连接对象的 OD 描述和 DD 描述的桥梁.因此在具体实现上,登记项可由四个指针组成:对象指针,对象本地地址,用来直接访问对象的值;基本描述结构指针;专有描述结构指针;扩展描述结构指针.

2. 现场总线 ProfiBus 技术要点

我们从 ProfiBus 协议标准角度,概要说明 ProfiBus 技术要点,使读者可快速了解 ProfiBus 的技术要点.

(1) ProfiBus 概貌

① ProfiBus 是一种国际化、开放式、不依赖于设备生产商的现场总线标准.广泛适用于制造业自动化、流程工业自动化和楼宇、交通、电力等其他领域自动化.

② ProfiBus 由三个兼容部分组成,即 ProfiBus—DP(Decentralized Pefiphe)、ProfiBus—PA(Process Automation)、ProfiBus—FMS(Field Bus Message Specification).

ⅰ. ProfiBus—DP:是一种高速低成本通信,用于设备级控制系统与分散式I/O的通信.使用 ProfiBus—DP 可取代 24VDC 或 4~20 mA 信号传输.

ⅱ. ProfiBus—PA:专为过程自动化设计,可使传感器和执行机构联在一根总线上,并有本质安全规范.

ⅲ. ProfiBus—FMS:用于车间级监控网络,是一个令牌结构、实时多主网络.

③ ProfiBus 是一种用于工厂自动化车间级监控和现场设备层数据通信与控制的现场总线技术.可实现现场设备层到车间级监控的分散式数字控制和现场通信网络,从而为实现工厂综合自动化和现场设备智能化提供了可行的解决方案.

(2) ProfiBus 基本特性

① ProfiBus 协议结构.ProfiBus 协议结构是根据 ISO7498 国际标准,以开放式系统互联网络(Open System Interconnection,OSI)作为参考模型的.该模型共有七层,如图 6.13 所示.

ⅰ. ProfiBus—DP:定义了第一、二层和用户接口.第三到七层未加描述.用户接口规定了用户及系统以及不同设备可调用的应用功能,并详细说明了各种不同 ProfiBus—DP 设备的设备行为.

ⅱ. ProfiBus—FMS:定义了第一、二、七层,应用层包括现场总线信息规范(FieldBus Message Specification,FMS)和低层接口(Lower Layer Interface,LLI);FMS 包括了应用协议并向用户提供了可广泛选用的强有力的通信服务.LLI 协调不同的通信关系并提供不依赖设备的第二层访问接口.

ⅲ. ProfiBus—PA:PA 的数据传输采用扩展的 ProfiBus—DP 协议.另外,PA 还描述了现场设备行为的 PA 行规.根据 IEC1158-2 标准,PA 的传输技术可确保其本质安全性，而且可通过总线给现场设备供电．使用连接器可在 DP 上扩展 PA 网络．

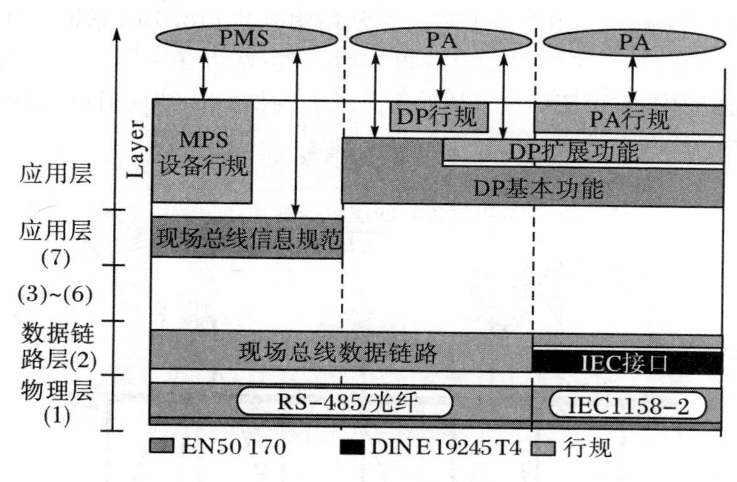

图 6.13　ProfiBus 协议结构

② ProfiBus 传输技术．ProfiBus 提供了三种数据传输类型：RS485、IEC1158－2 和光纤．

③ ProfiBus 总线存取协议

ⅰ．三种 ProfiBus(DP、FMS、PA)均使用一致的总线存取协议．该协议是通过 OSI 参考模型第二层(数据链路层)来实现的．

ⅱ．在 ProfiBus 中，第二层称之为现场总线数据链路层(Field Bus Data Link，FDL)．介质存取控制(Medium Access Control，MAC)具体控制数据传输的程序，MAC 必须确保在任何一个时刻只有一个站点发送数据．

ⅲ．ProfiBus 协议的设计满足介质存取控制的两个基本要求：

要求 1：在复杂的自动化系统(主站)间的通信，必须保证在确切限定的时间间隔中，任何一个站点要有足够的时间来完成通信任务．

要求 2：在复杂的程序控制器和简单的 I/O 设备(从站)间通信，应尽可能快速又简单地完成数据的实时传输．

因此，ProfiBus 总线存取协议是：主站之间采用令牌传送方式，主站与从站之间采用主从方式．

ⅳ．令牌传递程序保证每个主站在一个确切规定的时间内得到总线存取权(令牌)．在 ProfiBus 中，令牌传递仅在各主站之间进行．

ⅴ．主站得到总线存取令牌时可与从站通信．每个主站均可向从站发送或读取信息.因此,可能有以下三种系统配置:纯主一从系统、纯主一主系统和混合系统.

ⅵ.图6.14是一个由3个主站、7个从站构成的ProfiBus系统.3个主站之间构成令牌逻辑环.当某主站得到令牌报文后,该主站可在一定时间内执行主站工作.在这段时间内,它可依照主—从通信关系表与所有从站通信,也可依照主—主通信关系表与所有主站通信.

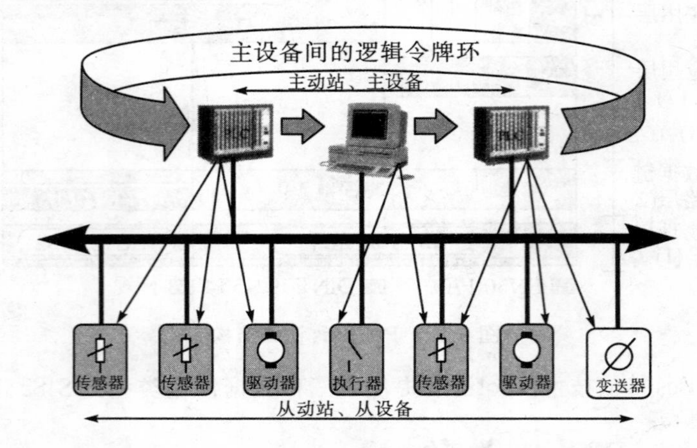

图6.14　3个主站、7个从站构成的ProfiBus系统

ⅶ.在总线系统初建时,主站介质存取控制MAC的任务是制定总线上的站点分配并建立逻辑环.在总线运行期间,断电或损坏的主站必须从环中排除,新上电的主站必须加入逻辑环.

ⅷ.第二层的另一项重要工作任务是保证数据的可靠性.ProfiBus第二层的数据结构格式可保证数据的高度完整性.

ⅸ.ProfiBus第二层按照非连接的模式操作,除提供点对点逻辑数据传输外,还提供多点通信,其中包括广播及有选择广播功能.

(3) ProfiBus—DP

ProfiBus—DP用于现场层的高速数据传送.主站周期性地读取从站的输入信息并周期性地向从站发送输出信息.总线循环时间必须要比主站(PLC)程序循环时间短.除周期性用户数据传输外,ProfiBus—DP还提供智能化现场设备所需的非周期性通信以进行组态、诊断和报警处理.

① ProfiBus—DP的基本功能

ⅰ.传输技术:RS-485双绞线、双线电缆或光缆.比特率从9.6 Kbit/s到12 Mbit/s.

ⅱ．总线存取：各主站间令牌传递，主站与从站间为主—从传送．支持单主或多主系统．总线上最多站点（主、从设备）数为126．

ⅲ．通信：点对点（用户数据传送）或广播（控制指令）．循环主从用户数据传送和非循环主从数据传送．

ⅳ．运行模式：运行、清除、停止．

ⅴ．同步：控制指令允许输入和输出同步．同步模式：输出同步；锁定模式：输入同步．

ⅵ．功能：DP主站和DP从站间的循环用户数据传送．各DP从站的动态激活、DP从站组态的检查、三级诊断信息的强大诊断功能、输入或输出的同步、通过总线给DP从站赋予地址、通过总线对DP主站（DPM1）进行配置．每个DP从站的输入和输出数据最大为246字节．

ⅶ．可靠性和保护机制：所有信息的传输按海明距离HD：4进行．DP从站带看门狗定时器（WatchdogTimer）．对DP从站的输入输出进行存取保护．DP主站上带可变定时器的用户数据传送监视．

ⅷ．设备类型：第二类DP主站（DPM2）是可进行编程、组态、诊断的设备．第一类DP主站（DPM1）是中央可编程序控制器，如PLC、PC等．DP从站是带二进制值或模拟量输入输出的驱动器、阀门等．

② ProfiBus—DP基本特征

ⅰ．速率：在一个有着32个站点的分布系统中，ProfiBus—DP对所有站点传送512 bit/s输入和512 bit/s输出．

ⅱ．诊断功能：经过扩展的ProfiBus—DP诊断能对故障进行快速定位．诊断信息在总线上传输并由主站采集．诊断信息分三级：

本站诊断操作：本站设备的一般操作状态，如温度过高、压力过低．

模块诊断操作：一个站点的某一具体I/O模块故障．

通道诊断操作：一个单独输入输出位的故障．

③ ProfiBus—DP系统配置和设备类型．ProfiBus—DP允许构成单主站或多主站系统．在同一总线上最多可连接126个站点．系统配置的描述包括：站数、站地址、输入输出地址、输入输出数据格式、诊断信息格式及所使用的总线参数．每个ProfiBus—DP系统可包括以下三种不同类型设备：

ⅰ．一级DP主站（DPM1）：一级DP主站是中央控制器，它在预定的信息周期内与分散的站（如DP从站）交换信息．典型的DPM1如PLC或PC．

ⅱ．二级DP主站（DPM2）：二级DP主站是编程器、组态设备或操作面板，在DP系统组态操作时使用，完成系统操作和监视目的．

ⅲ．DP从站：DP从站是进行输入和输出信息采集和发送的外围设备（如I/O

设备、驱动器、HMI、阀门等).

ⅳ. 单主站系统:在总线系统的运行阶段,只有一个活动主站. 如图 6.15 所示.

ⅴ. 多主站系统:总线上连有多个主站. 这些主站与各自从站构成相互独立的子系统. 每个子系统包括一个 DPM1、指定的若干从站及可能的 DPM2 设备. 任何一个主站均可读取 DP 从站的输入输出映象,但只有一个 DP 主站允许对 DP 从站写入数据. 如图 6.16 所示.

④ 系统行为. 系统行为主要取决于 DPM1 的操作状态,这些状态由本地或总线的配置设备所控制. 主要有以下三种状态:

停止:在这种状态下,DPM1 和 DP 从站之间没有数据传输.

清除:在这种状态下,DPM1 读取 DP 从站的输入信息并使输出信息保持在故障安全状态.

运行:在这种状态下,DPM1 处于数据传输阶段,循环数据通信时,DPM1 从 DP 从站读取输入信息并向从站写入输出信息.

ⅰ. DPM1 设备在一个预先设定的时间间隔内,以有选择的广播方式将其本地状态周期性地发送到每一个有关的 DP 从站. 如图 6.17 所示.

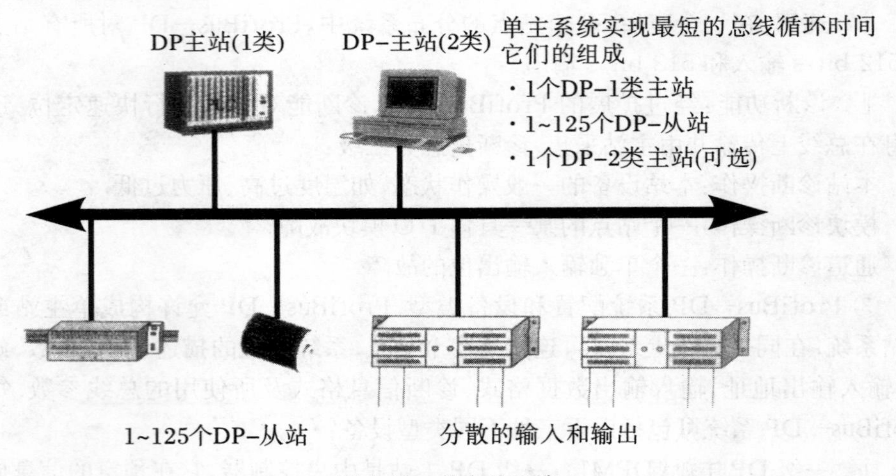

图 6.15　单主站系统

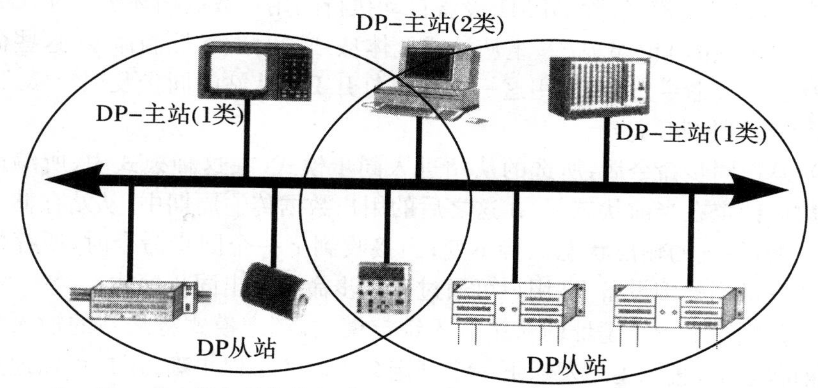

Profibus-DP多主系统的组成：3个主站(1类或2类)、1~125个DP-从站

图 6.16 多主站系统

ⅱ. 如果在 DPM1 的数据传输阶段中发生错误，DPM1 将所有有关的 DP 从站的输出数据立即转入清除状态，而 DP 从站将不再发送用户数据. 然后，DPM1 转入清除状态.

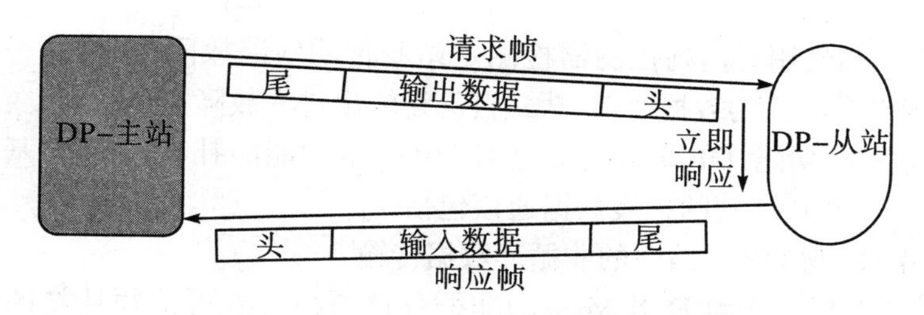

图 6.17 ProfiBus—DP 用户数据传输

⑤ DPM1 和 DP 从站间的循环数据传输. DPM1 和相关 DP 从站之间的用户数据传输是由 DPM1 按照确定的递归顺序自动进行的. 在对总线系统进行组态时，用户对 DP 从站与 DPM1 的关系作出规定，确定哪些 DP 从站被纳入信息交换的循环周期，哪些被排斥在外.

DPM1 和 DP 从站间的数据传送分为三个阶段：参数设定、组态、数据交换. 在参数设定阶段，每个从站将自己的实际组态数据与从 DPM1 接收到的组态数据进行比较. 只有当实际数据与所需的组态数据相匹配时，DP 从站才进入用户数据传输阶段. 因此，设备类型、数据格式、长度以及输入输出数量必须与实际组态一致.

⑥ DPM1 和系统组态设备间的循环数据传输. 除主—从功能外，ProfiBus — DP 允许主—主之间的数据通信，这些功能使组态和诊断设备通过总线对系统进行组态.

⑦ 同步和锁定模式.除DPM1设备自动执行的用户数据循环传输外,DP主站设备也可向单独的DP从站、一组从站或全体从站同时发送控制命令.这些命令通过有选择的广播命令发送.使用这一功能将打开DP从站的同步及锁定模式,用于DP从站的事件控制同步.

主站发送同步命令后,所选的从站进入同步模式.在这种模式中,所编址的从站输出数据锁定在当前状态下.在这之后的用户数据传输周期中,从站存储接收到输出的数据,但它的输出状态保持不变;当接收到下一个同步命令时,所存储的输出数据才发送到外围设备上.用户可通过非同步命令退出同步模式.

锁定控制命令使得编址的从站进入锁定模式.锁定模式将从站的输入数据锁定在当前状态下,直到主站发送下一个锁定命令时才可以更新.用户可以通过非锁定命令退出锁定模式.

⑧ 保护机制.对DP主站DPM1使用数据控制定时器对从站的数据传输进行监视.每个从站都采用独立的控制定时器.在规定的监视间隔时间中,如数据传输发生差错,定时器就会超时.一旦发生超时,用户就会得到这个信息.如果错误自动反应功能“使能”,DPM1将脱离操作状态,并将所有关联从站的输出置于故障安全状态,并进入清除状态:

对DP从站使用看门狗控制器检测主站和传输线路故障.如果在一定的时间间隔内发现没有主机的数据通信,从站自动将输出进入故障安全状态.

⑨ 扩展DP功能.DP扩展功能是对DP基本功能的补充,与DP基本功能兼容;DPM1与DP从站间的扩展数据通信包括

ⅰ. DPM1与DP从站间的非循环数据传输.

ⅱ. 带DDLM读和DDLM写的非循环读/写功能,可读写从站的任何希望数据.

ⅲ. 报警响应,DP基本功能允许DP从站用诊断信息向主站自发地传输事件,而新增的DDLM-ALAM-ACK功能用来直接响应从DP从站上接收的报警数据.

ⅳ. DPM2与从站间的非循环的数据传输.

⑩ 电子设备数据文件(GSD).为了将不同厂家生产的ProfiBus产品集成在一起,生产厂家必须以GSD文件(电子设备数据库文件)方式提供这些产品的功能参数(如I/O点数、诊断信息、比特率、时间监视等).标准的GSD数据将通信扩大到操作员控制级.使用根据GSD文件所作的组态工具可将不同厂商生产的设备集成在同一总线系统中,如图6.18所示.

GSD文件可分为三个部分:

ⅰ. 总规范:包括了生产厂商和设备名称、硬件和软件版本、比特率、监视时间

间隔、总线插头指定信号.

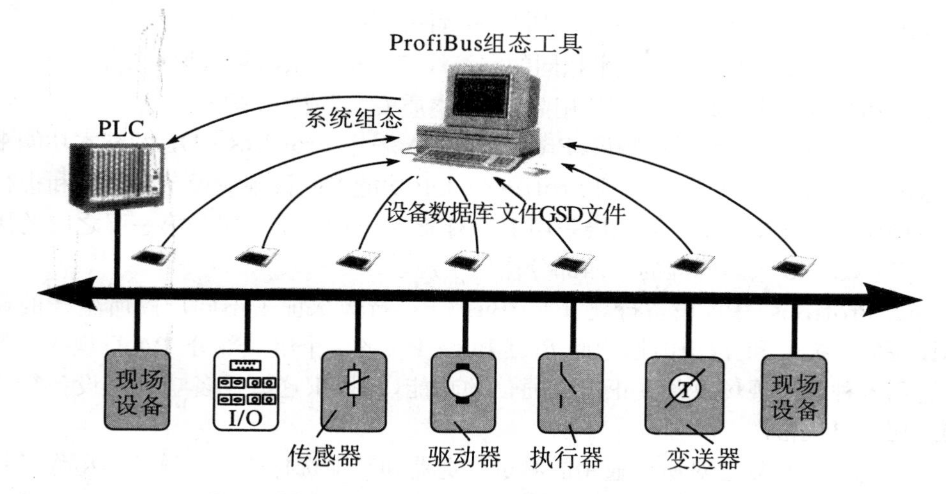

图6.18 基于GSD文件的开放式组态

ⅱ. 与DP有关的规范:包括适用于主站的各项参数,如允许从站个数、上载/下载能力.

ⅲ. 与DP从站有关的规范:包括了与从站有关的一切规范,如输入输出通道数、类型、诊断数据等.

⑪ ProfiBus—DP行规. ProfiBus—DP协议明确规定了用户数据怎样在总线各站之间传递,但用户数据的含义是在ProfiBus行规中具体说明的.另外,行规还具体规定了ProfiBus—DP如何用于应用领域.使用行规可使不同厂商所生产的不同设备互换使用,而工厂操作人员无须关心两者之间的差异,因为与应用有关的参数含义在行规中均作了精确的规定说明.下面是ProfiBus—DP行规(括弧中数字是文件编号):

NC/RC行规(3.052);

编码器行规(3.062);

变速传动行规(3.071);

操作员控制和过程监视行规(HMI).

(4) ProfiBus—PA. ProfiBus—PA适用于ProfiBus的过程自动化. PA将自动化系统和过程控制系统与压力、温度和液位变送器等现场设备连接起来,PA可用来替代4～20 mA的模拟信号. ProfiBus—PA具有如下特性:

- 适合过程自动化应用的行规,使不同厂家生产的现场设备具有互换性;
- 增加和去除总线站点,即使在本征安全地区也不会影响到其他站;

·在过程自动化的 ProfiBus—PA 段与制造业自动化的 ProfiBus—DP 总线段之间通过耦合器连接，并可实现两段间的透明通信；

·使用与 IEC1158-2 技术相同的双绞线完成远程供电和数据传送；

·在潜在的爆炸危险区可使用防爆型“本质安全”或“非本质安全”.

① ProfiBus—PA 传输协议. ProfiBus—PA 采用 ProfiBus—DP 的基本功能来传送测量值和状态. 并用扩展的 ProfiBus—DP 功能来制订现场设备的参数和进行设备操作. ProfiBus—PA 第一层采用 IEC1158-2 技术，第二层和第一层之间的接口在 DIN19245 系列标准的第四部分作出了规定.

② ProfiBus—PA 设备行规. ProfiBus—PA 行规保证了不同厂商所生产的现场设备的互换性和互操作性，它是 ProfiBus—PA 的一个组成部分. PA 行规的任务是选用各种类型现场设备真正需要通信的功能，并提供这些设备功能和设备行为的一切必要规格.

目前，PA 行规已对所有通用的测量变送器和其他选择的一些设备类型作了具体规定，这些设备如测压力、液位、温度和流量的变送器、数字量输入和输出、模拟量输入和输出、阀门、定位器等.

(5) ProfiBus—FMS

ProfiBus—FMS 的设计旨在解决车间监控级通信. 在这一层，可编程序控制器(如 PLC、PC 机等)之间需要比现场层更大量的数据传送，但通信的实时性要求低于现场层.

① ProfiBus—FMS 应用层. 应用层提供了供用户使用的通信服务. 这些服务包括访问变量、程序传递、事件控制等. ProfiBus—FMS 应用层包括下列两部分：

ⅰ. 现场总线信息规范(FieldBus Message Specification—FMS)：描述了通信对象和应用服务.

ⅱ. 低层接口(Lower Layer Interface—LLI)：FMS 服务到第二层的接口.

② ProfiBus—FMS 通信模型. ProfiBus—FMS 利用通信关系将分散的应用过程统一到一个共用的过程中. 在应用过程中，可用来通信的那部分现场设备称虚拟设备 VFD(Virtual Field Device). 在实际现场设备与 VFD 之间设立一个通信关系表. 通信关系表是 VFD 通信变量的集合，如零件数、故障率、停机时间等. VFD 通过通信关系表完成对实际现场设备的通信.

③ 通信对象与通信字典(OD)

ⅰ. FMS 面向对象通信，它确认 5 种静态通信对象：简单变量、数组、记录、域和事件. 同时还确认 2 种动态通信对象：程序调用和变量表.

ⅱ. 每个 FMS 设备的所有通信对象都填入对象字典(OD). 对简单设备，OD 可以预定义；对复杂设备，OD 可以本地或远程通过组态加到设备中去. 静态通信对象进入静态对象字典，动态通信对象进入动态通信字典．每个对象均有唯一的索引，为避免非授权存取，每个通信对象可选用存取保护．

④ ProfiBus—FMS 服务．FMS 服务项目是 ISO 9506 制造信息规范 MMS（Manufacturing Message Specification）服务项目的子集．这些服务项目在现场总线应用中已被优化，而且还加上了通信对象的管理和网络管理．

ProfiBus—FMS 提供大量的管理和服务，满足了不同设备对通信提出的广泛需求，服务项目的选用取决于特定的应用，具体的应用领域在 FMS 行规中规定．

⑤ 低层接口（LLI）．第七层到第二层服务的映射由 LLI 来解决，其主要任务包括数据流控制和连接监视．用户通过称之为通信关系的逻辑通道与其他应用过程进行通信．FMS 设备的全部通信关系都列入通信关系表 CRL（Communication Relationship List）．每个通信关系通过通信索引（CREF）来查找，CRL 中包含了 CREF 和第二层及 LLI 地址间的关系．

⑥ 网络管理．FMS 还提供网络管理功能，由现场总线管理层第七层来实现．其主要功能有：上下关系管理、配置管理、故障管理等．

⑦ ProfiBus—FMS 行规．FMS 提供了范围广泛的功能来保证它的普遍应用．在不同的应用领域中，具体需要的功能范围必须与具体应用要求相适应．设备的功能必须结合应用来定义．这些适应性定义称之为行规．行规提供了设备的可互换性，保证不同厂商生产的设备具有相同的通信功能．FMS 对行规做了如下规定（括号中的数字是文件编号）：

- 控制间的通信（3.002）；
- 楼宇自动化（3.011）；
- 低压开关设备（3.032）．

6.3　工业以太网技术简介

6.3.1　工业以太网标准化进程

随着以太网技术的迅速发展，工业以太网引起了自动控制领域的高度重视，同时许多人担心工业以太网标准的不统一会影响其在自动控制网络的应用．现场总线标准争了十多年，工业以太网标准或许也会这样．下一步工业以太网有可能发展形成的多种类型的协议标准，多是由主要的现场总线生产厂商和集团支持开发的，如：

① PP 和 WorldFIP 向 FieldBus Foundation HSE 发展；

② ControlNet 和 DeviceNet 向 EtherNet/IP 发展；

③ InterBus 和 ModBus 向 IDA 发展；

④ ProfiBus 向 ProfiNet 发展.

这些工业以太网标准，都有其支持的厂商并且目前已有相应产品.一些国际组织也在积极推进以太网进入控制领域，正在进行工业以太网关键技术的研究.

2002 年在北京举行的国际电工委员会(IEC)年会期间，TCSC65C 曾作了一项决定：在 2007 年开始对现场总线国际标准 IEC61158 进行修订之前，不再增加新的类型.同时考虑成立新的工作组对工业以太网技术开展研究，并起草相关的标准.2003 年在 SC65C 下成立了 WG11、WG12、WG13 等新的工作组专门负责有关工业以太网标准的制订.

为此，经过 SC65C 主席、秘书长、协调人及有关工作小组召集人协商，建议对 2004 年法国会议之前收到的 6 个新的实时以太网协议提案将以 PAS(Publicly Available Specification，公共可用规范)规范的形式发布，这些提案包括：中国 1 个、日本 2 个、通过 IAONA 提出的提案有 2 个、法国 1 个.

① 中国的 EPA(Ethernet for Plant Automation)；

② 德国 BECKHOFF 公司的 EtherCAT(Ethernet for Control and Automation Technology)；

③ 日本横河的 Vnet；

④ 日本东芝的 TCnet；

⑤ 欧洲开放网络联合会 IAONA 的 EPL(Ethernet Power Link)；

⑥ 法国施耐德的 ModBusTCP(RTPS)等.

PAS 文件由各国家标准化委员会向 IEC 正式提交，IEC 收到后在 2 个月内交由各国的国家标准化委员会投票决定，只需要简单多数票(50%以上同意)即可获得正式承认.

PAS 的有效期为三年(正式发布的 IEC 标准为五年)，三年期限快到时，需重新审核.2006 年启动修订 IEC61158 时，已将上述 PAS 文件加入到现场总线国际标准 IEC61158 中，成为新的类型.

2007 年 11 月，上述实时以太网协议 PAS 文件被国际电工委员会(IEC)正式批准并发布列入现场总线国际标准 IEC61158(第四版)，并列入与 IEC61158 相配套的实时以太网应用行规国际标准 IEC61784－2.

从目前的趋势看，以太网进入工业控制领域是必然的，但同时会存在几个标准.现场总线目前处于相对稳定时期，已有的现场总线仍将存在，并非每种总线都将被工业以太网所替代.伴随着多种现场总线的工业以太网标准在近期内也不会完全统一，会同时存在多个协议和标准.

6.3.2 IEC61784－2标准体系结构

2003年5月,IEC/SC65C成立了WG11工作组,旨在适应实时以太网市场应用需求,制定实时以太网应用行规国际标准.根据IEC/SC65C/WG11定义,所谓实时以太网RTE(Real-Time Ethernet),是指不改变ISO/IEC8802.3的通信特征或相关网络组件的总体行为,但可以在一定程度上进行修改,满足实时行为.为此,实时以太网标准首先需要解决实时通信问题.同时,还需要定义应用层的服务与协议规范,以解决开放系统之间的信息互通问题.

实时以太网除了实现现场设备之间的实时通信之外,还能够支持传统的以太网通信,例如办公网络.这样就能够将办公网络和现场网络结合为一个整体,现场设备之间采用实时通信,现场网络与办公网络之间采用以太网通信,从而办公网络上的管理者能够及时获取现场设备的数据,更好地监控现场网络.考虑到市场需求的不同,不能用统一的方法和要求来对待不同的应用网络,因此IEC61784－2吸收了多种不同的实时以太网通信方案作为应用行规,这些新的实时以太网通信方案除了解决实时通信以外,还有效地提高了以太网的传输带宽和网络传输范围.

IEC61784－2是在IEC61158(工业控制系统中现场总线的数字通信标准)的基础上制定的实时以太网应用行规国际标准.IEC61784－2定义了系列实时以太网的性能指标以及一致性测试参考指标.实时以太网性能指标包括递交时间、终端节点数、网络拓扑结构、网络中的交换机数目、实时以太网吞吐量、非实时以太网带宽、时间同步精度、非时间性能的同步精度以及冗余恢复时间等.值得注意的是,递交时间是指应用进程所测量的实时应用层PDU从源端传送到目的端的时间,其中最大传递时间为在没有传输出错的情况下的数据传递时间,包括当一次丢包发生并重传所需要的时间和所有等待时间.各种不同实时以太网应用行规通过这些指标来描述各应用网络的终端和网络通信能力,以及各类不同的网络应用需求.为了使不同生产厂商的网络终端设备能够具有兼容性、互可操作性,并且实现良好通信,这些设备必须经过一致性测试,证实这些设备符合一种或者多种实时以太网通信行规.一致性测试是通过制定一系列测试案例,在模拟环境或者实际应用环境中,检测设备的各项性能指标是否达到实时以太网通信行规的要求.

2005年3月IEC实时以太网系列标准作为PAS文件(如表6.3所示)通过了投票,并于2005年5月在加拿大将IEC发布的实时以太网系列PAS文件正式列为实时以太网国际标准IEC61784－2.

IEC61784－2中的实时以太网通信行规如表6.3所示,包括中国的EPA、西门子的Profi—Net、美国Rockwell的Ethernet/IP、丹麦的PNetTCP/IP、德国倍福的EtherCAT、欧洲开放网络联合会的Powerlink与SERCOSⅢ、施耐德的ModBus/

RTPS、日本横河的 Vnet、日本东芝的 TCnet 等 15 种实时以太网协议.这些不同的实时以太网协议都是在 802.2 以太网协议的基础上,加以改进提高网络的传输效率和实时性能,达到不同工业控制网络的应用需求.

表 6.3　IEC 发布的实时以太网系列 PAS 文件

Family＃	Technology NMe	IEC/PAS NP＃
CPP2	Ethernet/IP	IEC/PAS 62413
CPF3	ProfiNet	IEC/PAS 62411
CPF4	P—NET	IEC/PAS 62412
CPF6	INTERBUS	
CPF10	Vnet/1P	IEC/PAS 62405
CPF11	TCnet	IEC/PAS 62406
CPF12	EtherCAT	IEC/PAS 62407
CPF13	Ethernet Powerlink	IEC/PAS 62408
CPF14	EPA	IEC/PAS 62409
CPF15	ModBus—RTPS	IEC/PAS 62030
CPF16	SERCOS—Ⅲ	IEC/PAS 62410

6.3.3　IEC 61784－2 中主要标准简介

IEC61784－2 中的实时以太网通信行规中共收录了 15 种实时以太网协议.主要的实时以太网技术如下:

1. Ethernet / IP

基于 EthernetTCP 或 UDP－IP 的 Ethernet/IP 是工业自动化数据通信的一个扩展,这里的 IP 表示为 Industrial Protocol. 2000 年底 ODVA(Open Device Net Vendor Association)组织首先提出 Ethernet/IP 的概念,以后 SIG(Special Interest Groups)进行了规范工作. Ethernet/IP 的规范是公开的,并由 ODVA 组织提供.另外除了办公环境上使用的 HTYP、FTP、JMTP、SNMP 的服务程序,Ethernet/IP 还具有生产者/客户服务,容许有时间要求的信息在控制器与现场 I/O 模块之间的数据传送.非周期性的信息数据的可靠传输(如程序下载、组态文件)采用 TCP 技术,而有时间要求和周期性控制数据的传输由 UDP 的堆栈来处理. Ethernet/IP 实时扩展在 TCP/IP 之上附加 CIP,在应用层进行实时数据交换和实时运行应用,其通信协议模型如图 6.19 所示.实际上,所有的 Ethernet/IP 的 CIP

(Common Information Protocol)已运用在 ControlNet 和 DeviceNet 上了.

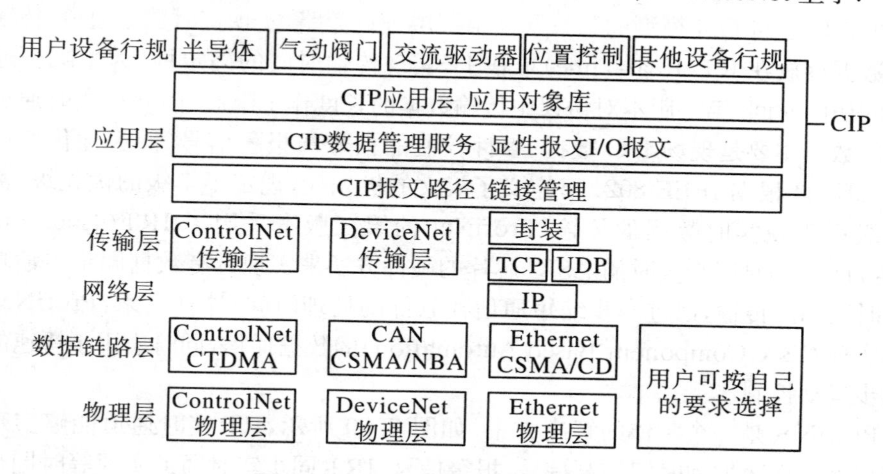

图 6.19 Ethernet/IP 通信协议模型

CIP 控制和信息协议作为 Ethernet/IP 的特色部分,其目的是为了提高设备间的互操作性. CIP 一方面提供实时 I/O 通信,一方面实现信息的对等传输. 其控制部分用来实现实时 I/O 通信;信息部分用来实现非实时的信息交换. 采用控制协议来实现实时 I/O 报文传输或者内部报文传输;采用信息协议来实现信息报文交换和外部报文交换. CIP 采用面向对象的设计方法,为操作控制设备和访问控制设备中的数据提供服务集. 运用对象来描述控制设备中的通信信息、服务、节点的外部特征和行为等.

为了减少 Ethernet/IP 在各种现场设备互相间传输实现的复杂性,Ethernet/IP 预先规定了一些设备的标准规定,如气动设备等不同类型的规定. CIP 协议目前进行了以太网标准实时性和安全总线的实施工作,采用 IEEE 1588 标准的分散式控制器同步机制的 CIPsync、基于 Ethernet/IP 的技术结合安全机制实现的 CIPSafty安全控制等都在开发之中,2005 年已经实现 CIPSafty 的产品,2006 年实现 CIPsync 的技术.

2. ProfiNet

ProfiNet 是在 Siemens 公司的支持下由 PNO(ProfiBus Nutzer/User Organisation)开发而成的. 它的第一版本仅仅是非时间要求通信的以太网接口的设备和通过 PROXY 网关连结的实时性通信的 ProfiBus—DP 设备的结合体. 从 2004 年开始开发与制定新的版本标准,提出了对 IEEE 802.1D 和 IEEE 1588 进行实时扩展的技术方案,并对不同实时要求的信息采用不同的软件和硬件的实时传输方法. 在第二版本中,ProfiNet 提出了两种工业以太网的通信机制,采用 TCP/IP 协议通道来实现非实时数据的传输.如用于设备参数、组态和读取诊断数据的传输.而实时数据的传输是将 OSI 模型的第三层和第四层进行旁路,实现实时数据通道.传输的实时数据存放在 RT(Real-Time)堆栈上,实现传输时间的确定性.为了减少通信堆栈的访问时间,第二版本对协议中传输数据的长度作了限制.因此在实时通道上传输的数据主要是现场 I/O 数据、事件控制的信号与报警信号等.为优化通信功能,ProfiNet 根据 IEEE 802.1p 定义了报文的优先权,规定了 7 级的优先级.其中最高级用于硬实时数据的传输.ProfiNet 的第三版本采用了 IRT(Isochronous Real-Time)等时同步实时韵 ASIC 芯片的硬件方法来实现具有数据同步传输功能的实时数据的传输,以进一步缩短通信栈软件的处理时间.这样一来,ProfiNet 不仅能实现 CBA(Component Based Automation)的数据通信,同时应用于快速的时钟同步运动控制.

ProfiNet 是一个整体的解决方案.如图 6.20 所示,RT 实时通道能够实现高性能传输循环数据和时间控制信号、报警信号.IRT 同步实时通道实现等时同步方式下的数据高性能传输.ProfiNet 使用了 TCP/IP 和 IT 标准,并符合基于工业以太网的实时自动化体系,覆盖了自动化技术的所有要求,能够实现与现场总线的无缝集成.更重要的是 ProfiNet 所有的事情都在一条总线电缆中完成,n 服务和 TCP/IP 开放性没有任何限制,它可以实现用于所有客户从高性能到等时同步可以伸缩的实时通信需要的统一的通信.

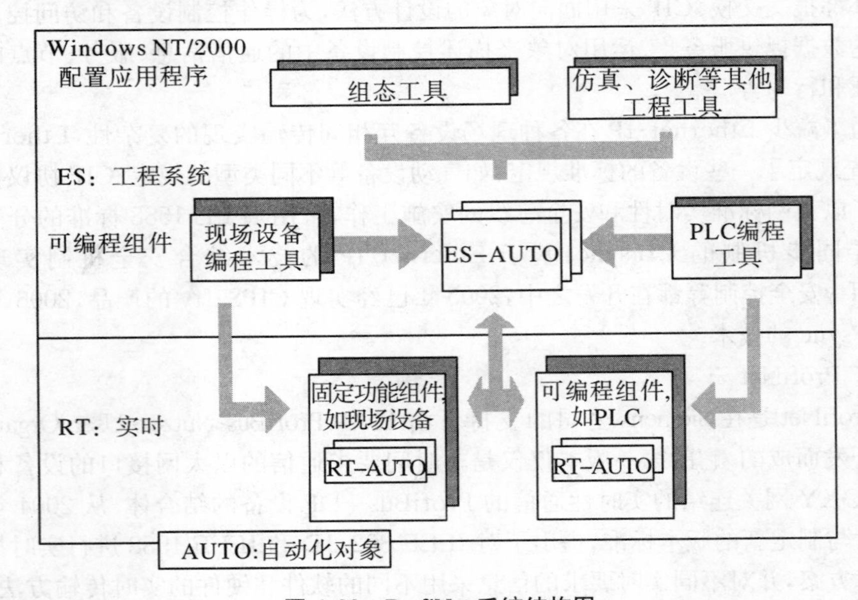

图 6.20　ProfiNet 系统结构图

从图6.21中可以看出,ProfiNet提供一个标准通信通道和两类实时通信通道.标准通道是使用TCP/IP协议的非实时通信通道,主要用于设备参数化、组态和读取诊断数据.各种业已验证的IT技术都可以使用(HTTP、HTML、SNMP、DHCP和XML等).在使用ProfiNet的时候,可以使用这些n标准服务加强对整个网络的管理和维护,这意味着调试和维护成本的节省.实时通道RT是软实时SRT(SoftwareRT)方案,主要用于过程数据的高性能循环传输、事件控制的信号与报警信号等.它旁路第三层和第四层,提供精确通信能力.为优化通信功能,ProfiNet根据IEEE 802.1p定义了报文的优先级,最多可用7级.实时通道IRT采用了IRT(Isochronous Real－Time)同步实时的ASIC芯片解决方案,以进一步缩短通信栈软件的处理时间,特别适用于高性能传输、过程数据的等时同步传输以及快速的时钟同步运动控制应用.在实时通道中,为实时数据预留了固定循环间隔的时间窗,而实时数据总是按固定的次序插入,因此,实时数据就在固定的间隔被传送,循环周期中剩余的时间用来传递标准的TCP/IP数据.两种不同类型的数据就可以同时在ProfiNet上传递,而且不会互相干扰.通过独立的实时数据通道,保证对伺服运动系统的可靠控制.

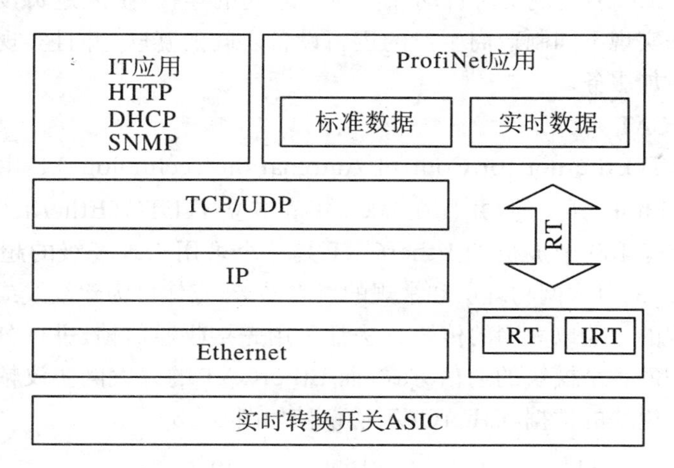

图6.21 ProfiNet通信协议模型

ProfiNet现场总线支持开放的、面向对象的通信.这种通信建立在普遍使用的EthernetTCP/IP基础上,优化的通信机制还可以满足实时通信的要求.ProfiNet对象模型如图6.22所示.基于对象应用的DCOM通信协议是通过该协议标准建立的.以对象的形式表示的ProfiNet组件根据对象协议交换其自动化数据.自动化对象即COM对象作为PDU以DCOM协议定义的形式出现在通信总线上.活动连接控制对象(ACCO)确保已组态的互相连接的设备间通信关系的建立和数据交换.传输本身是由事件控制的,ACCO也负责故障后的恢复,包括质量代码和时间标记的传输、连接的监视、连接丢失后的再建立以及相互连接性的测试和诊断.

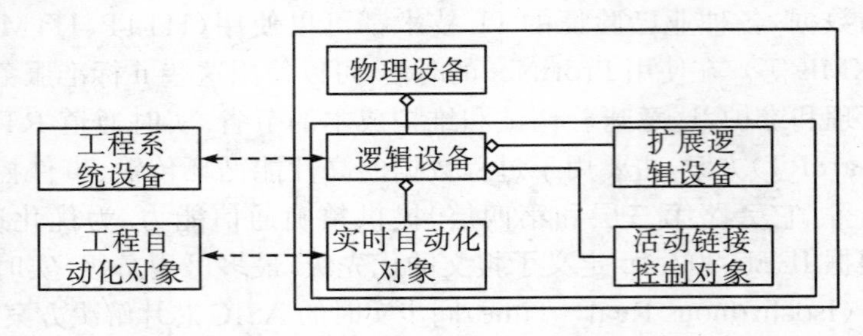

图 6.22　ProfiNet 对象模型

在实时对象模型中,物理设备即硬件设备允许接入一个或多个IP网络.每个物理设备包含一个或多个逻辑设备(软件),但每个逻辑设备只能表示一个软件-逻辑设备,以作为执行器、传感器、控制器的组成部分,通过OLE自动控制的调用来实现分布式自动化系统.物理设备通过标签或者索引来识别逻辑设备.通过活动连接控制对象(ACCO)实现实时自动控制对象之间的连接.扩展逻辑设备对象或者其他对象用来实现不同制造商生产的逻辑设备之间的互联,并且实现通用对象模型中的所有附加服务.

3. EtherCAT

EtherCAT(Ethernet for Control Automation Technology)是由德国自动化控制公司Beckhoff开发的,并且在2003年底成立了ETG(Ethernet Technology Group),目前有130个成员的EtherCAT是一个可用于现场级的超高速I/O网络,它使用标准的以太网物理层和常规的以太网卡,媒体可为双绞线或光纤.

一般常规的工业以太网的传输方法都采用先接收通信帧,进行分析后作为数据送入网络中的各个模块的通信方式,而EtherCAT的以太网协议帧中已经包含了网络的各个模块的数据,EtherCAT协议帧如图6.23所示.

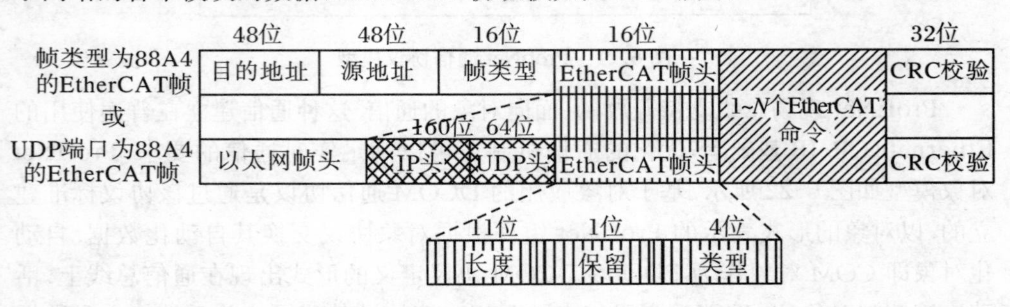

图 6.23　EtherCAT 协议标准帧结构

数据的传输采用移位同步的方法进行，即在网络的模块中得到其相应地址数据的同时，数据帧可以传送到下一个设备，相当于数据帧通过一个模块时输出相应的数据后，马上转入到下一个模块．由于这种数据帧的传送从一个设备到另一个设备延迟时间仅为微秒级，所以与其他以太网解决方法相比，性能得到了提高．在网络段的最后一个模块结束整个数据传输的工作，形成了一个逻辑和物理环形结构．所有传输数据与以太网的协议相兼容，同时采用双工传输，提高了传输的效率．

EtherCAT的通信协议模型如图6.24所示，EtherCAT通过协议内部的优先权机制可区别传输数据的优先权(Process Data)，组态数据或参数的传输是在一个确定的时间中通过一个专用的服务通道进行(Acyclic Data)，EtherCAT系统的以太网功能与传输的IP协议兼容．

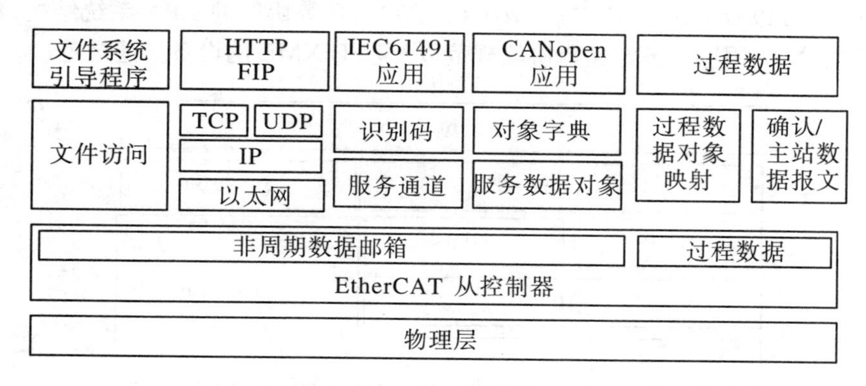

图6.24 EtherCAT通信协议模型

EtherCAT技术已经完成，专门的ASIC芯片也在实现之中．目前市场上已提供了从站控制器．EtherCAT的规范也成为了IEC/PAS文件IEC/PAS 62407．

4．Ethernet Powerlink

Ethernet Powerlink是由奥地利Bernecher&Rainer控制公司开发的．在2002年4月公布了Ethernet Powerlink标准之后，与其他公司共同成立了EPSG(Ethernet Powerlink Standardization Group)．其主攻方向是同步驱动和特殊设备的驱动要求．Powerlink通信协议模型如图6.25所示．

Powerlink协议对第3层和第4层的TCP/UDP/IP栈进行了实时扩展，增加的基于TCP/IP的Async中间件用于异步数据传输，ISOchron等时中间件用于快速、周期的数据传输．Powerlink栈控制着网络上的数据流量．Ethernet Powerlink避免网络上数据冲突的方法是采用SCNM(Slot Communication Network Management)时间片网络通信管理机制．SCNM能够做到无冲突的数据传输，专用的时间片用于调度等时同步传输的实时数据；共享的时间片用于异步的数据传输．在网络上，只能指定一个站为管理站，它为所有网络上的其他站建立一个配置表和分配的时间片，只有管理站能接受和发送数据，其他站只有在管理站授权下才能发送数据，为此 Powerlink 需要采用基于 IEEE1588 的时间同步.

5. EPA

由浙江大学牵头、重庆邮电大学作为第四核心成员制定的新一代现场总线标准——《用于工业测量与控制系统的 EPA 通信标准》(简称 EPA 标准)成为我国第一个拥有自主知识产权并被 IEC 认可的工业自动化领域国际标准(IEC/PAS 62409)，并作为实时以太网国际标准 IEC61748-2(与 ProfiNet、Ethernet/IP 并列，见表 6.2)与现场总线国际标准 IEC61158 第四修订版(与 PP、ProfiBus 见表 6.1)进行制定. EPA 标准定义了基于 ISO/IEC8802-3、IEEE802.11、IEEE802.15 以及 RFC 791、RFC 768 和 RFC 793 等协议的 EPA 系统结构、数据链路层协议、应用层服务定义与协议规范以及基于 XML 的设备描述规范.

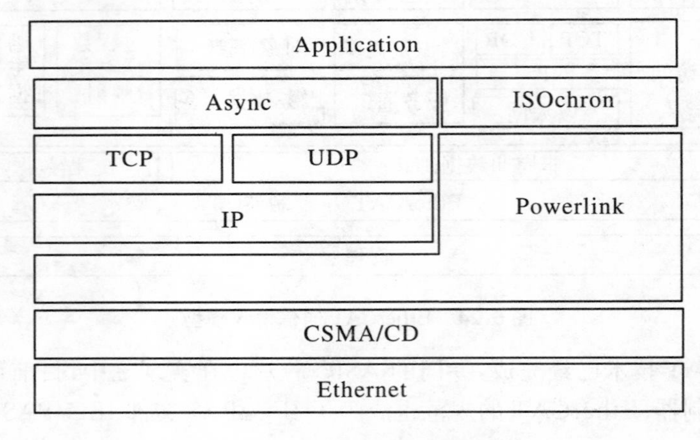

图 6.25 Powerlink 通信协议模型

重庆邮电大学与浙江大学、浙大中控、中科院沈阳自动化研究所等单位一道，共同解决了 EPA 协议栈软件、基于 XML 的 EPA 设备描述与功能块解析、确定性通信调度方法、EPA 协议实现技术、高功率以太网总线供电技术与设备、面向测量与控制的精确时间同步方法、EPA 协议可执行测试集的形式化描述与一致性测试方法、基于 OPC 的系统集成、功能安全与网络安全等一系列关键技术问题，形成了具有自主知识产权的 EPA 核心技术，实现了原创性技术创新. 改变了我国现场总线长期所处的跟踪研究、核心技术始终掌握在国外跨国企业手中的被动局面，使我国在新一轮的实时以太网技术发展中处于平等竞争的状态.

(1) EPA 通信协议模型. EPA 通信系统的分层结构与 OSI 基本通信模型相比较，主要在应用层之上添加了用户层，在应用层除了使用 HTTP、FTP 等常用通信协议之外，加入了 EPA 应用协议，同时在数据链路层采用了 EPA 通信调度管理实体. EPA 通信协议模型如图 6.26 所示除了 ISO/IEC8802-3/IEEE802.11 中 IEEE 802.15、TCP(UDP)/IP、SNMP、SNTP、DHCP、HTTP、FTP 等协议组件外，它包括以下几个部分：应用进程，包括 EPA 功能块应用进程与非实时应用进程；EPA 系统管理实体；EPA 应用访问实体；EPA 通信调度管理实体；EPA 管理信息库；EPA 套接字映射实体.

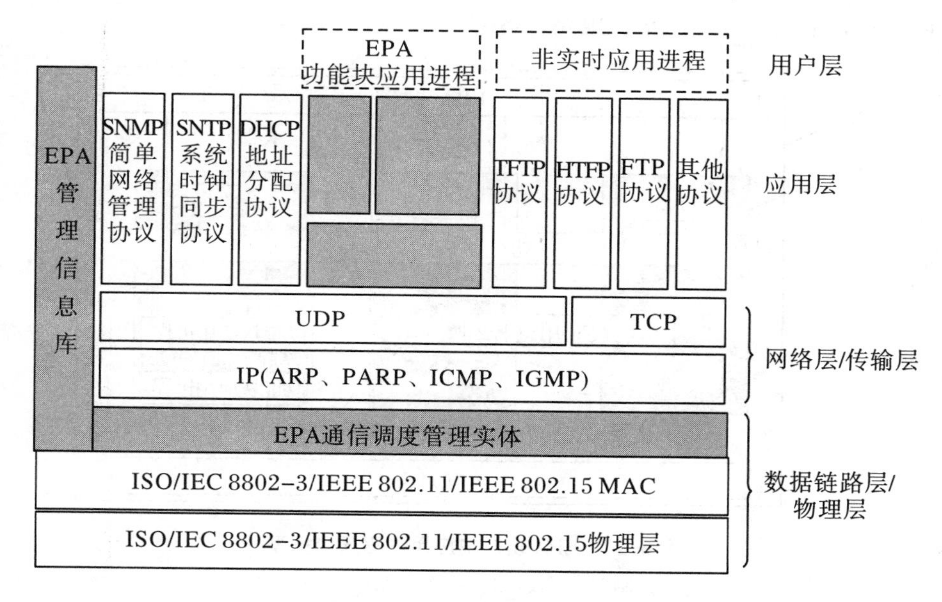

图 6.26　EPA 通信协议模型

(2) EPA 应用进程. 在 EPA 系统中，将所有的应用进程分为两类，即 EPA 功能块应用进程和非实时应用进程，它们可以在一个 EPA 系统中并行运行. 非实时应用进程是指基于 HTTP、FTP 以及其他 IT 应用协议的应用进程，如 HTYP 服务应用进程、电子邮件应用进程、FTP 应用进程等，也就是通用的以太网通信应用进程.

EPA 功能块应用进程是指根据 IEC61499 协议定义的“工业过程测量和控制系统用功能模块”和 IEC61804 协议定义的“过程控制用功能块”所构成的应用进程. 在功能块之间的互操作被模型化为将一个功能模块的输入链接到另一个功能模块的输出. 功能模块间的链接存在于功能块应用进程之内及之间. 位于同一个设备中的功能模块之间的接口由本地定义. 不同设备之间的功能块使用 EPA 应用层服务.

一个应用进程有两种可能的实现方式，如图 6.27 所示. 第一种方式是让所有组成一个功能块应用进程的功能块全部驻留在一个设备里.如应用进程3与应用进程4.第二种方式允许组成一个应用进程的功能块分布驻留在EPA系统中的多个设备里,如应用进程1和应用进程2.是否将组成一个功能块应用进程的功能块载入到一个或多个设备里,取决于一个物理设备的能力,以及应用进程如何被实现.一些物理设备,例如个人计算机(PC)或可编程逻辑控制器(PLC),可以被实现为把它们的应用进程作为软件下载来接收.其他设备,如单一发送器或执行器,可让它们的应用进程以专用集成电路(ASIC)来实现.

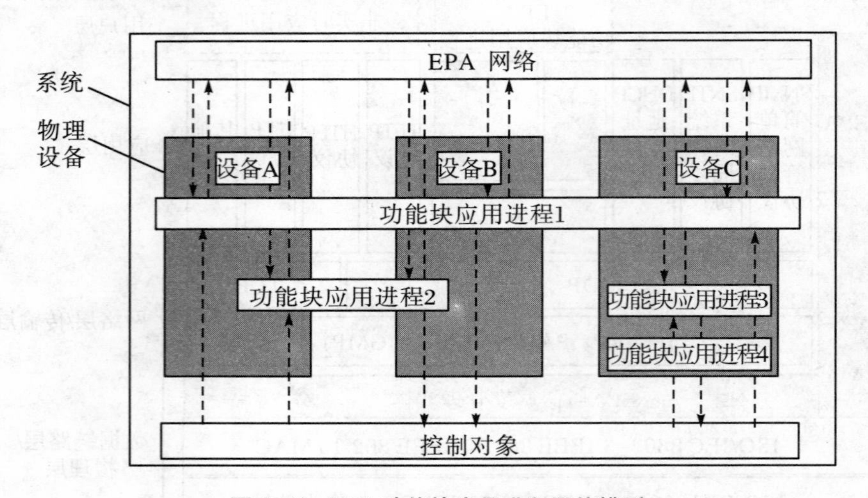

图 6.27 EPA 功能块应用进程通信模型

注:控制对象不是测量和控制系统的一部分

(3) EPA系统管理实体.EPA系统管理实体用于管理EPA设备的通信活动,将EPA网络上的多个设备集成为一个协同工作的通信系统.EPA系统管理实体支持设备声明、设备识别、设备定位、地址分配、时间同步、EPA链接对象管理、即插即用等功能.为支持这些功能,EPA系统管理实体还规定了EPA通信活动所需的对象和服务.

(4) EPA应用访问实体.EPA应用访问实体描述通信对象、服务以及与上下层接口的关系模型,为组成一个功能块应用进程的所有功能块实例间的通信提供通信服务.这些服务包括域上载/下载服务、变量访问服务、事件管理服务.通过这些服务,组成功能块应用进程的功能块实例之间就可以实现测量、控制值传输,上载/下载程序,发出事件通知、处理事件等功能.

(5) EPA通信调度管理实体.EPA通信调度管理实体用于对EPA设备向网络上发送报文的调度管理.采用分时发送机制,按预先组态的调度方案,对EPA设备向网络上发送的周期报文与非周期报文发送时间进行控制,以避免碰撞.EPA周期报文按预先组态的时刻发送;EPA非周期报文按时间有效以及报文优先级和EPA设备的IP地址大小顺序发送.所谓时间有效,是指在一个通信宏周期内的剩余时间足以将该非周期报文完整发送出去.在时间有效的情况下,优先级高的报文先发送;如果两个设备的非周期报文优先级相同,则IP地址小的EPA设备先发送非周期报文.

(6) EPA管理信息库.EPA管理信息库SMIB存放了系统管理实体、EPA通信调度管理实体和应用访问实体操作所需的信息,在SMIB中,这些信息被组织为对象.如设备描述对象描述了设备位号、通信宏周期等信息,链接对象则描述了EPA应用访问实体服务所需要的访问路径信息等.

(7) EPA套接字映射实体.EPA套接字映射实体提供EPA应用访问实体以及EPA系统管理实体与UDP/IP软件实体之间的映射接口,同时具有报文优先发送管理、报文封装、响应信息返回、链路状况监视等功能.

6. ModBus-RTPS

ModBus-RTPS是由ModBus组织和IDA(Interface for Distributed Automation)集团联手开发的基于EthernetTCP/IP和Web互联网技术的实时以太网.2004年开始,ModBus-RTPS成为PAS文件.其实时扩展的方案是为以太网建立一个新的实时通信应用层,采用一种新的通信协议RTPS(Real-Time Publish/Subscribe)实现实时通信,该协议的实现则由一个中间件来完成.ModBus-RTPS通信协议模型如图6.28所示.

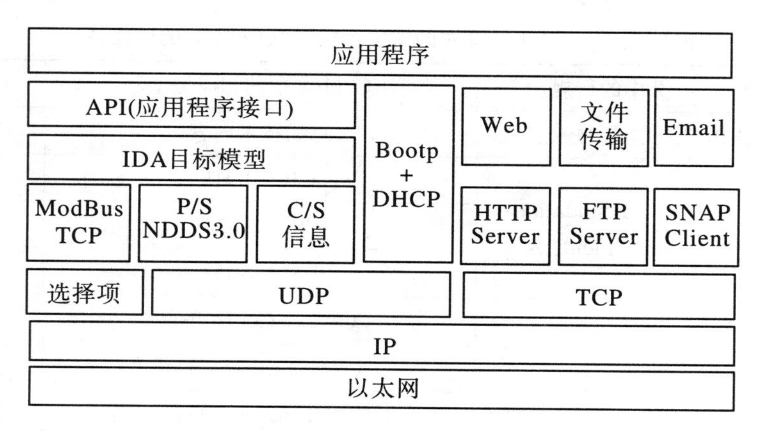

图6.28　ModBus-RTPS协议模型图

该模型建立在面向对象的基础上,这些对象可以通过API应用程序接口被应用层调用.通信协议同时提供实时服务和非实时服务.非实时通信基于TCP/IP协议,充分采用IT成熟技术,如基于网页的诊断和配置(HTFP)、文件传输(FTP)、网络管理(SNMP)、地址管理(BOOTP/DHCP)和邮件通知(SMTP)等.实时通信服务建立在RTPS实时发布者/预定者模式和ModBus协议之上.RTPS协议及其应用程序接口(API)由一个对各种设备都一致的中间件来实现,它采用美国RTI(Real-Time Innovations)公司的NDDS 3.0(Network Data Delivery Service)实时通信系统.RTPS建立在Publish/Subscribe模式基础上,并进行了扩展,增加了设置数据发送截止时间、控制数据流速率和使用多址广播等功能.它可以简化为一个数据发送者和多个数据接收者之间通信编程的工作,极大地减轻网络的负荷.RTPS构建在UDP协议之上,ModBus协议构建在TCP协议之上.

ModBus协议已被IETF(Internet Engineer Test Force)所接受,它将纳入Internet的标准,这表示ModBus也将与FTP一样成为一个操作系统的一个共用部分.ModBus是最先基于以太网的以太网协议,所以在许多地方都得到了应用.

6.3.4 IEC61784-2与IEC61158

2005年11月在美国正式启动现场总线国际标准IEC61158第四版的修订工作,IEC61784——2纳入IEC61158第四版.IEC61784-2中的实时以太网通信行规与IEC61158的对应关系如表6.4所示.根据IEC/TC SC65C计划,现场总线国际标准IEC61158(第四版)和实时以太网应用行规国际标准IEC61784—2,均于2006年6月进入CDV投票期,2007年1月进入FIDS投票期,2007年8月作为国际标准(International Standard,IS)正式出版.

表6.4 IEC 61784-2中的通信行规与IEC61158的对应关系

IEC61784-2中的行规		IEC61158中的相应类型号	
现场总线簇	总线技术名称	总线技术内容	类型号
1	Foundation FieldBus	CP 1/1 H1	19
		CP 1/2 HSE	5
		CP 1/3 H2	1.9
2	CIP	CP 2/1 ControlNet	2
		CP 2/2 EtherNet/IP	
		CP 2/21 EtherNet/IPtimesyn	
		CP 2/3 DeviceNet	

续表

IEC61784－2中的行规		IEC61158中的相应类型号	
现场总线簇	总线技术名称	总线技术内容	类型号
3	profiBus ProfiNet	CP 3/1 ProfiBus DP	3
		CP 3/2 ProfiBus PA	
		CP 3/3 ProfiNet CBA	10
		CP 3/4 ProfiNet IOCC－A	
		－CP 3/5 ProfiNet IOCC－B	
		CP 3/6 ProfiNet IOCC－C	
4	P－NET	CP 4/1 P－NET RS－485	4
		CP 4/2 P－NET RS－232	
		CP 4/3 P－NET on IP	
5	WorldFIP	CP 5/1 WorldFIP	7
		CP 5/2WorldFIP with subMMS	
		CP 5/3 WorldFIP minimal-for TCP/IP	
6	InterBus	CP 6/1 InterBus	8
		CP 6/2 InterBus TCP/IP	
		CP 6/3 InterBus minimal	
		CP 6/4	
		CP 6/5	
		CP 6/6	
7	SwiftNet	CP 7/1 SwiftNet Transport	6（删除）

第7章　计算机控制系统的抗干扰技术

7.1　工业现场的干扰及对系统的影响

在对生产过程的计算机控制过程当中,常常会因为各种各样的干扰导致控制不准确或失常.很多从事计算机控制的人员都会有这样的经历,当他们把经过千辛万苦安装和调试好的样机投入工业现场进行运行时,却不能够正常工作.为什么在实验室调试时就很好,到了现场就不行呢?原因就是在生产现场的工业环境中有强大的干扰.(当然,还有其他原因,比如设计本身的不完善导致出错,或者在运输安装过程中对设备有所损坏,接线不正确等,但这类原因可以比较容易发现并迅速改正.)因此,抗干扰技术对于计算机控制系统来讲是非常重要的.

所谓干扰,就是有用信号以外的噪声或造成计算机设备不能正常工作的破坏因素.在生产过程中,人们不断地积累各种抗干扰技术,可以分为硬件措施和软件措施.一个成功的抗干扰系统是硬件和软件相结合构成的.硬件抗干扰效率高,但要增加系统的投资和设备;软件抗干扰投资低,但是以 CPU 的开销为代价,影响到系统的工作效率和实时性.

7.1.1　干扰的来源

微机控制系统所受到的干扰源分为外部干扰和内部干扰.

1. 外部干扰

外部干扰与系统结构无关,是由外界环境因素决定的,主要是指空间电与磁的影响,环境温度,湿度等气象条件也属于外来干扰.外部干扰的主要来源有电源电网的波动、大型用电设备(如天车、电炉、大电机、电焊机等)的启停、高压设备和电磁开关的电磁辐射、传输电缆的共模干扰等.

2. 内部干扰

内部干扰则是由系统结构、制造工艺等决定的.内部干扰主要有系统的软件干扰、分布电容或分布电感产生的干扰、多点接地造成的电位差给系统带来的影响等.长线传输的波反射、多点接地的电位差、元器件产生的噪声也属于内部干扰.

7.1.2　干扰的作用途径

1. 传导耦合

干扰由导线进入电路中称为传导耦合.电源线、输入输出信号线都是干扰经常窜入的途径.

2. 静电耦合

干扰信号通过分布电容进行传递称为静电耦合.系统内部各导线之间、印刷线路板的各线条之间、变压器线匝之间及绕组之间以及元件之间、元件与导线之间都存在着分布电容.具有一定频率的干扰信号通过这些分布电容提供的电抗通道穿行,对系统形成干扰.

3. 电磁耦合

电磁耦合是指在空间磁场中电路之间的互感耦合.因为任何载流导体都会在周围的空间产生磁场,而交变磁场又会在周围的闭合电路中产生感应电势,所以这种电磁耦合总是存在的,只是程度强弱不同而已.

4. 公共阻抗耦合

公共阻抗耦合是指多个电路的电流流经同一公共阻抗时所产生的相互影响.例如系统中往往是多个电路共用一个电源,各电路的电流都流经电源内阻 R_n 和线路电阻 R_L,R_n 和 R_L 就成为各电路的公共阻抗.每一个电路的电流在公共阻抗上造成的压降都将成为其他电路的干扰信号.

7.1.3　干扰的作用形式

各种干扰信号通过不同的耦合方式进入系统后,按照对系统的作用形式又可分为共模干扰和串模干扰.

1. 共模干扰(共态干扰)

共模干扰是在电路输入端相对公共接地点同时出现的干扰,也称为共态干扰、对地干扰、纵向干扰、同向干扰等.所谓共模干扰是指 A/D 转换器两个输入端共有的干扰电压.因为在计算机控制系统中,一般要用长导线把计算机发出的控制信号传送到现场的某个控制对象,或者把安装在某个装置中的传感器所产生的被测信号传送到计算机的模数转换器.因此,被测信号的参考接地点和计算机

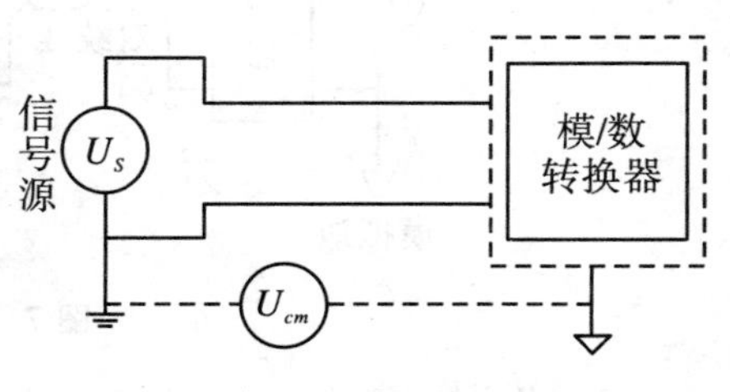

图 7.1　共模干扰示意图

输入信号的参考接地点之间往往存在着一定的电位差.共模干扰主要是由电源的地、放大器的地以及信号源的地之间的传输线上的电压降造成的,如图 7.1 所示.

2. 串模干扰

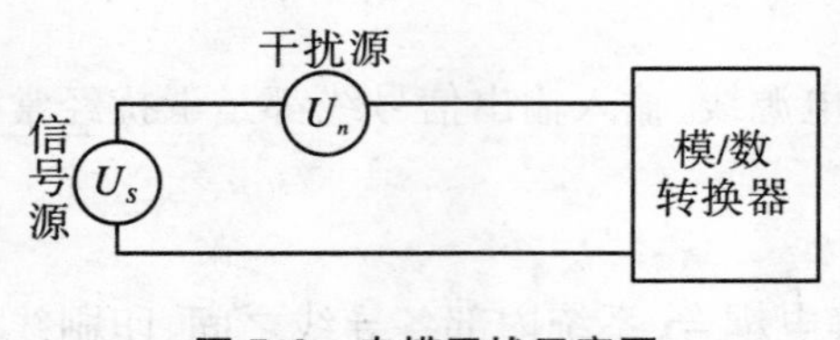

图 7.2　串模干扰示意图

串模干扰就是指串联叠加在工作信号上的干扰,也称之为正态干扰、常态干扰、横向干扰等.图 7.2 描述了串模干扰的情况.共模干扰对系统的影响是转换成串模干扰的形式作用的.所谓串模干扰是指叠加在被测信号上的干扰噪声.被测信号是指有用的直流信号或缓慢变化的交变信号,而干扰噪声是指无用的变化较快的杂乱交变信号.

7.2　硬件抗干扰技术

7.2.1　共模干扰的抑制

抑制共模干扰的主要方法是设法消除不同接地点之间的电位差.

1. 变压器隔离

利用变压器把模拟信号电路与数字信号电路隔离开来,也就是把模拟地与数字地断开,以使共模干扰电压不成回路,从而抑制了共模干扰.注意,隔离前和隔离后应分别采用两组互相独立的电源,切断两部分的地线联系,如图 7.3 所示.

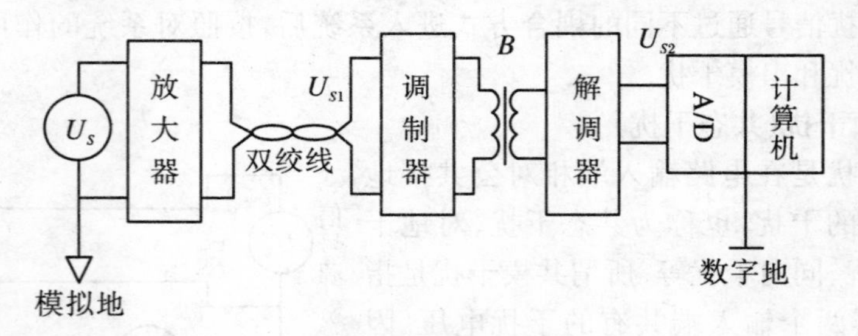

图 7.3　变压器隔离图

2. 光电隔离

光电隔离是利用光电耦合器完成信号的传送,实现电路的隔离,如图 7.4 所示.根据所用的器件及电路不同,通过光电耦合器既可以实现模拟信号的隔离,更可以实现数字量的隔离.注意,光电隔离前后两部分电路应分别采用两组独立的电源.

光电耦合器有以下几个特点:首先,由于是密封在一个管壳内,不会受到外界光的干扰.其次,由于是靠光传送信号,切断了各部件电路之间地线的联系.第三,发光二极管动态电阻非常小,而干扰源的内阻一般很大,能够传送到光电耦合器输入端的干扰信号变得很小.第四,光电耦合器的传输比和晶体管的放大倍数相比,一般很小,其发光二极管只有在通过一定的电流时才发光,如果没有足够的能量,仍不能使发光二极管发光,从而可以有效地抑制干扰信号.

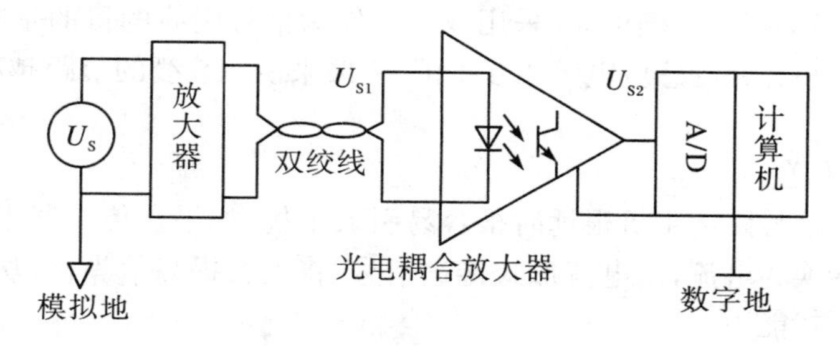

图7.4 光电隔离图

3. 浮地屏蔽

采用浮地输入双层屏蔽放大器来抑制共模干扰.所谓浮地,就是利用屏蔽方法使信号的"模拟地"浮空,从而达到抑制共模干扰的目的.

4. 采用具有高共模抑制比的仪表放大器作为输入放大器

仪表放大器具有共模抑制能力强、输入阻抗高、漂移低、增益可调等优点,是一种专门用来分离共模干扰与有用信号的器件.

7.2.2 串模干扰的抑制

抑制串模干扰主要从干扰信号与工作信号的不同特性入手,针对不同情况采取相应的措施.

1. 在输入回路中接入模拟滤波器

如果串模干扰频率比被测信号频率高,则采用输入低通滤波器来抑制高频串模干扰;如果串模干扰频率比被测信号频率低,则采用高通滤波器来抑制低频串模干扰;如果串模干扰频率落在被测信号频谱的两侧,应采用带通滤波器.一般情况下,串模干扰均比被测信号变化快,故常用二阶阻容低通滤波网络作为模/数转换器的输入滤波器.

2. 使用双积分式A/D转换器

当尖峰型串模干扰为主要干扰时,使用双积分式A/D转换器,或在软件上采用判断滤波的方法加以消除.双积分式A/D转换器对输入信号的平均值而不是瞬时值进行转换,所以对尖峰干扰具有抑制能力.如果取积分周期等于主要串模干扰的周期或为主要串模干扰周期的整数倍,则通过积分比较变换后,对串模干扰有更好的抑制效果.

3. 采用双绞线作为信号线

若串模干扰和被测信号的频率相当,则很难用滤波的方法消除.此时,必须采用其他措施消除干扰源.通常可在信号源到计算机之间选用带屏蔽层的双绞线或同轴电缆,并确保接地正确可靠.采用双绞线作为信号引线的目的是减少电磁.双绞线能使各个小环路的感应电势相互抵消.一般来说双绞线的节距越小,抗干扰能力越强.

4. 电流传送

当传感器信号距离主机很远时很容易引入干扰.如果在传感器出口处将被测信号由电压转换为电流,以电流形式传送信号,将大大提高信噪比,从而提高传输过程中的抗干扰能力.

5. 对信号提早处理

电磁感应造成的串模干扰,对被测信号尽可能地进行前置放大,从而达到提高回路中信号噪声比的目的;或者尽可能早地完成A/D转换或者采取隔离和屏蔽措施.

6. 选择合理的逻辑器件来抑制

一是采用高抗扰度逻辑器件,通过高阈值电平来抑制低噪声的干扰;二是采用低速的逻辑器件来抑制高频干扰.

7.2.3 长线传输干扰的抑制

在计算机控制系统中,由于数字信号的频率很高,很多情况下传输线要按长线对待.例如,对于10 ns级的电路,几米长的连线应作为长线来考虑,而对于ns级的电路,1 m长的连线就要当作长线处理.

1. 长线传输的干扰

信号在长线中传输时会遇到三个问题:一是长线传输易受到外界干扰;二是具有信号延时;三是高速变化的信号在长线中传输时,还会出现波反射现象.

当信号在长线中传输时,由于传输线的分布电容和分布电感的影响,信号会在传输线内部产生向前进的电压波和电流波,称为入射波;另外,如果传输线的终端阻抗与传输线的波阻抗不匹配,那么当入射波到达终端时,便会引起反射;同样,反射波到达传输线始端时,如果始端阻抗不匹配,还会引起新的反射.这种信号的多次反射现象,使信号波形失真和畸变,并且引起干扰脉冲.

2. 抗干扰措施

采用终端阻抗匹配或始端阻抗匹配,可以消除长线传输中的波反射或者把它抑制到最低限度.

(1) 波阻抗 R_P 的求解

为了进行阻抗匹配,必须事先知道传输线的波阻抗 R_P,波阻抗的测量如图7.5所示.

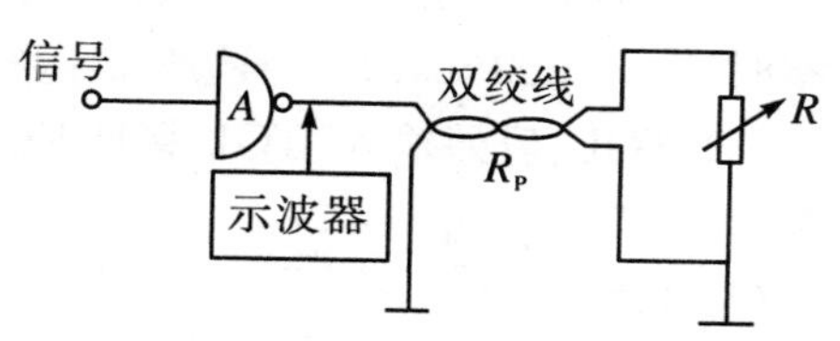

图 7.5　测量传输线波阻抗图

(2) 终端匹配

最简单的终端匹配方法如图 7.6(a)所示,如果传输线的波阻抗是 R_P,那么当 $R = R_P$ 时,便实现了终端匹配,消除了波反射.此时终端波形和始端波形的形状相一致,只是时间上滞后.由于终端电阻变低,加大负载,使波形的高电平下降,从而降低了高电平的抗干扰能力,但对波形的低电平没有影响.为了克服上述匹配方法的缺点,可采用图 7.6(b)所示的终端匹配方法.

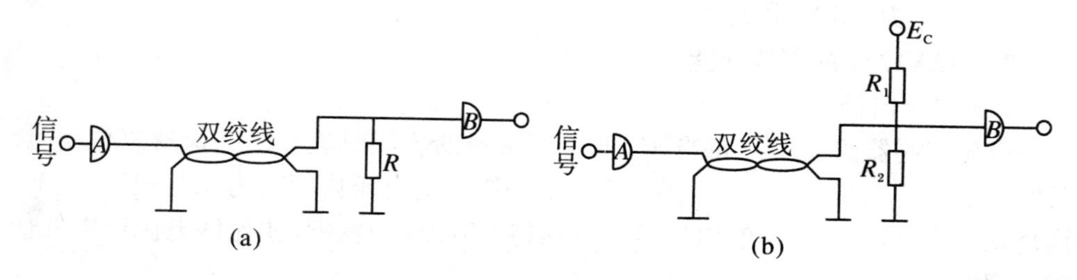

图 7.6　终端匹配图

(3) 始端匹配

在传输线始端串入电阻 R,如图7.7所示,也能基本上消除反射,达到改善波形的目的.

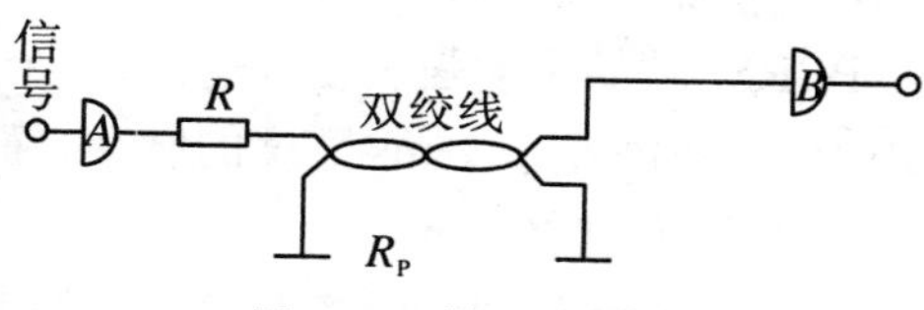

图 7.7　始端匹配图

7.2.4　CPU 抗干扰技术

计算机控制系统的 CPU 抗干扰措施常常采用 Watchdog(看门狗)、电源监控(掉电检测及保护)、复位等方法.常采用微处理器监控电路 MAX1232 来实现这些功能.

1. MAX1232 的结构原理

MAX1232 微处理器监控电路给微处理器提供辅助功能以及电源供电监控功能.它通过监控微处理器系统电源供电及监控软件的执行,来增强电路的可靠性.

如图 7.8(a)所示,其引脚含义为:

(1) $\overline{\text{PBRST}}$:按键复位输入.是一个反弹的(无锁的)手动复位输入,低电平有效输入,忽略小于 1 ms 宽度的脉冲,确保识别 20 ms 或更宽的输入脉冲.

(2) T_D:时间延迟,Watchdog 时基选择输入.TD = 0 V 时,t_{TD} = 150 ms;TD 悬空时,t_{TD} = 600 ms;$T_D = V_{ss}$时,t_{TD} = 1.2 s.

(3) TOL:容差输入.TOL 接地时选择 5%的容差;TOL 接 V_{cc}时选取 10%的容差.

(4) GND:地.

(5) RST:复位输出.高电平有效.当下述情况发生时,RST 产生:若 V_{cc}下降低于所选择的复位电压阈值,则产生 RST 输出;若$\overline{\text{PBRST}}$变低,则产生 RST 输出;若在最小暂停周期内$\overline{\text{ST}}$未选通,则产生 RST 输出;若在加电源期间,则产生 RST 输出.

(6) $\overline{\text{RST}}$:复位输出.低电平有效.产生条件同 RST.

(7) $\overline{\text{ST}}$:选通输入.Watchdog 定时器输入.

(8) V_{CC}为 +5 V 电源.

2. MAX1232 的主要功能

(1) 电源监控

电压监测器监控 V_{cc},每当 V_{cc}低于所选择的容限时就输出并保持复位信号.(5%容限时的电压典型时为 4.62 V,10%容限时的电压典型时为 4.37 V.)当 V_{cc}恢复到容许极限内,复位输出信号至少保持 250 ms 的宽度,才允许电源供电并使微处理器稳定工作.

(2) 按钮复位输入

$\overline{\text{PBRST}}$端靠手动强制复位输出,一个机械按钮或一个有效的逻辑信号都能驱动$\overline{\text{PBRST}}$,忽略小于 1 ms 宽度的脉冲,确保识别 20 ms 或更宽的输入脉冲.

(3) 监控定时器

Watchdog 俗称“看门狗”,是工业控制器普遍采用的抗干扰措施.微处理器用一根 I/O 线来驱动$\overline{\text{ST}}$输入端(其时间取决于 TD 的选择),以便来检测正常的软件执行.如果一个硬件或软件的失误导致$\overline{\text{ST}}$没有被触发,在一个最小的超时时间间隔内,MAX1232 的复位输出 RST 有效,至少保持 250 ms 的宽度.

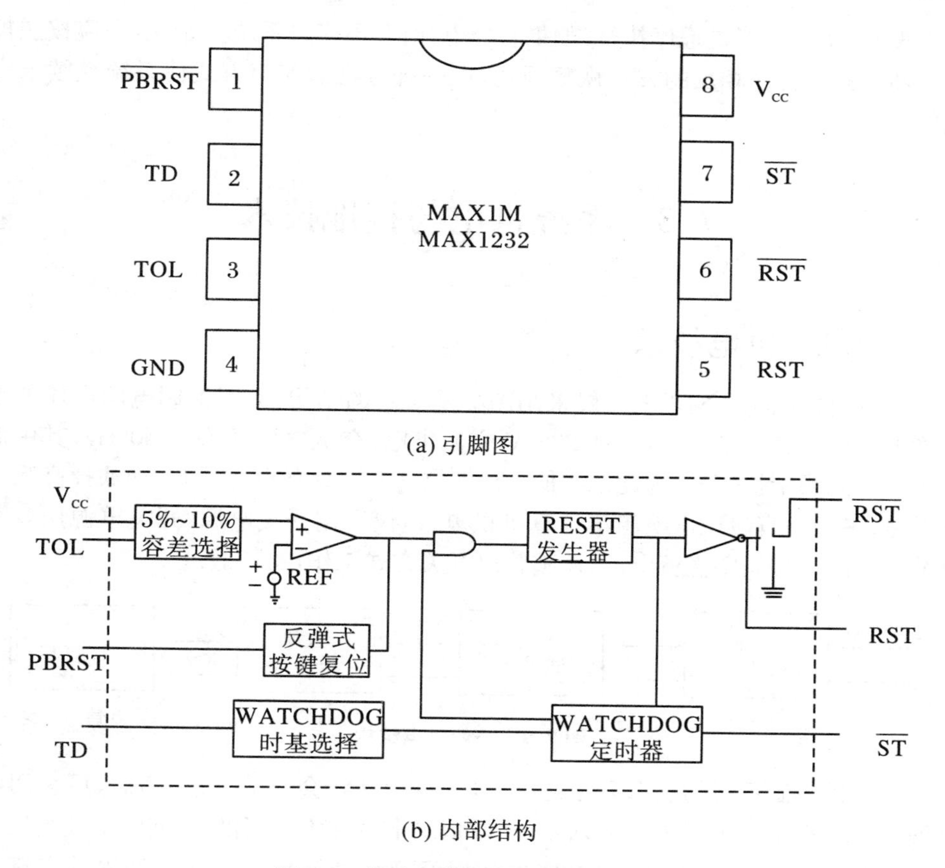

(a) 引脚图

(b) 内部结构

图 7.8 微处理器监控电路 MAX1232

3. 掉电保护和恢复运行

电网瞬间断电或电压突然下降将使微机系统陷入混乱状态，电网电压恢复正常后，微机系统难以恢复正常. 掉电信号由监控电路 MAX1232 检测得到，加到微处理器的外部中断输入端. 在软件中将掉电中断规定为高级中断，使系统能够及时对掉电作出反应. 在掉电中断服务子程序中，首先进行现场保护，把当时的重要参数、中间结果、某些专用寄存器的内容转移到专用的有后备电源的 RAM 中. 其次是对有关外设作出妥善的处理，如关闭各输入输出接口，使外设处于某一个非工作状态等. 最后必须在专用的有后备电源的 RAM 中某一个或两个单元上作出特定标记即掉电标记. 为保证掉电子程序能顺利执行，掉电检测电路必须在电源电压下降到 CPU 最低工作电压之前就提出中断申请，提前时间为几百微秒至数毫秒.

当电源恢复正常时，CPU 重新上电复位，复位后应首先检查是否有掉电标记，如果没有,按一般开机程序执行.如果有掉电标记,不应将系统初始化,而应按照掉电中断服务子程序相反的方式恢复现场,以一种合理的安全方式使系统继续未完成的工作.

7.3 系统供电与接地技术

7.3.1 供电技术

计算机控制系统的供电一般采用图 7.9 所示的结构.为了抑制电网电压的波动影响而设置交流稳压器,保证 220 V 交流供电.交流电网频率为 50 Hz,其中混杂了部分高频干扰信号,为此采用低通滤波器让 50 Hz 的基波通过,而滤掉高频干扰信号.最后由直流稳压电源给计算机供电,建议采用开关电源.开关电源用调节脉冲宽度的办法调整直流电压,调整管以开关方式工作,功耗低.

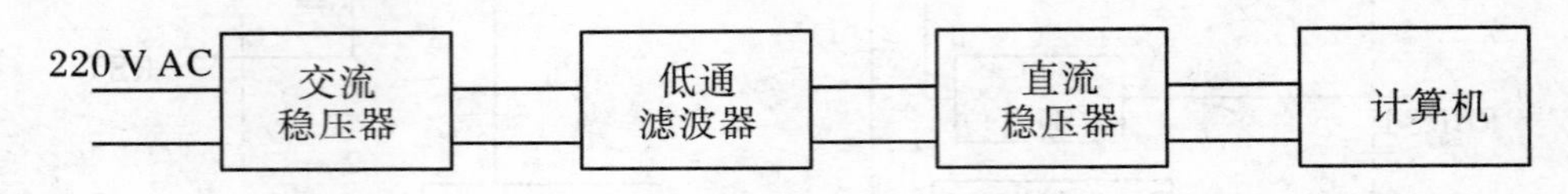

图 7.9 一般供电结构

计算机控制系统的供电不允许中断,一旦中断将会影响生产.为此,可采用不间断 UPS,其结构图如图 7.10 所示.正常情况下由交流电网供电,同时电池组处于浮充状态.如果交流电网供电中断,电池组经逆变器输出交流代替外界的交流供电,这是一种无触点的不间断切换.UPS 是用电池组作为后备电源.

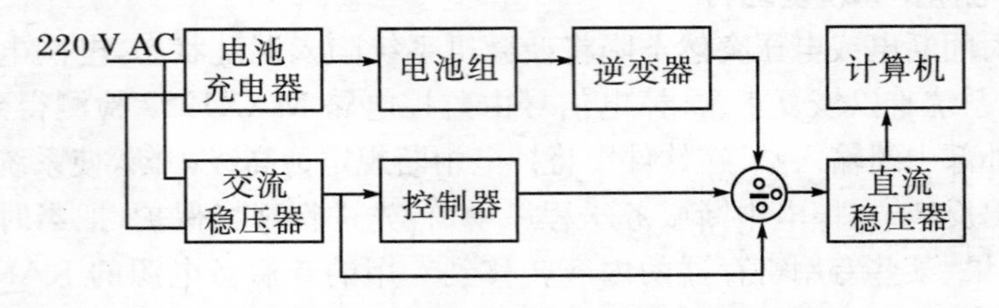

图 7.10 具有不间断电源的供电结构

7.3.2 电源系统的抗干扰技术

1. 抗干扰稳压电源的设计

微机常用的直流稳压电源如图 7.11 所示.该电源采用了双隔离、双滤波和双稳压措施，具有较强的抗干扰能力，可用于一般工业控制场合.

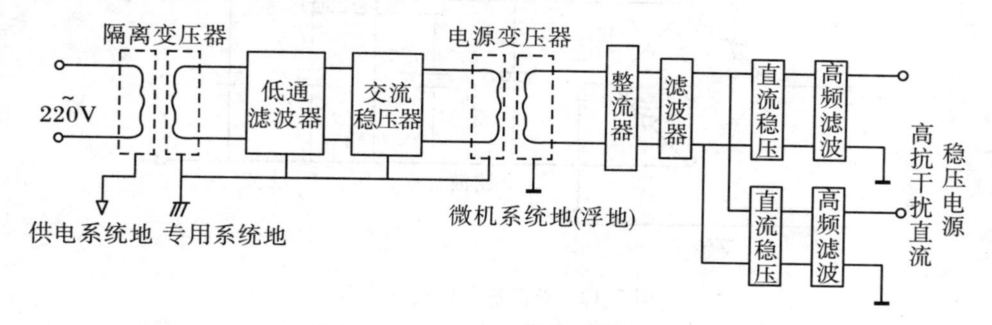

图 7.11　抗干扰直流稳压电源示意图

(1) 隔离变压器

隔离变压器的作用有两个：其一是防止浪涌电压和尖峰电压直接窜入而损坏系统；其二是利用其屏蔽层阻止高频干扰信号窜入. 为了阻断高频干扰经耦合电容传播，隔离变压器设计为双屏蔽形式，原副边绕组分别用屏蔽层屏蔽起来，两个屏蔽层分别接地. 这里的屏蔽为电场屏蔽，屏蔽层可用铜网、铜箔或铝网、铝箔等非导磁材料构成.

(2) 低通滤波器

各种干扰信号一般都有很强的高频分量，低通滤波器是有效的抗干扰器件，它允许工频 50 Hz 电源通过，而滤掉高次谐波，从而改善供电质量. 低通滤波器一般由电感和电容组成，在市场上有各种低通滤波器产品供选用. 一般来说，在低压大电流场合应选用小电感大电容滤波器，在高压小电流场合应选大电感小电容滤波器.

(3) 交流稳压器

交流稳压器的作用是保证供电的稳定性，防止电源电压波动对系统的影响.

(4) 电源变压器

电源变压器是为直流稳压电源提供必要的电压而设置的. 为了增加系统的抗干扰能力，电源变压器做成双屏蔽形式.

(5) 直流稳压系统

直流稳压系统包括整流器、滤波器、直流稳压器和高频滤波器等几部分，常用的直流稳压电路如图 7.12 所示.

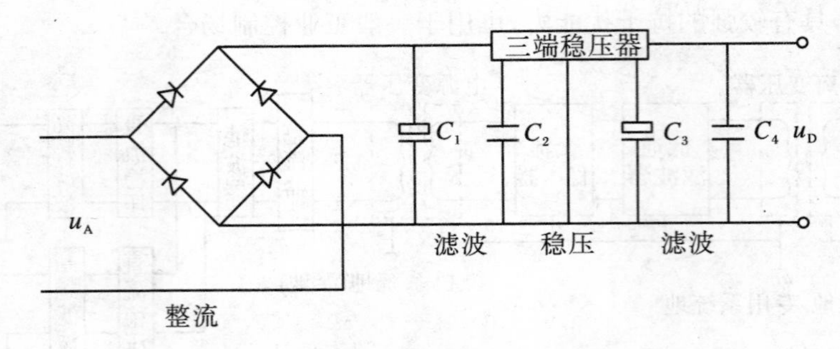

图 7.12 直流稳压系统电路图

一般直流稳压电源用的整流器多为单相桥式整流，直流侧常采用电容滤波.图中 C_1 为平滑滤波电容，常选用几百～几千 μF 的电解电容，用以减轻整流桥输出电压的脉动. C_2 为高频滤波电容，常选用 0.01～0.1 μF 的瓷片电容，用于抑制浪涌的尖峰.作为直流稳压器件，现在常用的就是三端稳压器 78XX 和 79XX 系列芯片，这类稳压器结构简单，使用方便，负载稳定度为 15 mV，具有过电流和输出短路保护，可用于一般微机系统.三端稳压电源的输出端常接两个电容 C_3 和 C_4，C_3 主要起负载匹配作用，常选用几十～几百 μF 的电解电容；C_4 中抗高频干扰电容，常选取 0.01～0.1 μF 的瓷片电容.

简易直流稳压电源结构如图 7.13 所示.

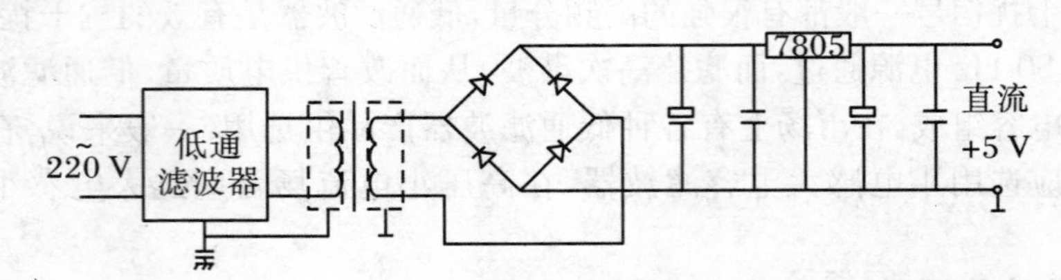

图 7.13 简易直流稳压电源示意图

2. 电源系统的异常保护

(1) 不间断电源 UPS

在正常情况下，由交流电网向微机系统供电，并同时给 UPS 的电池组充电.一旦交流电网出现断电，则不间断电源 UPS 自动切换到逆变器供电，逆变器将电池组的直流电压逆变成为与工频电网同频的交流电压，此电压送给直流稳压器后继续保持对系统的供电.

(2) 连续备用供电系统

连续备用供电系统是由柴油发电机供电，在两种供电系统转换期间，由电池完成平稳过渡，以避免电源更换对系统的冲击.

7.3.3　接地技术

1. 微机控制系统中的地线

(1) 数字地，也叫逻辑地.它是微机系统中各种TTL、CMOS芯片及其他数字电路的零电位.数字地作为计算机中各种数字电路的零电位，应该与模拟地分开，避免模拟信号受数字脉冲的影响.

(2) 模拟地.它是放大器、A/D转换器、D/A转换器中的模拟电路零电位.

(3) 安全地.安全地的目的是使设备机壳与大地等电位，以避免机壳带电而影响人身和设备安全.通常安全地又称为保护地或机壳地，屏蔽地

(4) 系统地.是上述几种地的最终回流点，直接与大地相连.

(5) 直流地.直流电源的地线.

(6) 交流地.交流50 Hz电源的地线，它是噪声地.交流地是计算机交流供电电源地，即动力线地，它的地电位很不稳定.因此，交流地要绝对与上述地线分开.

2. 常用的接地方法

(1) 一点接地和多点接地

对于信号频率小于1 MHz的低频电路，其布线和元器件间的电感影响较小，地线阻抗不大，而接地电路形成的环流有较大的干扰作用，因而应采用一点接地，防止地环流的产生.当信号频率大于10 MHz时，布线与元器件间的电感使得地线阻抗变得很大.为了降低地线阻抗，应采用就近多点接地.如果信号频率在1～10 MHz之间，当地线长度不超过信号波长的1/20时，可以采用一点接地，否则就要多点接地.图7.14～图7.16分别为汇流法接地、并联一点接地、串联一点接地.由于在工业过程控制系统中，信号频率大都小于1MHz，故通常采用一点接地.

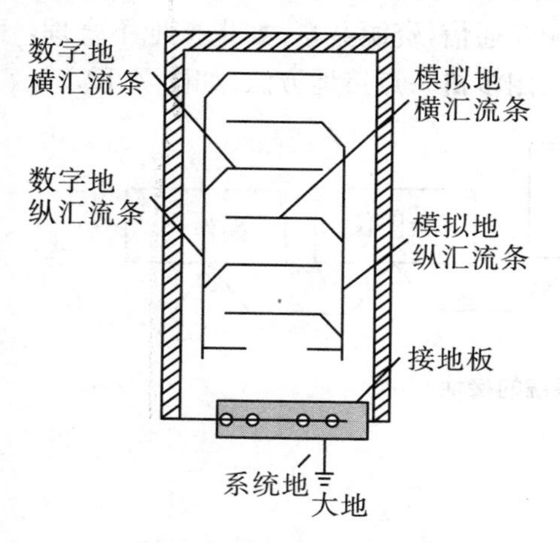

图7.14　汇流法接地

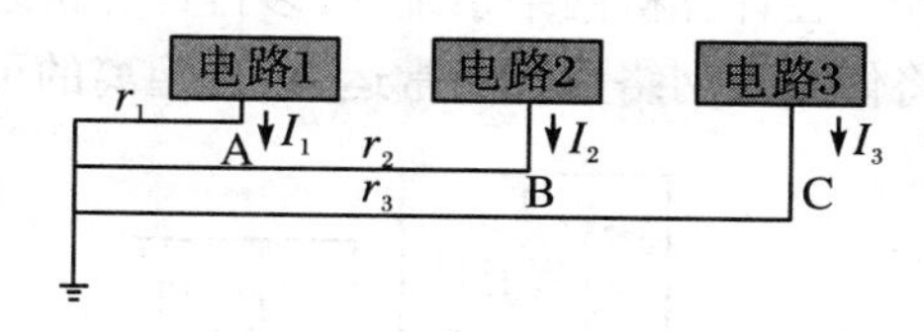

图7.15　并联一点接地

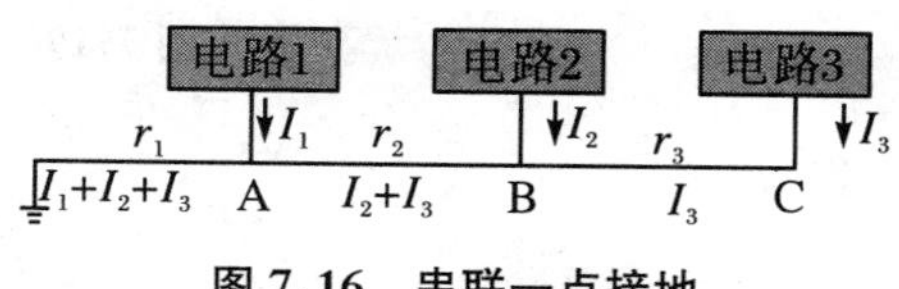

图7.16　串联一点接地

(2) 模拟地和数字地的连接

数字地主要是指 TTL 或 CMOS 芯片、I/O 接口芯片、CPU 芯片等数字逻辑电路的地端,以及 A/D、D/A 转换器的数字地.而模拟地则是指放大器、采样/保持器和 A/D、D/A 中模拟信号的接地端.在微机控制系统中,数字地和模拟地必须分别接地,然后仅在一点处把两种地连接起来.否则,数字回路通过模拟电路的地线再返回到数字电源,将会对模拟信号产生影响.其连接线路如图 7.17 所示.

(3) 主机外壳接地

为了提高计算机的抗干扰能力,将主机外壳作为屏蔽罩接地.而把机内器件架与外壳绝缘,绝缘电阻大于 50 MΩ,即机内信号地浮空,如图 7.18 所示.

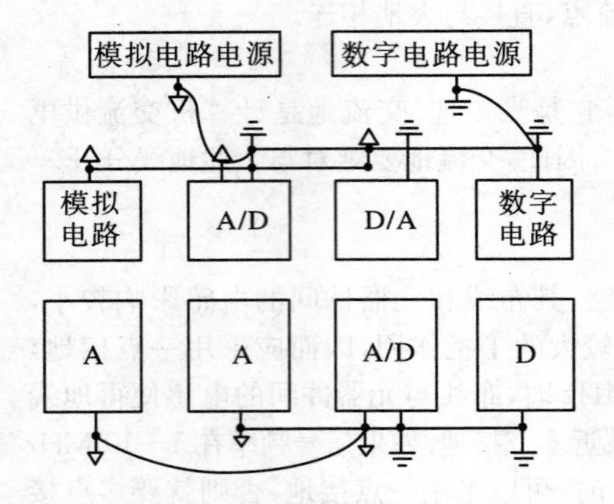

图 7.17　模拟地与数字地的连接线路

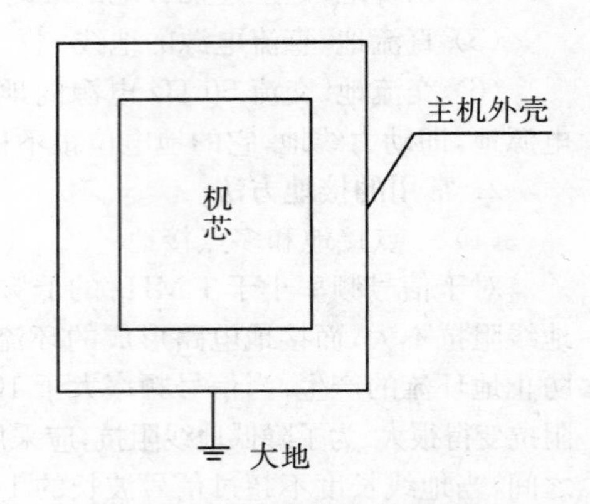

图 7.18　外壳接地,机芯浮空

(4) 多机系统的接地

在计算机网络系统中,多台计算机之间相互通信,资源共享.如果接地不合理,将使整个网络无法正常运行.近距离的可以采用多机一点接地方法.如图 7.19.

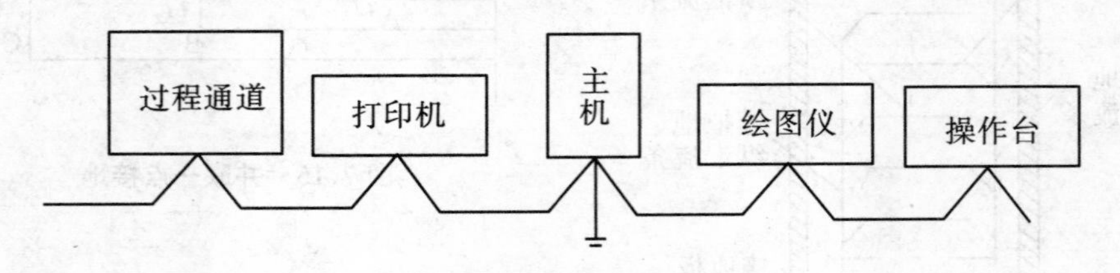

图 7.19　多机系统的接地

7.4　软件抗干扰技术

7.4.1　软件出错对系统的危害

1. 数据采集不可靠

在数据采集通道，尽管我们采取了一些必要的抗干扰措施，但在数据传输过程中仍然会有一些干扰侵入系统，造成采集的数据不准确形成误差.

2. 控制失灵

一般情况下，控制状态的输出是通过微机控制系统的输出通道实现的. 由于控制信号输出功率较大，不易直接受到外界干扰. 但是在微机控制系统中，控制状态的输出常常取决于某些条件状态的输入和条件状态的逻辑处理结果，而在这些环节中，由于干扰的侵入，可能造成条件状态偏差、失误，致使输出控制误差加大，甚至控制失灵.

3. 程序运行失常

微型计算机系统引入强干扰后，程序计数器 PC 的值可能被改变，因此会破坏程序的正常运行. 被干扰后的 PC 值是随机的，这将引起程序执行一系列毫无意义的指令，最终可能导致程序“死循环”.

7.4.2　数字滤波方法

数字滤波是提高数据采集系统可靠性最有效的方法，因此在微机控制系统中一般都要进行数字滤波. 所谓数字滤波，就是通过一定的计算或判断程序减少干扰在有用信号中的比重. 故实质上它是一种程序滤波.

数字滤波克服了模拟滤波器的不足，它与模拟滤波器相比，有以下几个优点：

(1) 数字滤波是用程序实现的，不需要增加硬设备，所以可靠性高，稳定性好；

(2) 数字滤波可以对频率很低(如 0.01 Hz)的信号实现滤波，克服了模拟滤波器的缺陷；

(3) 数字滤波器可根据信号的不同，采用不同的滤波方法或滤波参数，具有灵活、方便、功能强的特点.

1. 程序判断滤波法

(1) 限幅滤波法

限幅滤波的做法是把两次相邻的采样值相减，求出其增量(以绝对值表示)，然后与两次采样允许的最大差值(由被控对象的实际情况决定)ΔY 进行比较. 若小

于或等于 ΔY,则取本次采样值;若大于 ΔY,则仍取上次采样值作为本次采样值,即

$|Y(k)-Y(k-1)|\leqslant\Delta Y$,则 $Y(k)=Y(k)$,取本次采样值;

$|Y(k)-Y(k-1)|>\Delta Y$,则 $Y(k)=Y(k-1)$,取上次采样值.

其中,$Y(k)$是第 k 次采样值;$Y(k-1)$是第$(k-1)$次采样值;ΔY 是相邻两次采样值所允许的最大偏差,其大小取决于采样周期 T 及 Y 值的动态响应.

(2) 限速滤波法

限速滤波是用三次采样值来决定采样结果.其方法是,当$|Y(2)-Y(1)|>\Delta Y$ 时,再采样一次,取得 $Y(3)$,然后根据$|Y(3)-Y(2)|$与 ΔY 的大小关系来决定本次采样值.具体判别式如下:

设顺序采样时刻 t_1,t_2,t_3 所采集的参数分别为 $Y(1),Y(2),Y(3)$,那么

当$|Y(2)-Y(1)|\leqslant\Delta Y$ 时,取 $Y(2)$输入计算机;

当$|Y(2)-Y(1)|>\Delta Y$ 时,$Y(2)$不采用,但仍保留,继续采样取得 $Y(3)$;

当$|Y(3)-Y(2)|\leqslant\Delta Y$ 时,取 $Y(3)$输入计算机;

当$|Y(3)-Y(2)|>\Delta Y$ 时,取 $Y(2)=[Y(2)+Y(3)]/2$ 输入计算机.

2. 中值滤波法

这种滤波法是将被测参数连续采样 N 次(一般 N 取奇数),然后把采样值按大小顺序排列,再取中间值作为本次的采样值.

3. 算术平均值滤波法

这种方法就是在一个采样期内,对信号 x 的 N 次测量值进行算术平均,作为时刻 k 的输出,即

$$\bar{x}(k)=\frac{1}{N}\sum_{i=1}^{N}x_i$$

4. 加权平均值滤波

算术平均值对于 N 次以内所有的采样值来说,所占的比例是相同的,亦即取每次采样值的 $1/N$.有时为了提高滤波效果,将各采样值取不同的比例,然后再相加,此方法称为加权平均值法.

$$\bar{y}(k)=\sum_{i=0}^{n-1}C_i x_{n-i}$$

其中 $C_0,C_1,\cdots,C_{n-1}$ 为各次采样值的系数,并且满足 $\sum_{i=0}^{n-1}C_i=1$,它体现了各次采样值在平均值中所占的比例.

5. 滑动平均值滤波法

不管是算术平均值滤波，还是加权平均值滤波，都需连续采样 N 个数据，这种方法适合于有脉动干扰的场合. 但是由于必须采样 N 次，需要时间较长，故检测速度慢. 为了克服这一缺点，可采用滑动平均值滤波法，即依次存放 N 次采样值，每采进一个新数据，就将最早采集的那个数据丢掉，然后求包含新值在内的 N 个数据的算术平均值或加权平均值.

6. 惯性滤波法

前面讲的几种滤波方法基本上属于静态滤波，主要适用于变化过程比较快的参数，如压力、流量等. 但对于慢速随机变量采用短时间内连续采样求平均值的方法，其滤波效果往往不够理想. 为了提高滤波效果，可以仿照模拟滤波器，用数字形式实现低通滤波.

一阶 RC 滤波器的传递函数为

$$G(s) = \frac{1}{1 + T_{\mathrm{f}} s}$$

其中滤波时间常数

$$T_{\mathrm{f}} = RC$$

离散化为

$$T_{\mathrm{f}} \frac{x(k) - x(k-1)}{T} + x(k) = u(k)$$

整理可得

$$x(k) = (1 - \alpha) u(k) + \alpha x(k-1)$$

其中 $u(k)$ 为采样值，$x(k)$ 为滤波器的计算输出值，$\alpha = \frac{T_{\mathrm{f}}}{T_{\mathrm{f}} + T}$ 为滤波系数，显然 $0 < \alpha < 1$，T 为采样周期.

7. 复合数字滤波

复合滤波就是把两种以上的滤波方法结合起来使用. 例如把中值滤波的思想与算术平均的方法结合起来，就是一种常用的复合滤波法. 具体方法是首先将采样值按大小排队，去掉最大和最小的，然后再把剩下的取平均值. 这样显然比单纯的平均值滤波的效果要好.

7.4.3 输入/输出软件抗干扰措施

1. 开关量(数字量)信号输入抗干扰措施

对于开关量的输入，为了确保信息准确无误，在软件上可采取多次读取的方法(至少读两次)，认为无误后再行输入，如图 7.20 所示.

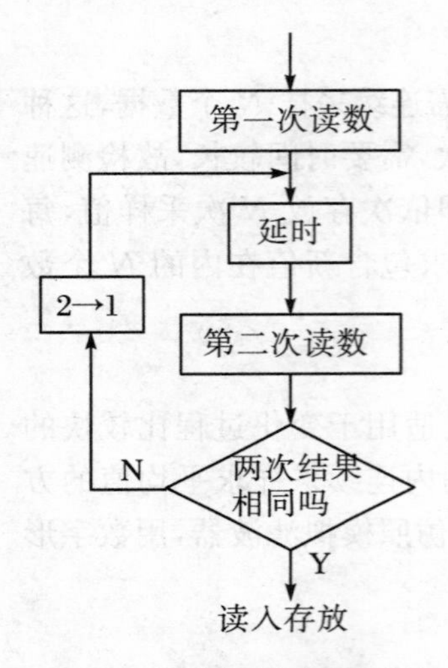

7.20 开关量(数字量)信号输入抗干扰流程图

2．开关量(数字量)信号输出抗干扰措施

当计算机输出开关量控制闸门、料斗等执行机构动作时，为了防止这些执行机构由于外界干扰而误动作，比如已关的闸门、料斗可能中途打开；已开的闸门、料斗可能中途突然关闭．对于这些误动作，可以在应用程序中每隔一段时间(比如几个 ms)发出一次输出命令，不断地关闭闸门或者开闸门．这样，就可以较好地消除由于扰动而引起的误动作(开或关)．

7.4.4 软件冗余技术

1．数据冗余

RAM 数据冗余就是将要保护的原始数据在另外两个区域同时存放，建立两个备份，当原始数据块被破坏时，用备份数据块去修复．备份数据的存放地址应远离原始的存放地址以免被同时破坏．数据区也不要靠近栈区，以防止万一堆栈溢出而冲掉数据．

2．程序冗余(指令冗余)

当 CPU 受到干扰后，往往将一些操作数当作指令码来执行，引起程序混乱．当程序弹飞到某一单字节指令上时，便自动纳入正轨．当程序弹飞到某一双字节指令上时，有可能落到其操作数上，从而继续出错．当程序弹飞到三字节指令上时，因它有两个操作数，继续出错的机会更大．因此，我们应多采用单字节指令，并在关键的地方人为地插入一些单字节指令(NOP)或将有效单字节指令重复书写，这便是软件冗余(指令冗余)．

指令冗余发生的条件：一是弹飞的程序必须落到程序区；二是必须保证能够执行到冗余指令．指令冗余技术可以减少程序弹飞的次数，使其很快纳入程序轨道，但这并不能保证程序纳入正常轨道后就太平无事了，也不能保证在失控期间不干坏事，要想解决此问题就要用到下面的软件抗干扰技术．

7.4.5 程序运行失常的软件抗干扰

为了防止“死机”，一旦发现程序运行失常后能及时引导程序恢复原始状态，必须采取一些相应的软件抗干扰措施．

1．设置软件陷阱

当干扰导致程序计数器 PC 值混乱时，可能造成 CPU 离开正确的指令顺序而跑飞到非程序区去执行一些无意义地址中的内容，或进入数据区，把数据当作操作码来执行，使整个工作紊乱，系统失控．针对这种情况，可以在非程序区设置陷阱，一旦程序飞到非程序区，很快进入陷阱，然后强迫程序由陷阱进入初始状态．

所谓软件陷阱，就是一条引导指令，强行将捕获的程序引向一个指定的地址，在那里有一段专门对程序出错处理的程序．软件陷阱安排在以下4种地方：① 未使用的中断向量区；② 未使用的大片ROM空间；③ 表格；④ 非程序区．

2．设置监视跟踪定时器

监视跟踪定时器，也称为看门狗定时器（Watchdog），可以使陷入“死机”的系统产生复位，重新启动程序运行．这是目前用于监视跟踪程序运行是否正常的最有效的方法之一，近来得到了广泛的应用．

每一个微机控制系统都有自己的程序运行周期．在初始化时，将Watchdog定时器的时间常数定为略大于程序的运行周期，并且在程序运行的每个循环周期内，每次都对定时器重新初始化．如果程序运行失常，跑飞或进入局部死循环，不能按正常循环路线运行，则Watchdog定时器得不到及时的重新初始化而使定时时间到，引起定时中断，在中断服务程序中将系统复位，再次将程序的运行拉入正常的循环轨道．

第 8 章　计算机控制系统设计与实现

8.1　计算机控制系统的设计方法

8.1.1　计算机控制系统的设计原则

对于不同的控制对象，系统设计的具体要求会不同，但设计的基本要求大致相同.一般来说，设计计算机控制系统时都需要遵循可靠性高、操作性好、实时性强、通用性好、经济效益高等基本原则.

1. 可靠性高

工业控制计算机系统不同于一般的用于科学计算或管理的计算机系统，它的工作环境比较恶劣，周围的各种干扰随时随地威胁着它的正常运行，而且它所担当的控制重任又不允许它发生异常现象.这是因为，一旦控制系统出现故障，轻者影响生产，重者造成事故，产生不良后果.因此，在设计过程中，要把安全可靠放在首位.

首先要选用高性能、高可靠性的工业控制计算机，保证在恶劣的工业环境下，仍能正常运行.其次是设计可靠的控制方案，并具有各种安全保护措施，比如报警、事故预测、事故处理、不间断电源等.同时，为了保证计算机控制系统安全可靠，通常要设计后备装置，对于一般的控制回路，选用手动操作为后备.对于较重要的控制场合，常采用双机系统作为控制系统的核心控制器.一般的方式有：

(1) 备份工作方式.即一台投入运行，另一台作为系统的备份机.当投入运行的计算机出现故障时，由专用切换装置(过程控制)将备份机自动投入运行，接替出故障的主机，使系统照常运行.出现故障的计算机修复后，则作为备份机使用.

(2) 主从工作方式.即两台计算机同时投入运行，一台担任主要工作，另一台担任从属工作.当担任主要工作的主机发生故障时，由担任从属工作的从属机接替主机的工作,保证系统的继续运行.

(3) 双工工作方式.在这种系统中,两台主机同时投入系统运行,在任何一个时刻,都同步执行同一个任务,并将结果送到一个专门的装置进行核对.如两台机器输出结果相符,说明两台主机都属正常,允许将结果输出到被控对象或设备;如核对结果有异,就封锁输出,通知两台主机对上一处理结果重复运行,然后再次核对.如经几次核对操作后结果仍不相符,则说明其中一台发生故障.这时,需调用诊断程序确定故障所在的机器位置,并将诊断出有故障的主机从系统中切换下来,让另一台主机继续执行控制任务.

(4) 分布式控制方案即分级分布式控制方式.其实质是智能控制单元分别控制各被控对象,由上一级计算机进行监视和管理.当某一台智能控制单元出现故障时,其影响仅限于出故障单元所涉及的局部范围内,而它的控制任务可由上位机来承担;如上位机也出现故障,则各智能控制单元仍可维持对各被控对象的控制,所以大大提高了整个系统的可靠性.

2. 操作性好

操作性好包括使用方便和维修容易两个含义.操作方便表现在操作简单、形象直观、便于掌握,并不强求操作人员要掌握计算机知识才能操作.既要体现操作的先进性,又要兼顾原有的操作习惯.例如,操作人员已习惯了常规控制仪表的面板操作,在CRT画面上就可以设计成回路操作显示画面.

维修方便体现在易于查找故障,排除故障.采用标准的功能模板式结构,便于更换故障模板,并在功能模板上安装工作状态指示灯和监测点,便于维修人员检查.另外配置诊断程序,用来查找故障.

3. 实时性强

工业控制计算机的实时性,表现在对内部和外部事件能及时地响应,并作出相应的处理,不丢失信息,不延误操作.计算机处理的事件一般分为两类:一类是定时事件,如数据的定时采集,运算控制等;另一类是随机事件,如事故、报警等.对于定时事件,系统设置时钟,保证定时处理.对于随机事件,系统设置中断,并根据故障的轻重缓急,预先分配中断级别,一旦事故发生,保证优先处理紧急故障.

4. 通用性好

计算机控制的对象千变万化,一个工业控制系统一般可同时控制多台设备或控制对象.系统设计时应考虑能适应不同的设备和不同的控制对象.当设备或控制对象有所变更时,通用性好的系统一般稍作更改就可适应.采用积木式结构,按照控制要求灵活构成系统,并能灵活地进行扩充.其次,系统设计时,各设计指标要留有一定的余量,如输入输出通道、内存容量、电源功率等均事先留有一定的余量,为日后系统的扩充创造有利的条件.工业控制计算机的通用灵活性体现在两方面:一是硬件模板设计采用标准总线结构(如 PC 总线),配置各种通用的功能模板,以便在扩充功能时,只需增加功能模板就能实现;二是软件模块或控制算法采用标准模块结构,用户使用时不需要二次开发,只需按要求选择各种功能模块,灵活地进行控制系统组态.

5. 经济效益高

计算机控制应该带来高的经济效益,系统设计时要考虑性能价格比,要有市场竞争意识.经济效益表现在两个方面:一是系统设计的性能价格比要尽可能高;二是投入产出要尽可能低.

由于计算机应用技术发展迅速,新老产品更迭速度很快,硬件价格一直呈周期性下降走势,因此在满足精度、速度和其他性能要求的前提下,应尽量缩短设计周期,以降低整个系统的开发费用.其他如精度、速度、体积、监控手段、外部配套设备等随不同应用系统会有不同的要求,具体设计时需要综合平衡各种因素进行综合考虑.

8.1.2 计算机控制系统的设计步骤

计算机控制系统的设计虽然随被控对象、控制方式、系统规模的变化而有所差异,但系统设计的基本内容和主要步骤大致相同,系统工程项目的研制可分为四个阶段:项目的可行性论证阶段(工程项目与控制任务的确定阶段);项目的工程设计阶段;离线仿真和调试阶段;在线调试和运行验收阶段.

1. 项目可行性论证

项目可行性论证流程如图 8.1 所示.可行性论证主要包括:技术可行性、经费可行性、进度可行性等内容,要形成可行性论证报告.特别要指出,对项目控制尤其是对可测性和可控性应给予充分重视.

在对项目进行可行性论证时需要初步进行系统总体方案设计.在条件允许的情况下,总体方案设计时应多做几个方案以便比较.这些方案应能清楚地反映出三大关键问题:技术难点、经费概算、工期.

形成可行性论证报告后需要对项目总体设计方案的合理性、经济性、可靠性及可行性进行论证与评审.如果论证评审的结果为可行,便可形成作为系统设计依据的系统总体方案图和设计任务书,以指导具体的系统设计过程,并下达设计任务.如果论证的结果为不可行,则应重新设计系统总体方案进行论证或终止项目.

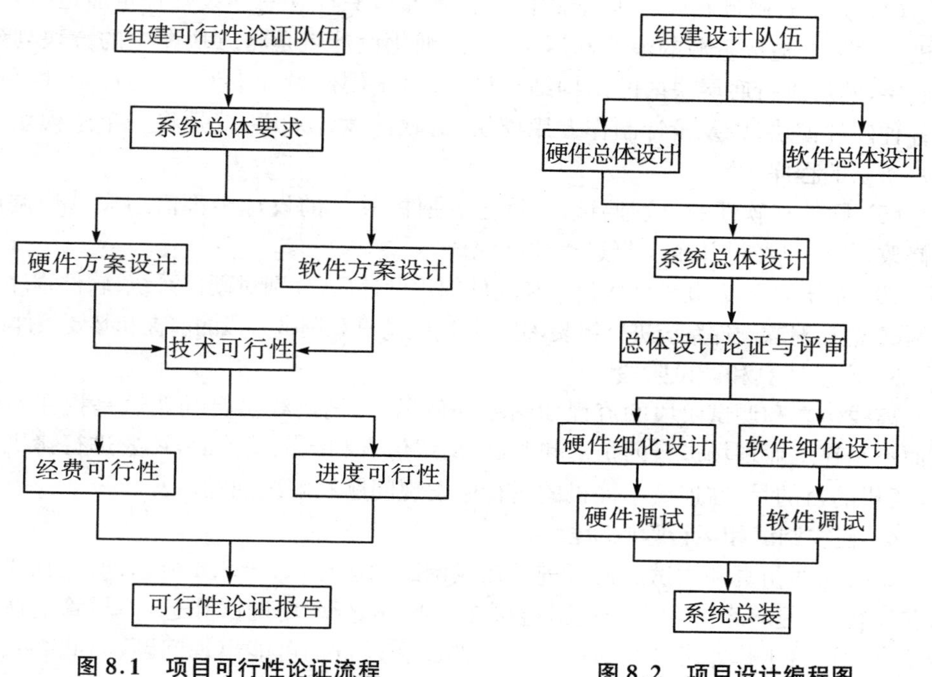

图 8.1　项目可行性论证流程

图 8.2　项目设计编程图

2. 项目的工程设计

项目的工程设计阶段流程如图 8.2 所示. 主要包括组建项目研制小组、系统详细设计、方案论证与评审、硬件和软件的细化设计、硬件和软件的调试、系统的组装.

(1) 组建项目实施小组. 在通过设计任务书明确系统的技术性能指标要求和经费、计划进度等内容,获得设计任务后,项目进入工程设计阶段. 为了完成项目目标,应首先把项目组成员确定下来. 这个项目组应由懂得计算机硬件、软件和有控制经验的技术人员组成. 还要明确分工和相互协调合作关系.

(2) 系统总体设计. 系统总体设计包括硬件总体设计和软件总体设计. 硬件和软件的设计是互相有机联系的,因此,在设计时要经过多次的协调和反复,最后才能形成合理的总体设计方案. 总体方案要形成硬件和软件的方块图,并建立说明文档,包括控制策略和控制算法的确定等.

(3) 总体设计的论证与评审. 总体设计的论证与评审是对系统设计方案的把关和最终裁定. 评审后确定的设计方案是进行具体设计和工程实施的依据,因此应邀请有关专家、主管领导及用户代表参加. 评审后应根据评审意见重新修改总体设计,评审过的方案设计应该作为正式文件存档,原则上不应再作大的改动.

(4) 分别对硬件和软件进行细化设计.此步骤只能在总体设计评审后进行,如果进行太早会造成资源的浪费和返工.所谓细化设计就是将方块图中的方块划到最底层,然后进行底层块内的结构细化设计.对于硬件设计来说,就是选定计算机及各种硬件模块,以及设计制作专用模块;对软件设计来说,就是将一个个模块编成一条条的程序.

(5) 硬件和软件的分别调试.实际上,硬件、软件的设计中都需边设计边调试边修改,往往要经过几个反复过程才能完成.

(6) 系统的组装.硬件细化设计和软件细化设计后,分别对硬件系统、软件程序进行调试.然后对软硬件系统进行组装,组装是离线仿真和调试阶段的前提和必要条件.

3. 离线仿真和调试阶段

离线仿真和调试阶段的流程如图 8.3 所示.所谓离线仿真和调试是指在实验室而不是在工业现场进行的仿真和调试.离线仿真和调试试验后,还要进行拷机运行.拷机的目的是,在连续不停机的运行中发现问题和解决问题.

4. 在线调试和运行验收阶段

系统离线仿真和调试后便可进行在线调试和运行,如图 8.4 所示.所谓在线调试和运行,就是将系统和生产过程连接在一起,进行现场调试和运行.尽管上述离线仿真和调试工作非常认真、仔细,现场调试和运行仍可能出现问题,因此必须认真分析加以解决.系统运行正常后,再进行一段时间的试运行,即可组织验收.验收是系统项目最终完成的标志,应由用户主持,双方协同进行.验收完毕应形成验收文件存档.

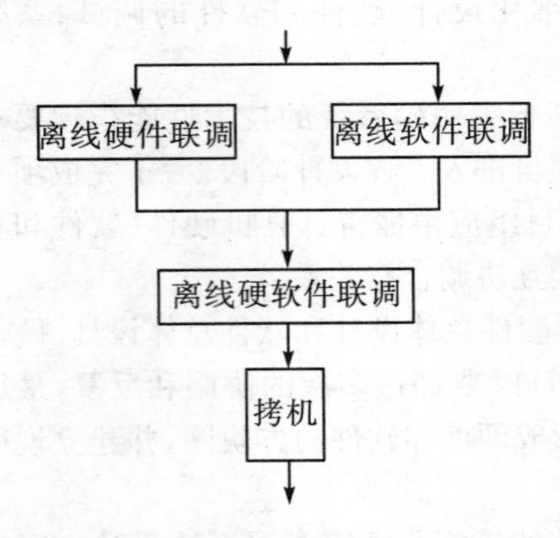

图 8.3 离线仿真和调试阶段流程

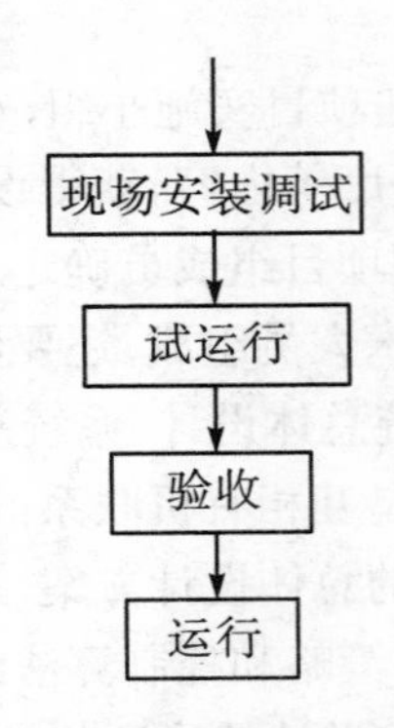

图 8.4 在线调试和运行流程

8.2　计算机控制系统的实现过程

8.2.1　计算机控制系统的可行性论证

在进行计算机控制项目的可行性论证前，要注重对实际问题的调查.通过对生产过程深入了解、分析以及对工作过程和环境的熟悉，确定系统的控制任务，提出切实可行的系统总体设计方案，设计性能优良的计算机控制系统.

1. 硬件总体方案设计

依据系统的控制任务和性能要求开展系统的硬件总体设计.总体设计的方法是“黑箱”设计法.所谓“黑箱”设计，就是画方块图的方法.用这种方法作出的系统结构设计，只需明确各方块之间的信号输入输出关系和功能要求，而不需知道“黑箱”内具体结构.硬件总体方案设计主要包含以下几个方面的内容：

(1) 确定系统的结构和类型.根据系统要求，确定采用开环还是闭环控制.闭环控制还需进一步确定是单闭环还是多闭环控制.实际可供选择的控制系统类型有：操作指导控制系统；直接数字控制(DDC)系统；监督计算机控制(SCC)系统；分级控制系统；分散型控制系统(DCS)；工业测控网络系统等.

(2) 确定系统的构成方式.系统的构成方式应优先选择采用工控机.目前一些著名品牌计算机或嵌入式微处理器也已经能够满足一般工业控制系统的可靠性要求.工控机具有系列化、模块化、标准化和开放结构，有利于系统设计者在系统设计时根据要求任意选择，像搭积木般地组建系统.这种方式可提高研制和开发速度，提高系统的技术水平和性能，增加可靠性.当然，也可以采用通用的可编程序控制器(PLC)或智能调节器来构成计算机控制系统(如集散控制系统、网络化控制系统)的前端机或下位机.

(3) 现场设备选择.现场设备主要包含传感器、变送器和执行机构，这些装置的选择要正确，它是影响系统控制性能的重要因素之一.

(4) 其他方面的考虑.总体方案中还应考虑人机联系方式、系统的机柜或机箱的结构设计、抗干扰等方面的问题.

2. 软件总体方案设计

依据系统的控制任务和性能要求进行软件的总体设计.软件总体设计和硬件总体设计一样，也是采用结构化的“黑箱”设计法.先画出较高一级的方框图，然后再将大的方框分解成小的方框，直到能表达清楚为止.软件总体方案还应考虑确定系统的数学模型、控制策略、控制算法等.

3. 系统总体方案

将上面的硬件总体方案和软件总体方案合在一起构成系统的总体方案.一般来说应制定多套总体方案,从技术可行性、经费可行性、进度可行性等方面进行比较和选择,并形成可行性论证报告.可行性论证报告中特别要对项目的可测性和可控性进行说明.可行性论证报告的主要内容包括:

(1) 系统的主要功能、技术指标、原理性方框图及文字说明.

(2) 控制策略和控制算法,例如PID控制、达林算法、Smith补偿控制、最少拍控制、串级控制、前馈控制、解耦控制、模糊控制、最优控制等.

(3) 系统的硬件结构及配置,主要的软件功能、结构及框图.

(4) 方案比较和选择.

(5) 保证性能指标要求的技术措施.

(6) 抗干扰和可靠性设计.

(7) 机柜或机箱的结构设计.

(8) 经费和进度计划的安排.

4. 方案可行性论证

可行性论证报告形成后应邀请有关专家、主管领导及用户代表,对项目的总体设计方案进行合理性、经济性、可靠性及可行性论证评审.方案可行性论证是对系统总体方案的把关,如果论证评审的结果为可行,则论证评审后确定的总体方案是进行工程设计的依据,因此评审后应根据评审意见重新修改总体方案,最终确定的方案应该作为正式文件存档,原则上不应再作大的改动.同时还要形成作为系统设计依据的系统总体方案图和设计任务书,以指导具体的系统设计过程.设计任务书一定要有明确的系统技术性能指标要求,还要包含经费、计划进度等内容,然后下达设计任务.如果论证的结果为不可行,则应重新设计系统整体方案,再进行可行性论证或终止项目.

8.2.2 计算机控制系统的工程设计

在计算机控制系统中,一些控制功能既能由硬件实现,亦能用软件实现,故系统设计时,硬件、软件功能的划分要综合考虑.总的来说,各种形式的计算机控制系统的设计也大同小异.

1. 硬件系统设计

硬件系统设计的任务是:

(1) 根据系统总体框图,设计系统电气原理图.

(2) 按照电气原理图选择控制主机、板卡、传感器、变送器、执行机构和配套的元器等,并对硬件系统进行详细设计.

硬件系统设计过程中需要注意硬件设备之间的匹配问题，应进行严格的匹配筛选.在布线和结构设计时，应注意生产工艺和装配工艺，以减少电磁干扰和避免结构干涉.

控制系统的计算机可根据控制功能的要求选用工控机、PC机、PLC或单片机等.但由于工控机具有高度模块化和插板结构的特点，可以采用组合方式来大大简化计算机控制系统的设计，因此，工控机控制系统只需要简单地更换几块模板，就可以很方便地变成另外一种功能的控制系统.

硬件设备的选择一般应注意以下几点：

(1) 字长.计算机的字长定义为并行数据总线线数，字长越长，精度越高，但价格相应越贵.对于嵌入式控制系统可选择16位、32位或64位单片机；对线切割机床的控制以及温度控制等这类计算精度要求较高、处理速度快的系统可选用16位机或32位机.

(2) 速度.运算速度直接影响系统响应的快速性，若系统要求响应快，就必须选择速度快的计算机.例如：对于反应缓慢的化工产生过程的控制，可选用慢速的微处理器；对于加工机床类设备的运动控制必须选用高速的微处理器.

(3) 内存容量.内存容量取决于控制算法的复杂程度.若控制算法复杂，计算量大，所处理的数据多，就要选择内存容量大的计算机.

(4) 中断能力.计算机控制系统的中断功能，不仅解决主机与外设间的信息交换问题，而且解决故障处理、多机连接等问题，因而要选择中断能力强的计算机.中断方式和优先级应根据被控对象的要求和计算机为其服务的频繁程度来确定.一般用硬件处理中断响应速度较快，但要配备中断控制部件；用软件处理中断的速度要慢一些，但比较灵活、修改方便.

(5) 外围接口.一个典型的计算机控制系统，除了工业控制机的主机以外，还必须有各种输入输出信道模板，其中包括数字量I/O(即DI/DO)、模拟量I/O(AI/AO)等模板.

① 数字量(开关量)输入输出(即DI/DO)模板.数字量输出(DO)要解决功率驱动问题.PC总线的并行I/O接口模板多种多样，通常可分为TTL电平的DI/DO和带光电隔离的DI/DO.通常和工控机共地装置的接口可以采用TTL电平，而其他装置与工控机之间则采用光电隔离.对于大容量的DI/DO系统，往往选用大容量的TTL电平DI/DO板，而将光电隔离及驱动功能安排在工控机总线之外的非总线模板上，如继电器板(包括固体继电器板)等.

② 模拟量输入输出(AI/AO)模板.选择AI/AO模板时必须注意分辨率、转换速度、量程范围等技术指标，A/D和D/A转换器的位数越多，精度越高，但价格相应越高.AI/AO模板包括A/D、D/A板及信号调理电路等.AI模板输入可能是

0～±5 V、1～10 V、0～10 mA、4～20 mA 以及热电偶、热电阻和各种变送器的信号. AO 模板输出可能是 0～5 V、0～10 mA、4～20 mA 等信号.

系统中的输入输出模板，可按需要进行组合，不管哪种类型的系统，其模板的选择与组合均由生产过程的输入参数和输出控制信道的种类和数量来确定.

(6) 变送器. 变送器是能将被测变量（如温度、压力、物位、流量、电压、电流等）转换为可远传的统一标准信号（0～10 mA、4～20 mA）的一种仪表，且输出信号与被测变量有一定的连续关系. 控制系统中其输出信号被送至工控机进行处理，实现数据采集. 常用的变送器有温度变送器、压力变送器、液位变送器、差压变送器、流量变送器、各种电量变送器等. 系统设计人员可根据被测参数的种类、量程、被测对象的介质类型和环境来选择变送器的具体型号.

(7) 执行机构. 执行机构是控制系统中必不可少的组成部分，它的作用是接受计算机发出的控制信号，并把它转换成调整机构的动作，使生产过程按预先规定的要求正常运行.

执行机构分为气动、电动、液压三种类型. 气动执行机构的特点是结构简单、价格低、防火防爆；电动执行机构的特点是体积小、种类多、使用方便；液压执行机构的特点是推力大、精度高. 另外，还有各种有触点和无触点开关，也是执行机构，实现开关动作. 电磁阀、阀门定位器等作为阀门控制机构在工业中也得到了广泛的应用. 在系统中，选择气动调节阀、电动调节阀、电磁阀、阀门定位器、有触点和无触点开关之中的哪种，要根据系统的要求来确定. 但要实现连续的精确的控制目的，必须选用气动或电动调节阀，而对要求不高的控制系统可选用电磁阀.

在计算机控制系统当中，将 0～10 mA 或 4～20 mA 电信号经电气转换器转换成标准的 0.02～0.1 MPa 气压信号之后，即可与气动执行机构（气动调节阀）配套使用. 电动执行机构（电动调节阀）直接接受来自工控机输出的 0～10 mA 或 4～20 mA 信号，实现控制作用.

2. 软件系统设计

一般在进行计算机控制系统设计时都运用实时操作系统或实时监控程序，各种控制、运算软件，组态软件等工具软件，以使系统设计者在最短的周期内，开发出目标系统软件. 而控制软件供应商一般都把工业控制所需的各种功能以模块形式提供给用户. 这些功能模块应依据 IEC61499（PAS）“工业测量与控制系统用功能块”定义的“工业测量与控制系统用功能块”模型和 IEC61804（PAS）定义的“过程控制用的功能块”，采用编程语言的标准 IEC61131－3 来规范其实现. 其中包括：控制类模块（多为 PID），数学类模块（四则运算、开方、最大值/最小值选择、计数/计时、一阶惯性、超前滞后、工程量变换、上下限报警等数十种），逻辑类模块，输入类模块，输出类模块，打印模块，CRT 显示模块等. 系统设计者根据控制要求，选择所需的模块就能生成系统控制软件，因而软件设计工作量大为减少．为了便于系统组态（即选择模块组成系统），有的还提供了组态语言．

一般来说控制系统的软件设计应在总体设计基础上，根据设计任务书明确的系统功能和技术指标要求画出程序总体流程图和各功能模块流程图，再进行系统组态或选择程序设计语言编制控制程序．具体程序设计一般要处理以下内容：

（1）数据类型和数据结构规划．在系统总体方案设计中，系统的各个模块之间有着各种因果关系，互相之间要进行各种信息传递．如数据处理模块和数据采集模块之间的关系，数据采集模块的输出信息就是数据处理模块的输入信息．同样，显示模块、打印模块之间也需要从数据处理模块获得信息．各模块之间的关系体现在它们的接口条件上，即输入条件和输出结果上．为了使信息传递顺畅可靠，就必须严格规定好各个接口条件，即各接口参数的数据结构和数据类型．

一般来说，数据处理模块和数据采集模块的输出都需要利用数据库保存一定时间．因此，不仅要确定相关数据的类型，而且要很好地规划数据结构，即数据存放格式．

（2）资源分配系统资源包括 ROM、RAM、定时器/计数器、中断源、I/O 地址等．ROM 资源一般用来存放程序和表格．因此，资源分配的主要工作是 RAM 资源的分配．RAM 资源分配好后应列出一张 RAM 资源的详细分配清单，作为编程依据．I/O 地址、定时器/计数器、中断源在硬件系统设计时选定输入输出模板时就已经确定，不需重要分配．

（3）实时控制软件设计

① 数据采集及数据处理程序．数据采集程序主要包括多路信号的采样、输入变换、存储等．模拟输入信号为电流（DC）或电压（DV）和电阻等，可以直接作为 A/D 转换模板的输入（电流经 I/V 变换变为电压输入，或经放大器放大后再作为 A/D 转换模板的输入）．开关触点状态通过数字量输入（DI）模板输入．输入信号的点数可根据需要选取，每个信号的量程和工业单位必须规定清楚．

数据处理程序主要包括数字滤波程序、线性化处理和非线性补偿程序、标度变换程序、超限报警程序等．

② 控制算法程序．控制算法程序主要实现控制规律的计算，产生控制量．包括：数字 PID 控制算法、达林算法、Smith 补偿控制算法、最少拍控制算法、串级控制算法、前馈控制算法、解耦控制算法、模糊控制算法、最优控制算法等．实际实现时，可选择合适的一种或几种控制算法来实现控制．

③ 控制量输出程序．控制量输出程序实现对控制量的处理（上下限和变化率处理），控制量的变换及输出，驱动执行机构或各种电气开关．控制量也包括模拟量和开关量输出两种．模拟控制量由 D/A 转换模板输出，一般为标准的 0～10 mA（DC）

或 4～20 mA(DC)信号，该信号驱动执行机构如各种调节阀. 开关量控制信号驱动各种电气开关.

④ 实时时钟和中断处理程序. 实时时钟是计算机控制系统一切与时间有关过程的运行基础. 时钟有两种，即绝对时钟和相对时钟. 绝对时钟与当地的时间同步，有年、月、日、时、分、秒等功能. 相对时钟与当地时间无关，一般只要时、分、秒就可以，在某些场合要精确到 0.1 s 甚至毫秒.

控制系统中处理的事件一般分为两类. 一类是定时事件，如数据的定时采集，运算控制等；另一类是随机事件，如事故、报警等. 对于定时事件，系统设置时钟，保证定时处理. 对于随机事件，系统设置中断，并根据故障的轻重缓急预先分配中断级别，一旦事故发生，保证优先处理紧急故障.

许多实时任务如采样周期、定时显示打印、定时数据处理等都必须利用实时时钟来实现. 并由定时中断服务程序去执行相应的动作或处理动作状态标志等.

另外，事故报警、掉电检测及处理、重要的事件处理等功能的实现也常常使用中断技术，以便计算机能对事件作出及时处理. 事件处理用中断服务程序和相应的硬件电路来完成.

⑤ 数据管理程序. 数据管理程序用于生产管理和过程监控. 主要包括画面动态显示、变化趋势分析、报警记录、统计报表、打印输出等.

⑥ 数据通信程序. 数据通信程序主要完成计算机与计算机之间、计算机与智能设备之间的信息传递和交换. 这个功能主要在集散控制、现场总线控制、工业以太网控制等系统中需要实现.

3. 离线仿真和调试

离线仿真与调试阶段一般在实验室或非工业现场进行，在线调试与运行阶段是在生产过程工业现场进行. 其中离线仿真与调试阶段是基础，是检查硬件和软件的整体性能，为现场投运做准备，而现场投运是对全系统的实际考验与检查. 系统调试的内容很丰富，碰到的问题是千变万化，解决的方法也是多种多样，并没有统一的模式.

(1) 硬件调试

对于各种标准功能模板，按照说明书检查主要功能. 比如主机板(CPU 板)上 RAM 区的读写功能、ROM 区的读出功能、复位电路、时钟电路等的正确性. 在调试 A/D 和 D/A 板之前，必须准备好信号源、数字电压表、电流表等. 对这两种模板首先检查信号的零点和满量程，然后再分档检查. 比如满量程的 25%、50%、75%、100%，并且上行和下行来回调试，以便检查线性度是否合乎要求. 如有多路开关板，应测试各通路是否正确切换. 利用开关量输入和输出程序来检查开关量输入(DI)和开关量输出(DO)模板. 测试时可在输入端加开关量信号检查读入状态的正确性，在输出端检查（用万用表）输出状态的正确性.

硬件调试还包括现场仪表和执行机构.如压力变送器、差压变送器、流量变送器、温度变送器、阀门定位器、电磁阀以及电动或气动调节阀等.这些仪表必须在安装之前按说明书要求校验完毕.如是集散控制系统、现场总线控制系统和工业以太网控制系统，还要调试通信功能，验证数据传输的正确性.

(2) 软件调试

软件调试的顺序是子程序、功能模块和主程序.有些程序的调试比较简单，利用开发装置（或仿真器）以及计算机提供的调试程序就可以进行调试.程序设计一般采用汇编语言和高级语言混合编程.对处理速度和实时性要求高的部分用汇编语言编程（如数据采集、时钟、中断、控制输出等），对速度和实时性要求不高的部分用高级语言来编程（如数据处理、变换、图形、显示、打印、统计报表等）.

一般与过程输入输出信道无关的程序，都可用开发装置（仿真器）的调试程序进行调试，不过有时为了能调试某些程序，可能要编写临时性的辅助程序.

系统控制模块的调试应分为开环和闭环两种情况进行.开环调试是检查它的阶跃响应特性，闭环调试是检查它的反馈控制功能.开环特性调试首先可以通过 A/D 转换器输入一个阶跃电压，然后使控制模块程序按预定的控制周期 T 循环执行，控制量经 D/A 转换器输出模拟电压（一般为 0～5 V），用记录仪记下它的阶跃响应曲线.通过分析所记录的阶跃响应曲线，不仅要定性而且要定量地检查控制模块的参数是否准确，并且要满足一定的精度.

在完成 PID 控制模块开环特性调试的基础上，还必须进行闭环特性调试.闭环调试的被控对象可以使用实验室物理模拟装置，也可以使用电子式模拟实验室设备.实验方法与模拟仪表调节器组成的控制系统类似，即分别做给定值 $r(k)$ 和外部扰动 $f(t)$ 的阶跃响应实验，改变控制模块的参数以及阶跃输入的幅度，分析被控制量 $y(t)$ 的阶跃响应曲线和控制器输出控制量 u 的记录曲线，判断闭环工作是否正确.

运算模块是构成控制系统不可缺少的一部分.对于简单的运算模块可以用开发装置（或仿真器）提供的调试程序检查其输入与输出关系.而对于具有复杂输入输出曲线关系的运算模块，例如纯滞后补偿模块，可通过分析记录曲线来检查程序是否存在问题.

一旦所有的子程序和功能模块调试完毕，就可以用主程序将它们连接在一起，进行整体调试.虽然所有模块都能单独地工作，但将它们连接在一起可能会产生不同软件层之间的交叉错误.一个模块的隐含错误对自身可能无影响，却会妨碍另一个模块的正常工作；单个模块允许的误差，多个模块连起来可能放大到不可容忍的程度等，所以有必要进行整体调试.

整体调试的方法是自底向上逐步扩大.首先按分支将模块组合起来,以形成模块子集,调试完各模块子集,再将部分模块子集连接起来进行局部调试,最后进行全局调试.这样经过子集、局部和全局三步调试,完成了整体调试工作.整体调试是对模块之间连接关系的检查,有时为了配合整体调试,在调试的各阶段编制了必要的临时性辅助程序,调试完后应删去.通过整体调试能够把设计中存在的问题和隐含的缺陷暴露出来,从而基本上消除编程上的错误,为以后的仿真调试、在线调试以及运行打下良好的基础.

(3) 仿真调试.在硬件和软件分别联调后,必须再进行全系统的硬件、软件联合调试.这种软硬件联合调试,就是通常所说的"系统仿真"(也称仿真调试或模拟调试).所谓系统仿真,就是应用相似原理和类比关系来研究事物,也就是用模型来代替实际生产过程(即被控对象)进行实验和研究.按照建立模型的性质,可把控制系统的仿真分为数学仿真、半物理仿真和全物理仿真三类.全物理仿真最为逼真,但在控制系统的研制过程中,三种仿真的作用是互相补充的.

数学仿真也称计算机仿真,就是在计算机上实现描写系统物理过程的数学模型,并在这个模型上对系统进行定量的研究和实验.控制系统最常用的仿真软件是"Matlab",一般在设计阶段用来验证控制算法的正确性.

半物理仿真采用部分物理模型和部分数学模型仿真,是一种将控制器与在计算机上实现的控制对象仿真模型连接在一起进行试验的技术.半物理仿真的逼真度较高,所以常用来验证控制系统方案的正确性和可行性.

全物理仿真又称实物模拟,是全部采用物理模型的仿真方法.例如航天器的风洞实验就是最典型的全物理仿真.

控制系统的仿真调试尽量采用全物理或半物理仿真.试验条件或工作状态越接近真实,其效果也就越好.对于纯数据采集系统,一般可做到全物理仿真;而对于控制系统,要做到全物理仿真几乎是不可能的.这是因为,我们不可能将实际生产过程(被控对象)搬到自己的实验室或研究室中,因此,控制系统只能做离线半物理仿真,被控对象可用实验模型代替.

控制系统在仿真调试成功的基础上,进行长时间的运行试验(称为拷机),并根据实际运行环境的要求,进行特殊运行条件的考验.例如,高低温湿热交变运行试验、振动和抗电磁干扰试验、电源电压剧变和掉电试验等.

4. 在线调试和运行验收

在离线调试过程中,尽管工作很仔细,检查很严格,但仍然没有经受实践的考验.因此,在现场进行在线调试和运行过程中,设计人员与用户要密切配合,在实际运行前制定一系列调试计划、实施方案、安全措施、分工合作细则等.现场调试与运行过程是从小到大,从易到难,从手动到自动,从简单回路到复杂回路逐步过渡.为了做到有把握，现场安装及在线调试前先要进行下列检查：

（1）检测组件、变送器、显示仪表、调节阀等必须通过校验，保证动作正确、精度符合要求.作为检查方法，这一方法可进行一些现场校验.

（2）各种接线和导管必须经过检查，保证连接正确.例如，孔板的上下引压导管要与差压变送器的正负压输入端极性一致；热电偶的正负端与相应的补偿导线相连接，并与温度变送器的正负输入端极性一致等.除了极性不得接反以外，对号位置都不应接错.引压导管和气动导管必须畅通，不能中间堵塞.

（3）检查系统的干扰情况和接地情况，如果不符合要求，应采取措施.

（4）对安全防护措施也要进行检查.

经过检查并已安装正确后即可进行系统的投运和参数整定.投运时应先切入手动，等系统运行接近于给定位置时再切入自动，并进行参数的整定.

系统投运正常后，再进行一段时间的试运行，即可组织验收.验收是系统项目最终完成的标志，应由用户主持，双方协同进行.验收时项目团队要向用户提供技术要求说明书、技术文件、图纸、维修维护手册等，以供验收审查.验收的依据是项目可行性报告和设计任务书，验收完毕应形成验收文件存档.

8.3　控制系统中的可靠性技术

在实时过程控制中，要把计算机控制系统的安全可靠放在首位，因此在计算机控制系统设计中很重视采取各种技术措施，提高系统的可靠性.

8.3.1　冗余结构技术

在生产过程控制中为了提高可靠性可采用多重结构，采用的方法是使若干同样装置（控制计算机）并联运行.只要其中有一个装置（一台控制计算机）正常工作，系统就能维持功能，即采用控制计算机的冗余结构提高系统可靠性.为了便于理解，这里介绍一点可靠性的初步概念.

1. 系统可靠性的度量参数介绍

$MTBF$—平均故障间隔时间（或称平均无故障时间，或称平均寿命）.

$MTTR$—平均修复时间（或称平均维修时间）.

$R=e^{-\lambda}$—可靠性（或称可靠度）.

$\lambda=1/MTBF$—故障率（或称失效率）.

$A=MTBF/(MTBF+MTTR)$—利用率（或称可用度）.

$U=MTTR/(MTBF+MTTR)$—不可利用率（或称不可用度）.

2．双重结构系统(冗余系统)可靠性

设系统D由两台彼此独立、功能完全相同的设备组成，如图8.5所示.

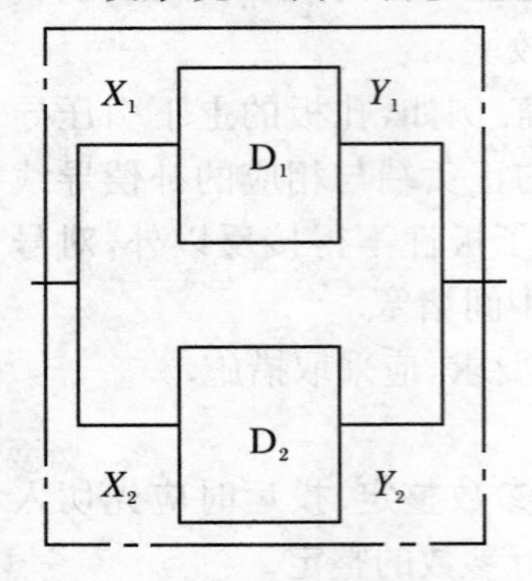

图8.5　双重结构系统示意图

如果D_1、D_2中任一设备正常工作，系统D(等效输入X，输出Y)就正常工作.只有在两台设备同时失效，系统D才失效.

设备D_1、D_2的可靠度$R_1 = R_2 = R_0$，不可用度$U_1 = U_2 = 1 - R_0$. 则系统的不可用度为$U = (1-R_0)^2$.

系统D的可靠性为

$$R = 1 - U = 1 - (1 - R_0)^2 = R_0(2 - R_0) \tag{8.1}$$

由$R_0 < 1$，可得$R > R_0$，这表明双重结构较单台设备的可靠性高.

3．双重结构系统的平均故障间隔时间

设双重结构系统D及各设备D_i的平均故障间隔时间、平均修复时间、不可利用率分别为$MTBF$、$MTBF_i$、U和U_i，则有

$$U_i = \frac{MTTR_i}{MTBF_i + MTTR_i} \approx \frac{MTTR_i}{MTBF_i} \tag{8.2}$$

$$U = U_i^2 \approx \frac{MTTR_i^2}{MTBF_i^2} \tag{8.3}$$

由于$U = MTTR/MTBF$，$MTTR = MTTR_i/2$，故有平均故障间隔时间

$$MTBF = \left(\frac{MTTR_i}{2}\right)\frac{MTBF_i^2}{MTTR_i^2} = \frac{MTTF_i^2}{2MTTR_i} \tag{8.4}$$

由此表明双重结构的平均故障间隔时间$MTBF$远远大于单机的平均故障间隔时间$MTBF_i$

8.3.2　控制系统的抗干扰措施

微机控制系统所受到的干扰源分为外部干扰和内部干扰.

外部干扰的主要来源有：电源电网的波动、大型用电设备(如天车、电炉、大电机、电焊机等)的启停、高压设备和电磁开关的电磁辐射、传输电缆的共模干扰等.

内部干扰主要有：分布电容或分布电感产生的干扰、多点接地造成的电位差给系统带来的影响等.

目前控制系统的抗干扰措施主要包括以下内容.

1．信号系统的抗干扰措施

计算机与测量、控制现场间有各种信号传输与联系，计算机与测量、控制现场

信号抗干扰的重要措施之一是采用信号隔离.采用隔离放大器、光电隔离器件等隔离信号,使计算机与测量、控制现场没有直接的电的联系.

传送信号用屏蔽的双绞线.当传送距离较远时,加金属管屏蔽可抗御空间干扰.对于串模干扰,除了信号屏蔽外,还采用RC滤波和数字滤波.对于共模干扰,可以采用平衡式传输器件与技术、浮空加屏蔽和信号隔离等措施.

2. 电源系统的抗干扰措施

控制系统的交流电源直接引自照明电源或直接引自电源总闸,以减少其他大功率设备因导线降压造成对计算机控制系统的干扰.交流电源采用交流稳压,变压器隔离,LC滤波和不间断电源(UPS)等.电源变压器加电磁屏蔽,直流电源加稳压、RC滤波;印制电路板电源、IC芯片电源则加置RC滤波,均是有力的抗干扰措施.

控制计算机常用图8.6所示的直流稳压电源.该电源采用了双隔离、双滤波和双稳压措施,具有较强的抗干扰能力,可用于一般工业控制场合.

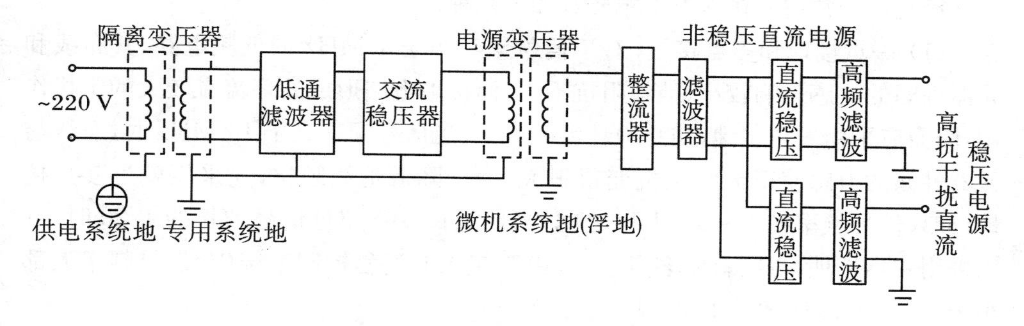

图8.6 抗干扰直流稳压电源示意图

3. 接地与抗干扰

控制系统接地的正确性和良好性,直接关系到系统的抗干扰能力和工作的稳定性和可靠性.

印制电路板应尽量采用双面板,使一面布设组件和走线,另一面作整体地线.

双面板走线时,将印刷板的空位和边缘留作地线,板边缘地线应尽量宽些.平行信号线间添插一些地线.

操作面板上安装的开关、按钮是用于信息输入,而显示器件则是用于信息输出监视.应防止输入、输出之间通过地线公共阻抗耦合干扰,常把这两种信号的地线分别设置,各自单独引到汇流板.

在输入输出接口中,各种开关、按钮容易产生抖动脉冲干扰;接口电路中存在各种感性负载，还存在瞬态冲击电流很大的阻性负载；各种引线敷设很长时，都容易产生和引进干扰．应注意在接口地线的敷设过程中连接可靠，绝缘良好；不同等级的电压、电流线和容易引进干扰的信号线，应分别设置地线；在信号电缆线束中，合理设置地线，对信号线起到屏蔽和隔离的作用．

对于感性负载回路的开关、按钮、触点，为了保护触点和抑制干扰，可设置抑制网络．对于不同的交流、直流回路，可以采用电容 C、电阻 R 和电感 L 等组成如图 8.7所示的不同抑制网络．

图 8.7　感性负载抑制网络

控制系统常用的接地方法主要有如下几种．

（1）一点接地和多点接地．对于信号频率小于 1 MHz 的低频电路，其布线和元器件间的电感影响较小，地线阻抗不大，而接地电路形成的环流有较大的干扰作用，因而应采用一点接地，防止地环流的产生．当信号频率大于 10 MHz 时，布线与元器件间的电感使得地线阻抗变得很大．为了降低地线阻抗，应采用就近多点接地．如果信号频率在 1～10 MHz 之间，当地线长度不超过信号波长的 1/20 时，可以采用一点接地，否则就要多点接地．由于在工业过程控制系统中，信号频率大都小于 1 MHz，故通常采用一点接地．

（2）模拟地和数字地的连接．数字地主要是指 TTL 或 CMOS 芯片、I/O 接口芯片、CPU 芯片等数字逻辑电路的地端，以及 A/D、D/A 转换器的数字地．而模拟地则是指放大器、采样保持器和 A/D、D/A 中模拟信号的接地端．在计算机控制系统中，数字和模拟信号必须分别接地，然后仅在一点处把两种地连接起来．否则，数字回路通过模拟电路的地线再返回到数字电源，将会对模拟信号产生影响．其连接线路如图 8.8 所示．

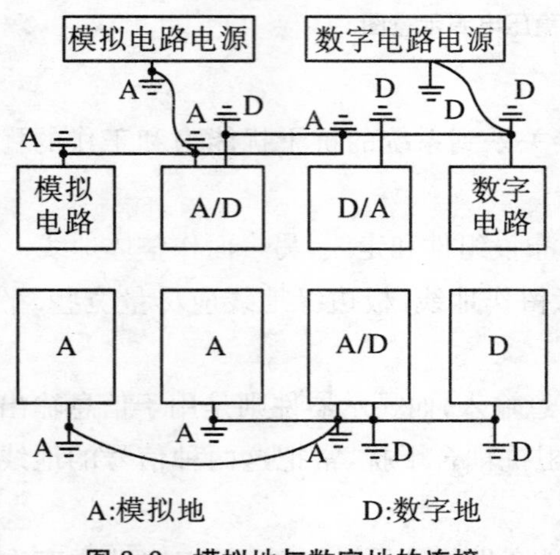

图 8.8　模拟地与数字地的连接

（3）主机外壳接地．为了提高计算机的抗干扰能力，将主机外壳作为屏蔽罩接地，而把机内器件架与外壳绝缘，绝缘电阻大于50 MΩ，即机内信号地浮空．

4．信号隔离技术

采用信号隔离技术，能有效地抑制干扰信号，使计算机与现场设备没有直接的电气联系，即使现场信号或电源短路也不会发生毁灭性事故．因此，信号隔离技术是提高可靠性的重要措施．

信号隔离通常分为光电耦合电路．和变压器耦合电路．前者用于数字或模拟信号的隔离，后者用于模拟信号的隔离．

（1）光电耦合电路．光电隔离是利用光耦合器完成信号的传送，实现电路的隔离，如图8.9所示．根据所用的器件及电路不同，通过光耦合器既可以实现模拟信号的隔离，更可以实现数字量的隔离．注意，光电隔离前后两部分电路应分别采用两组独立的电源．

光电耦合技术具有明显的优点．传输信号是单方向的，具有寄生反馈小，传输信号的频带宽，抗干扰能力强，不容易受周围电磁场的影响，体积小，重量轻，耐冲击，耐振动，绝缘电压高等特点．

（2）变压器耦合电路．变压器耦合电路也称隔离放大器，是利用变压器把模拟信号电路与数字信号电路隔离开来，如图8.10所示．把模拟地与数字地断开，以使共模干扰电压形不成回路，从而抑制了共模干扰．注意，隔离前和隔离后应分别采用两组互相独立的电源，切断两部分的地线联系．

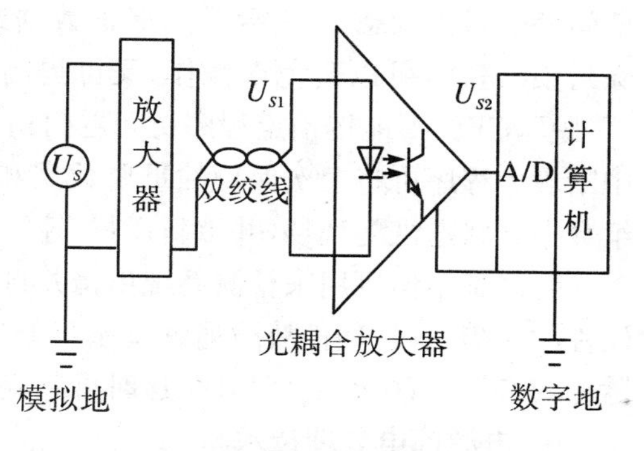

图8.9　光电隔离示意图

变压器耦合电路主要应用范围是：过程仪表和控制、多路数据采集系统、高电压保护、电流测量、SCR电动机控制、军用仪表、医疗诊断、病人监视设备、胎儿心搏监视和多路ECG记录等．

5．看门狗技术

看门狗（Watchdog）即监控定时器．定时器受CPU控制，CPU可重新设置定时值，也可以重新启动或清“零”重新开始计时．看门狗的输出连到CPU的复位端或中断输入端．看门狗电路如图8.11所示．

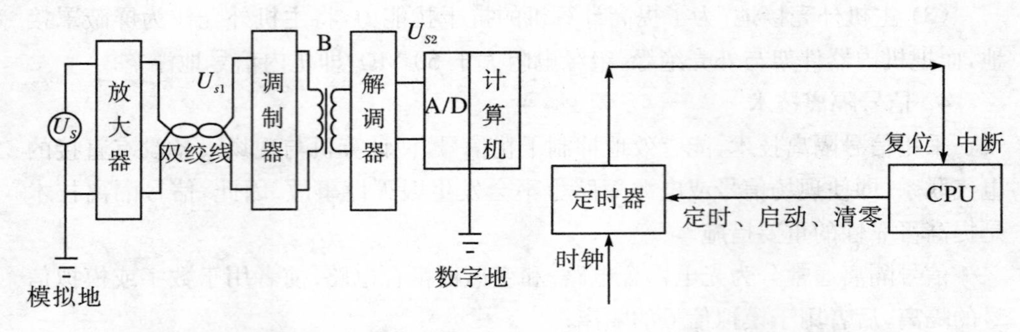

图 8.10　变压器隔离示意图　　　　**图 8.11　看门狗电路**

监控定时器的特点是在每次"定时到"以前,CPU 访问定时器一次,定时器就清"零",重新开始计时,这样定时器就不会产生溢出脉冲,看门狗就不会起作用.若在定时器的"定时到"以前 CPU 未访问定时器,那么,看门狗工作产生的"定时到"脉冲就会使 CPU 复位或中断.

实际工作时,每步工作程序完毕后,应将本周期的重要数据连同计算机各主要寄存器的状态都保护在另一个 NOVRAM 组成的存储器中.该寄存器在正常工作期间处于封锁状态,只有要写入保护数据或取出上一次存入的保护数据时才能解除封锁.这样,可以避免误操作,又可提高保护数据的可靠性.一旦因干扰使程序"飞脱",CPU 不能按预定程序访问看门狗一次,则看门狗产生非屏蔽中断(NMI).中断服务程序可将上次保护的重要数据和计算机各主要寄存器状态取出,用这一组数据和状态恢复现场,并重新运行,控制过程恢复正常.

看门狗不但可用来检测系统出错并自动恢复运行,同时,看门狗也可用来检测硬件的故障,这种硬件故障通常是不可修复的,一旦出现,看门狗会连续产生溢出脉冲,频繁进行中断处理程序,这时可判定为硬件故障,发出硬件故障报警信号.

6. 电源掉电处理技术

在生产过程控制中,掉电是一种恶性干扰,可能产生严重后果,系统应设计安全措施和保护性处置办法.如系统掉电时,执行机构应自动回到安全的位置或状态;应将控制机的状态,如寄存器值、掉电时间、重要数据(指针等)全部保护起来,一旦来电,系统就能实现补偿运行.掉电处理技术工作包括电源监控和 RAM 的掉电保护两个任务.

(1) 电源监控电路.电源监控电路用来监测电源电压的掉电,以便使 CPU 能够在电源下降到所设定的门限值之前完成必要的数据转移和保护工作,并同时监控电源何时恢复正常.电源监控电路有很多种类和规格,如美国 MAXM 公司生产的监控电路具有下列功能:① 上电复位;② 监控电压变化,可从 1.6 V 到 5 V;

③ 看门狗 Watchdog 功能；④ 片使能；⑤ 备份电池切换开关等等. 精度有 ± 1.5% 和小于 ± 2.5% 各档. 复位方式有高有效和低有效两种. 封装形式根据功能不同，有 3 pin，4 pin，5 pin，8 pin 和 16 pin 多种.

（2）掉电保护. 我们都知道计算机使用的 RAM 一旦停电，其内部的信息将全部丢失，因而影响系统的正常工作. 为此，在计算机控制系统中，经常使用镍电池，对 RAM 数据进行掉电保护. 有不少 CMOS 型 RAM 芯片在设计时就已考虑并赋予它具有微功耗保护数据的功能，如 6116，6264，62256 等芯片，当它们的片选端为高电平时，即进入微功耗状态，这时只需 2 V 的电源电压，5～40 μA 的电流就可保持数据不变.

8.3.3　软件设计的可靠性措施

在应用程序的设计中可采取下述措施，提高软件的可靠性.

1. 使程序高速循环

简练高效地编制应用程序，从头到尾执行程序，进行高速循环，执行周期(3～5 ms)小于断电器、接触器等执行机构的动作时间(10～15 ms)，一次偶然的错误输出不会造成事故.

2. 输出反馈、表决和周期刷新

对重要的输出控制信号，设计多路输出及表决电路，如三中取二表决，防止输出电路偶然失效. 把输出的控制信号反馈引入计算机并与存储器中的输出量比较，若不符，立即再次输出，多次故障时报警，采取相应措施.

编程中对输出信号进行周期刷新，是经常采用的可靠性措施. 在过程控制系统中，输出大都采用锁存器，一经写入便认为不会改变；另外，可编程器件的方式字、控制字、寄存器、某些特殊功能的寄存器，都是触发器结构，在受到干扰时容易翻转改写，导致出错. 软件应能快速循环，每周期都刷新一遍，受破坏的状态就会很快恢复过来.

3. 存储器使用技巧

把关键数据分区存放在三个单元，使用时读出来表决，以防止存储器偶然失效. 每段程序或每个控制周期的结果数据不可立即冲掉，而保留 1～2 个控制周期，以便机器故障时使用.

把控制计算机中不用的 EPROM 或 RAM 区一律提前写成 FFH 或 00H，如果由于干扰造成数据改写，RAM 区可能写入某个随机数. 但与 RAM 区中提前写入的 FFH 或 00H 不易与地址指针、判断转换条件、状态等关键数据巧合，从而避免引起存储区的数据缓冲器误开放，这是一个提高可靠性的简单有效的方法.

4. 实时诊断

在每个控制周期或定时对被控设备的状态和控制计算机本身进行测试,发现异常现象和状态,立即报警并采取安全措施.

8.3.4 重视安装工艺措施

(1) 在生产现场或运输过程中,免不了会受到震动和冲击,因此对计算机控制系统的组件、导线和电线的固定,接插件的选择、安装,应给予充分的重视.

(2) 对于体积较大、重量较重的电阻、电容、电感、变压器等组件,不能只靠输入、输出或组件引脚在印刷板上的焊接固定,还必须采用机械加固,防止因震动或冲击使组件脱落.

(3) 机箱或机柜中的电线必须整齐排列、捆扎和固定.

(4) 控制机中的接插件、连接线牢靠程度,直接影响到系统的可靠性.印制电路板上的插座尽量选用双簧插座或者不用插座,直接焊接.

(5) 在选用信号线的接插件时,也应保证接触可靠,接头应带有簧片,固定牢靠.PTK、DDK、D 型以及航空插件等是可选用的接插件.

8.4 多通道温度采集系统

8.4.1 系统方案设计

在测控系统中经常用到多通道数据采集系统.因此本节以多通道温度采集系统为例来说明其设计过程.以微处理器(单片机)为核心的 4 通道温度采集系统结构如图 8.12 所示.通过敏感元件获得的现场温度值是以微小电压信号的形式表示,将此微小电压信号通过放大稳压后送 A/D 转换器变成数字信号,微处理器控制 A/D 转换器工作,并将相应的数字信号处理后通过 LCD 显示温度值.

8.4.2 系统硬件设计

根据图 8.12 所示的 4 通道温度采集系统设计方案,选用 4 路温度传感器 LM135、多通道 12 位逐次逼近式 A/D 转换器 MAX197、ARM 系列单片机 AT91R40008 和 LCD 显示器 LCD1602 组成 4 路温度采集系统.各点的温度由 LM135 电压输出型温度传感器检测,稳压滤波处理后由放大电路进行信号的放大,再由 A/D 转换器 MAX197 转换成数字信号.ARM 系列微处理器 AT91R40008 读取转换的数字信号并进行必要处理后,将结果存入自身内存 RAM

中，同时送 LCD 显示. 另外，还可以通过选择开关由微处理器对 A/D 通道进行选择.

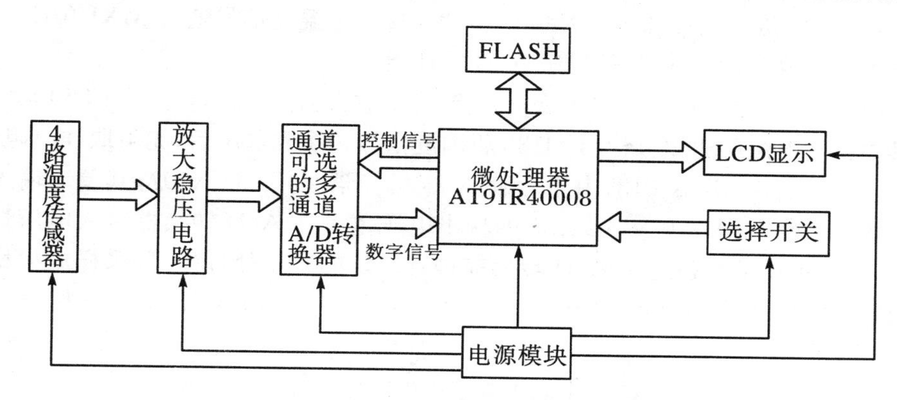

图 8.12 4 通道温度采集系统结构框图

1. LM135 温度传感器

LM135 系列是美国 National Semiconductor 公司生产的高精度、易校准的单片集成电压输出型温度传感器. 它具有类似于齐纳稳压管的特性，其反向击穿电压与热力学温度成正比：$U_0 = (10\ \mathrm{MV/K})T$. 该系列产品不仅适用于精确地测量温度，还可构成热电偶冷端温度补偿电路，以及镍镉电池快速充电器的过热保护电路，使其应用领域得到扩展. 其性能特点如下：

(1) 它属于电压输出式精密集成温度传感器，电压温度系数为 +10 MV/K，输出电压与热力学温度成正比.

(2) 测温精度高/测温范围宽. 经过校准后，LM135 在 25 ℃的测温精度可达 ±0.3 ℃. LM135/A 的测温范围是 −55～150 ℃，LM235/A 的测温范围为 − 40 ～ 125 ℃，LM335/A 的测温范围为 −40～100 ℃.

(3) 动态阻抗低. 当工作电流为 0.4～5 mA 时，其动态阻抗仅为 0.5～0.6 Ω.

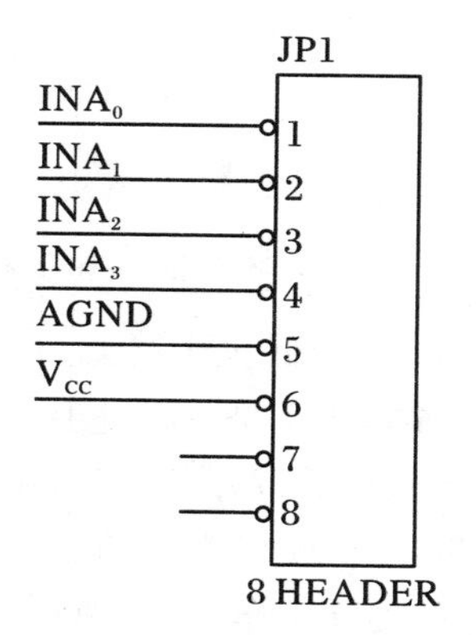

图 8.13 4 路温度传感器接口电路

(4) 价格低，易校准. 利用一只 10 kΩ 电位器即可校准 25 ℃时的输出电压值.

本实例中采用 4 路 LM135 温度传感器以便对不同地方温度进行检测，在室温 25 ℃和工作电流为 1 mA 的条件下，其静态输出为 2.98 V，动态输出为10 MV/K. LM135 的端口有 3 个引脚，分别接地、接电源和接放大稳压电路输入端，4 路温度传感器的信号输入接口电路如图 8.13 所示.

2．采样放大稳压电路

4 个温度传感器 LM135 检测 4 点温度，每一个温度信号通过 MXL1013 同相放大器进行放大，放大后的信号送 A/D 转换器．

MXL1013 是一种精密双运算放大器，每个放大器的工作电流只有 350 μA，但是其输出端电流可达 20 mA. LM135 将温度信号转换成电压后，无须取样电阻，通过电容滤波后送 MXL1013，由于后续 A/D 转换器采用 MAX197，其差动输入电压量程最大为 −10～10 V，LM135 的输出电压范围在 A/D 转换器输入电压量程之内，所以电压信号在进入 A/D 转换前进行一定的稳压处理即可．采样放大稳压电路如图 8.14 所示，输入电压信号经过电容滤波后送 MXL1013，再经过稳压后输出．

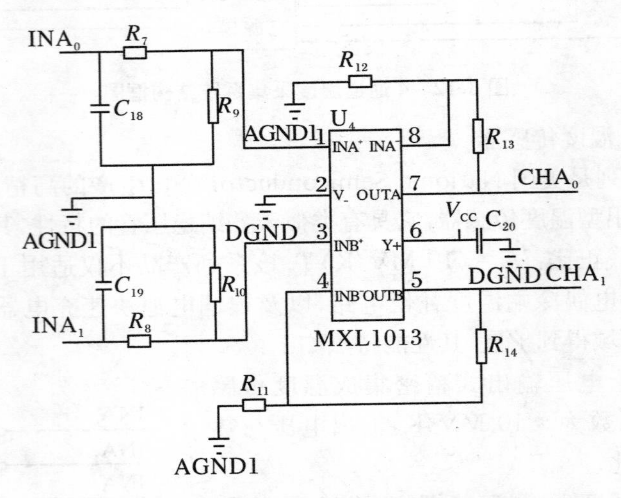

图 8.14 采样放大稳压电路(其余 2 通道电路相同)

3．A/D 转换电路

MAX197 是一种通用 A/D 芯片，可以与多种微型计算机接口，在此选用 ARM 系列处理器 AT91R40008 与其连接，转换电路如图 8.15 所示．将处理器的 D_0～D_7 与 MAX197 的 D_0～D_7 相连，以 P26 作片选信号，选择 MAX197 为软件设置低功耗工作方式，所以置 SHDN 脚为高电平．本例采用内部基准电压，所以 REF、REFADJ 均通过电容接地．P31 脚用做判读高、低位数据的选择线，直接与 HBEN 脚相连，HBEN 低电平时读低 8 位，HBEN 高电平读高 4 位．MAX197 的 INT 脚与用户接口中的 P9/IRQ1 相连，作为转换识别信号，当数据转换完毕时，MAX197 的 INT 脚产生中断信号，从而使处理器进入 INT1 中断处理程序进行一路转换数据的读入操作．

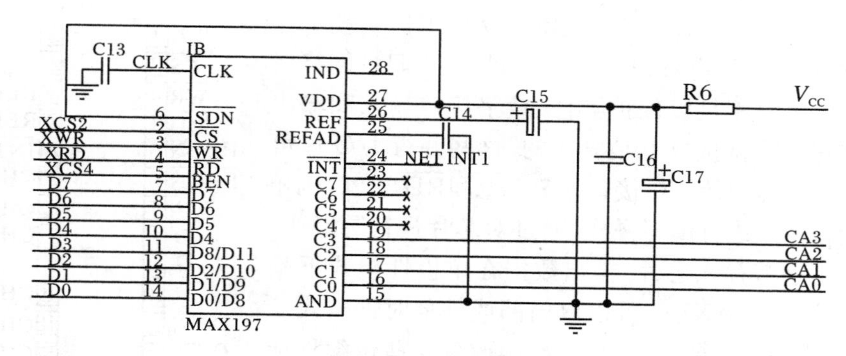

图 8.15　A/D 转换电路

(1) MAX197 结构特点. MAX197 芯片是多量程(±10 V，±5 V，0～10 V，0～5 V)、8 通道、12 位高精度的 A/D 转换器. 它采用逐次逼近工作方式，有标准的微型计算机接口. 三态数据 I/O 口用做 8 位数据总线，数据总线的时序与绝大多数通用的微处理器兼容. 全部逻辑输入和输出与 TTL/CMOS 电平兼容. MAX197 与一般 A/D 转换器芯片相比，具有极好的性能价格比，仅需单一的 5 V 供电，且外围电路简单，可简化电路设计.

(2) MAX197 的控制字. MAX197 的控制字如表 8.1 所示. PD_1、PD_0 这 2 位选择时钟和低功耗模式；ACQMOD＝0 为内部控制采集，1 为外部控制采集；RNG 选择输入端的满量程电压范围；BIP 选择单极性、双极性转换模式；A_2、A_1、A_0 这 3 位是用于选择多路输入通道的地址. 采用内部采集控制模式时，在 WR 的上升沿 T/H 进入跟踪模式，当内部定时采集过程结束时进入保持模式. 对于下降速率小于 1.5 μs 的低阻输入源，在最大转换速率时能保证转换精度. 在外部采集控制模式下，在第 1 个 WR 上升沿 T/H 进入跟踪模式；当检测到第 2 个 WR 上升沿，且 $D_5=0$ 时，进入保持模式. 其输入量程及保护方式为：

在 REF＝4.096 V 时，MAX197 通过软件设置控制字节的 D_3、D_4 位可选择输入量程为±10 V、±5 V、0～10 V、0～5 V.

表 8.1　MAX197 控制字

D_7(MSB)	D_6	D_5	D_4	D_3	D_2	D_1	D_0(LSB)
PD_1	PD_0	ACQMOD	RNG	BIP	A_2	A_1	A_0

(3) MAX197 引脚功能. MAX197 引脚图如图 8.16 所示，图中 REF 用来控制满量程输入电压大小. 在 REFADJ 脚加外部基准电压后，MAX197 多量程 A/D 转换器 REF 脚的电压为 $V_{REF}-1.6348V_{REFADJ}$ (2.4 V$<V_{REF}<$4.18 V). 输入通道的

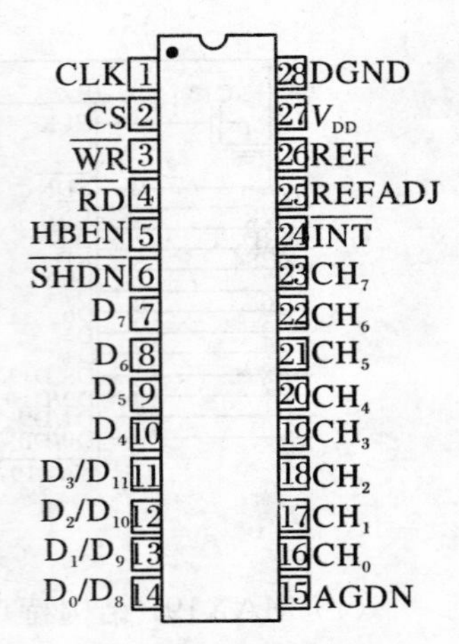

图 8.16 MAX197 引脚图

过压保护电压为±16.5 V，即使芯片处于低功耗工作模式，这种防护也有效. $V_{DD}=0$ V 时，输入阻抗网络所具有的电流限制足以保护器件. 数字接口输入和输出数据在三态并行接口上是复用的. 这些并行 I/O 口可以很容易地与微计算机接口. $\overline{CS}$、$\overline{WR}$和$\overline{RD}$与 PC 机相应控制脚相连进行读写操作. 通过对芯片进行写操作，可把控制字节存入芯片. 输出数据在单极性模式下是二进制格式. MAX197 可以以内部或外部时钟模式工作. 一旦选择了所要求的时钟模式，改变这些位编程选择低功耗模式时，不会影响时钟模式. 刚上电时，选择外部时钟模式. 在 CLK 脚和地之间接一个 100 pF 电容，可产生1.561 MHz频率的内部时钟. 外部时钟要求 100 kHz～2 MHz 之间.

4. 电源模块

本温度采集系统一共需要提供 3 种电源：ARM 处理器内核工作电压 1.8 V；I/O 口驱动电压 3.3 V；以及功能芯片工作电压 5 V. 电源模块的硬件电路如图 8.17所示. 电路由外部三端电源(12 V)输入，L_1 的作用是存电，经过电容滤波后，经 LM2576－5HV 转换成 5 V 电压，再经过电容滤波后，分别由三端稳压器 AS1117－1.8V 和 AS1117－3.3V 转换成 1.8 V 和 3.3 V.

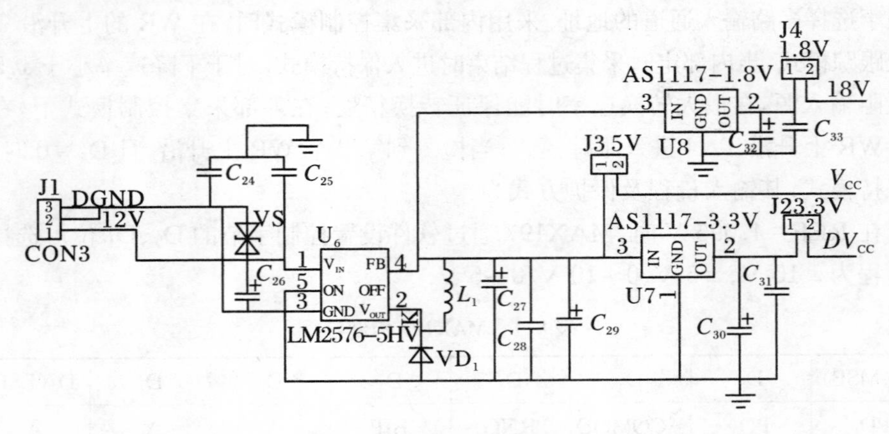

图 8.17 电源模块的硬件电路

5. AT91R40008 及外围电路

本实例 4 路温度采集系统是以 ARM 系列微处理器 AT91R40008 为核心器

件，由晶振电路、复位电路、输入电压滤波电路、Flash程序下载电路及一些必要的逻辑器件构成，其电路图如8.18所示．由于AT91R40008内置以及掉电保护电路，

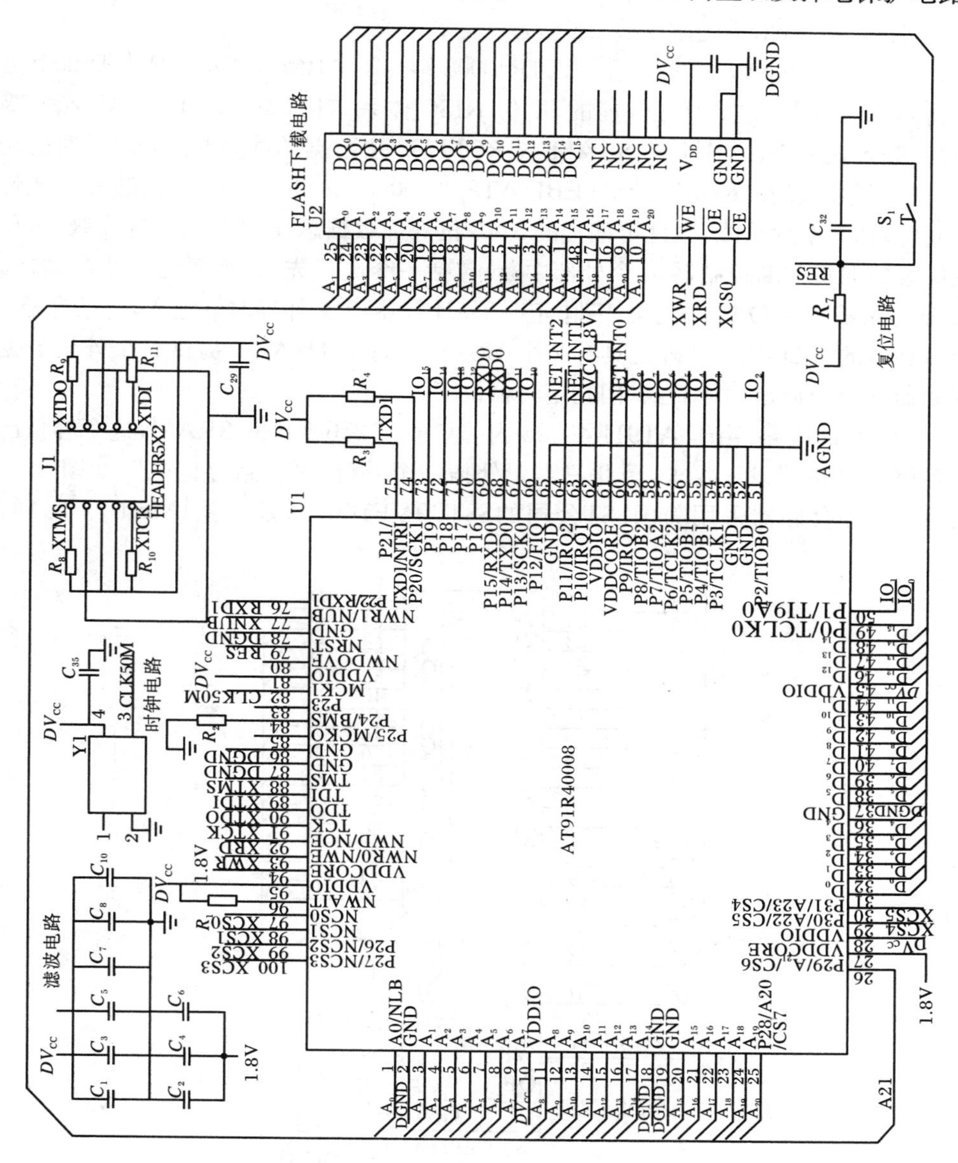

图8.18　AT91R40008外围电路

所以检测到的温度数据可以进行记录保存，不会因为掉电后丢失．其中电压滤波电路是通过几个0.1 μF的电容并联实现的；晶振电路由四端集成芯片组成，其输出

频率为 50 MHz；Flash 程序下载电路由 SST39VF160 多用途闪光器件组成，其地址线和数据线分别与 AT91R40008 的地址线和数据线相连；AT91R40008 的 P0～P19 端口用于 LCD 和选择开关的连接.

（1）AT91R40008 功能介绍. AT91R40008 结合了 ARM7TDMI ARM Thumb 处理器内核的特点. 它具有高性能的 32 位 RISC 体系结构，高密度 16 位指令表，高主频，嵌入式 ICE，芯片上的 SRAM 或 ROM，32 位数据总线，单个时钟周期的访问，完全可编程的外部总线接口（EBI）AT91R40008，64M 字节的最大的外部地址空间，多达 8 个片选线，软件可编程的 8/16 位外部数据总线，8 个具有优先级、可单独屏蔽的向量中断控制器，4 个外部中断，包括一个高优先权、低延迟的中断请求，32 条可编程的 I/O 口，3 通道 16 位定时器/计数器，3 个外部时钟输入，每条通道 2 个多功能的 I/O PIN. 此外还具有 2 个 USART，每个 USART 提供 2 个外设数据控制器（PDC）通道、可编程看门狗定时器.

（2）存储电路. 由于 AT91R40008 内部集成了 256 KB 的 SRAM，这个容量已经足够满足系统设计要求，因此只需要外拓一个外部存储器，存储电路如图 8.19 所示. 外部存储器采用美国SST公司的SST39VF160，这是一款1Mbit（＊16）的

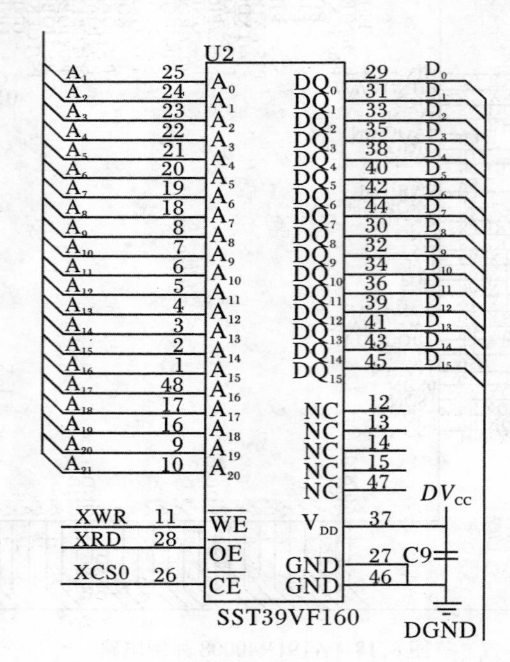

图 8.19 存储电路

CMOS 多功能 Flash(MPF)器件,由 SST 特有的高性能 SuperFlash 技术制造而成. SST39VF160 尤其适用于可方便和低成本地实现程序、配置或数据的存储的应用中.对于所用的系统,SST39VF160 的使用可以显著增强系统的性能和可靠性,降低功耗.

需要特别指出,由于 SST39VF160 的数据宽度是 16 位,所以它的地址线 A_0 高低电平对应的地址偏移就是 2 Byte,而 AR - 的地址计算是按照 Byte 来进行的,即 AT91R40008 的 A_0 高低电平对应的地址偏移为 1 Byte.为了保证能够正确地对 SST39VF160 进行数据操作,将 AT91R40008 的 A_1 与 SST39VF160 的地址线 A_0 相接,这样就能保证数据的正确操作.由于芯片采用了 3.3 V 的电源供电,为保证电源的稳定性避免外部的电源干扰,在每个电源管脚的地方加上一个 0.01 μF 的旁路电容,以此来保证芯片的纯净电源供给.

(3) JTAG 下载接口电路.JTAG 是联合测试工作组的简称,是名为标准测试访问端口和边界扫描结构的 IEEE 的标准 1149.1 中的常用名称.此标准用于测试访问端口,使用边界扫描的方法来测试印制电路板.JTAG 口与芯片的下载接口电路如图 8.20 所示.在 JTAG 调试当中,靠近芯片的输入输出管脚上存在一个移位寄存器单元,移位寄存器单元都分布在芯片的边界上(周围),被称为边界扫描寄存器.

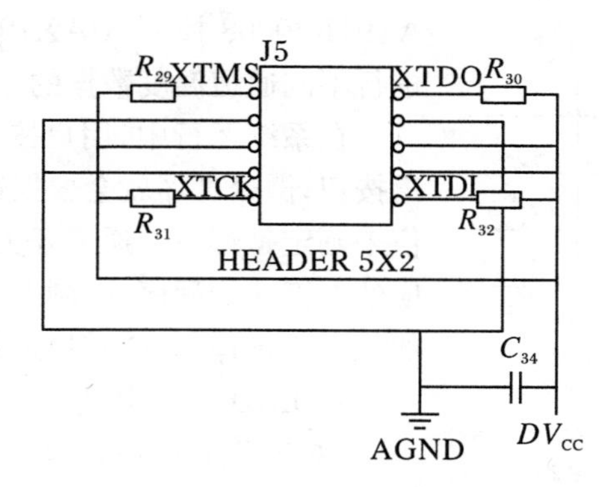

图 8.20　JTAG 下载接口电路

TAP 是一个通用的端口,通过 TAP 可以访问芯片提供的所有数据寄存器(DR)和指令寄存器(IR).对整个 TAP 的控制是通过 TAP Controller 来完成的. TAP 总共包括 5 个信号接口:TDI(测试数据输入)、TDO(测试数据输出)、TCK(测试时钟)、TMS(测试模式选择)和 TRST(测试复位)可选.

在实际调试过程中,通过 TAP 接口对数据寄存器(DR)进行访问的一般过程是:通过指令寄存器(顶),选定一个需要访问的数据寄存器;把选定的数据寄存器连接到了 TDI 和 TDO 之间；由 TCK 驱动，通过 TDI，把需要的数据输入到选定的数据寄存器当中去；同时把选定的数据寄存器中的数据通过 TDO 读出来.

(4) 晶振复位电路. 晶振电路如图 8.21(a)所示，采用的是 TXC 系列的晶振模块，直接输出稳定的 50 MHz 的频率到 AT91R40008 的时钟频率端口. 复位电路如图 8.21(b)所示，采用低电平复位，当按键按下去的时候，RES 为低电平输出；当断开的时候，RES 经过 V_{cc} 被拉高.

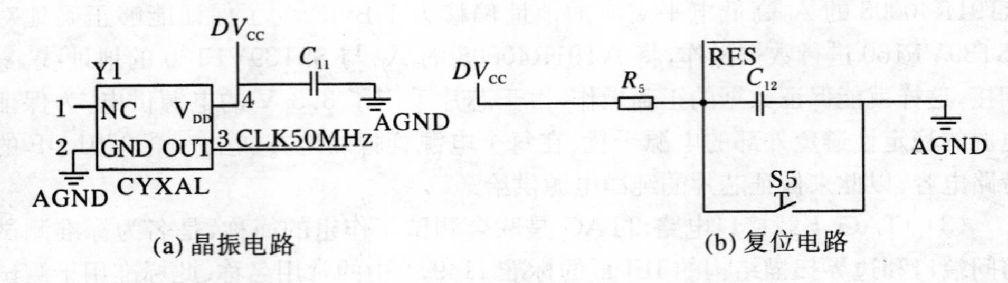

(a) 晶振电路　　(b) 复位电路

图 8.21　晶振复位电路

6. 选择开关电路

选择开关电路如图 8.22 所示，采用直接与 AT91R40008 的 P16～P19 端口相连的形式，通过键盘扫描检测开关的状态. AT91R40008 控制 MAX197 通道的选通，从而进行不同通道温度数据的显示.

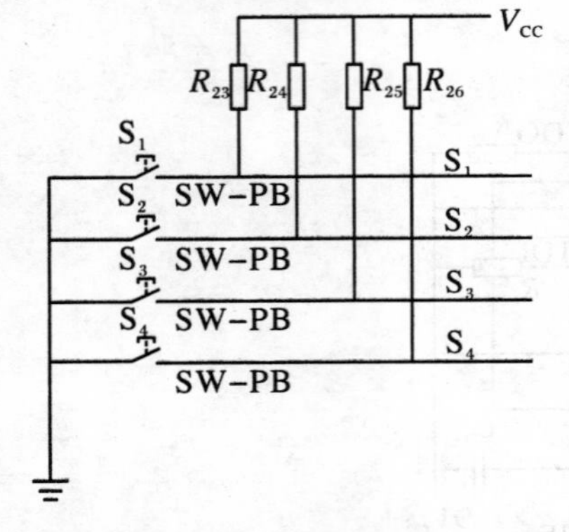

图 8.22　选择开关电路

在系统运行中，用户按下选择开关中一个通道按钮，微处理器就会根据键盘扫描程序和端口值来确定是哪一个通道开关被按下，从而执行相应的按键功能程序，控制 MAX197 的 A_0、A_1、A_2 的状态来选择 A/D 转换通道.

7. LCD 显示电路

LCD 显示接口电路如图 8.23 所示，采用 LCD1602 型 LCD，具有电流小、功耗低、体积小、字迹清晰美观、使用方便、寿命长、无电磁辐射等优点. LCD1602 的 8 位数据线与 AT91R4008 的 P0～P7 端口相连，使能端 E、读写端 R/W、RS 分别由 P8、P13、P14 口控制.

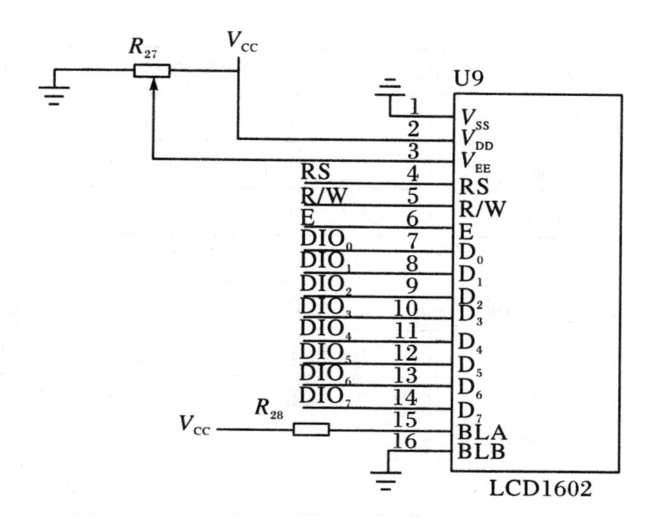

图 8.23 LCD 显示电路

图 8.23 中 LCD1602 的 D_0～D_7 为 8 位的双向数据线，V_{SS}为地电源，V_{EE}接 5 V正向电源，V_{DD}为液晶显示器对比度调节端，接正向电源时对比度最弱，而接地电源时对比度最高.该引脚通过一只 1 K 的电位器来调整器对比度. RS 为低电平时选用指令寄存器. R/W 为读写信号引脚，R/W 高电平时为读操作；R/W 为低电平时为写操作.当 RS 和 R/W 共同为低电平时则写入指令或者显示地址；当 RS 为低电平，R/W 为高电平时为读忙信号；当 RS 为高电平，R/W 为低电平时为写入数据. E 为使能端，当 E 由高电平跳变为低电平时，LCD 液晶模块开始执行命令.

LCD1602 可以显示 16×2 个字符、其芯片工作电压为 4.5～5 V，最佳工作电压为 5 V，LCD1602 液晶模块内部字符存储器(CGROM)存储 160 个不同的点阵字符图形，包括阿拉伯数字、大小写字母、常用符号和日文假名等.每一个字符都有一个固定的代码.

LCD1602 液晶模块共有 11 条内部控制指令，如表 8.2 所示.该液晶模块的读写、屏幕和光标的操作都是通过指令编程实现的.图 8.24、图 8.25 分别为其读操作时序和写操作时序.

表 8.2 LCD1602 的控制指令表

序号	指令	RS	R/W	D_7	D_6	D_5	D_4	D_3	D_2	D_1	D_0
1	清显示	0	0	0	0	0	0	0	0	0	1
2	光标返回	0	0	0	0	0	0	0	0	0	*

续表

序号	指令	RS	R/W	D_7	D_6	D_5	D_4	D_3	D_2	D_1	D_0
3	置输入模式	0	0	0	0	0	0	0	1	1/D	S
4	显示开/关控制	0	0	0	0	0	0	1	D	C	B
5	光标或字符移位	0	0	0	0	0	1	S/C	R/L	*	*
6	置功能	0	0	0	0	1	DL	N	F	*	*
7	置字符发生存储器地址	0	0	0	1	字符存储器地址(AGG)					
8	置数据存储器地址	0	0	1	显示数据存储器地址(ADD)						
9	读忙标志或地址	0	1	BF	计数器地址(AG)						
10	写数到 CCRAM 或 DDRAM	1	0	写入数据							
11	CGRAM 或 DDRAM 读数	1	1	读取数据							

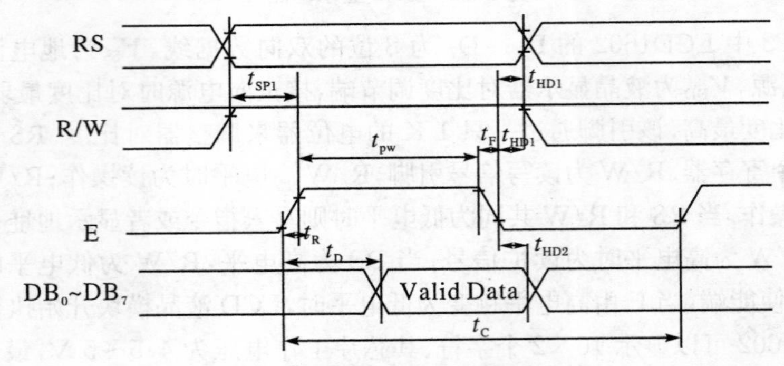

图 8.24　LCD1602 的读操作时序

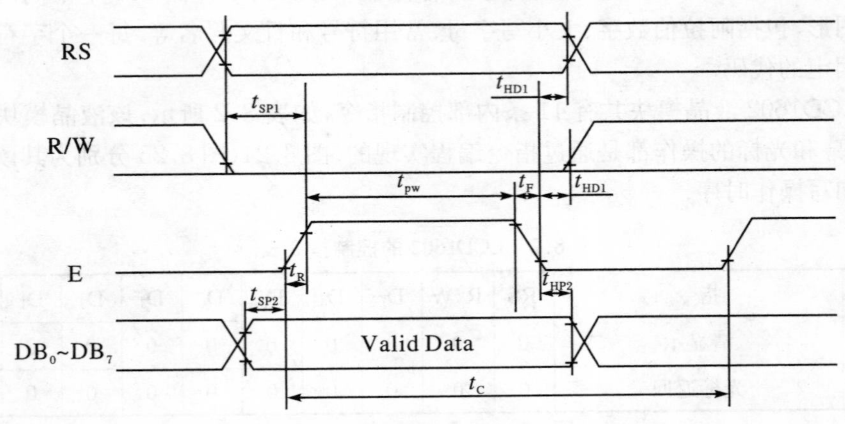

图 8.25　LCD1602 的写操作时序

当显示字符时,需向 LCD1602 液晶模块先输入显示字符地址,才能正确显示字符.表 8.3 为 LCD1602 的内部字符显示地址.

表 8.3 LCD1602 的内部字符显示地址

	1	2	3	4	5	6	7	8	9	10	11	12	13	14	15	16
第1行	00	01	02	03	04	05	06	07	08	09	0A	0B	0C	0D	0E	0F
第2行	40	41	42	43	44	45	46	47	48	49	4A	4B	4C	4D	4E	4F

8.4.3 系统软件设计

系统软件设计采用模块化结构.整个程序由主程序、初始化程序、A/D 转换子程序、LCD 显示驱动子程序、键盘扫描子程序等模块组成.初始化程序对 AT91R40008 内部特殊功能寄存器、中断控制、I/O 口的工作方式进行设定;A/D 转换程序完成对信号的采样和 A/D 转换;键盘扫描程序完成对 A/D 转换器 MAX197 通道的选择;LCD 驱动显示驱动完成对转换完成的温度采样数据进行显示.下面主要介绍主程序、A/D 转换程序、键盘扫描程序、LCD 驱动显示程序.

1. 主程序

图 8.26 所示是主程序流程.系统先初始化各寄存器、定时器、中断控制以及各 I/O 口的工作方式.然后启动 A/D 转换,进行温度数据采集转换,把转换的数据经过处理送 LCD 显示,键盘扫描后,执行相应的按键功能,选择通道,再开始 A/D 转换.

2. A/D 转换程序

A/D 转换部分主要是利用定时中断来采集数据,其流程如图 8.27 所示.在启动 A/D 转换后,通过按键扫描选择采集通道,然后利用定时中断读取低 8 位数据和高 4 位数据.

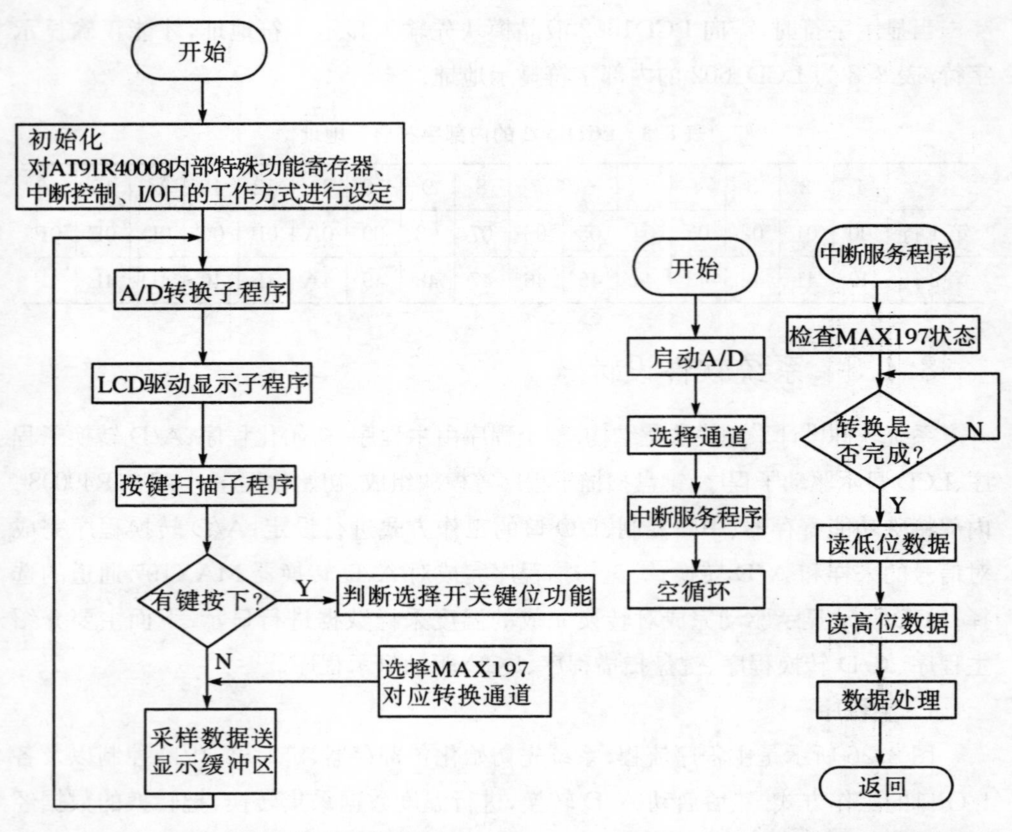

图 8.26 主程序流程图 **图 8.27 A/D 转换程序流程图**

参考程序：

```
#include"global.h"
#include"ad.h"
#include"AT91R40008.h"
#include"lib AT91R40008.h"
#include"eb40a.h"
extern voidmax197_asm_irq1_handler(void);
extern OS  EVENT * ADMsgQ;
/************************
unidolar transfer function:1LSB=FS/4096
bip01ar  transfer function:  1LSB=2 | FS |/4096
```

```
Vref = 4.096   Vref * 1.2207   Vref * 2.4414
* * * * * * * * * * * * * * * * * * * * * * */
intstart  max197(uint8 channel_namber,uint8  sample_range)
{//channel 为通道选择控制字,sample_range 为采样范围控制字(0:0～5 V,1:-5～+5 V,2:0～10 V,3:-10～+10 V)
staticuint8 max197  command[8] = {
0x46,//0b01000110,      //Sensor0 = A2:A0 = 110 = CH6 = Pressure
0x41,//0b01000001,      //Sensor1 = A2:A0 = 001 = CH1 = R011
0x45,//0b01000101,      //Sensor2 = A2:A0 = 101 = CH5 = Yaw
0x44,//0b01000100,      //Sensor3 = A2:A0 = 100 = CH4 = P 让 ch
0x43,//0b01000011,      //Sensor4 = A2:A0 = 011 = CH3 = Q
0x40,//0b01000000,      //Sensor5 = A2:A0 = 000 = CH0 = Z
0x47,//0b01000111,      //Sensor6 = A2:A0 = 111 = CH7 = Y
0x42,//0b01000010,      //Sensor7 = A2:A0 = 010 = CH2 = X
//111 + + - - - - - - BIP:RNG = 00 = 0 - 5V conversion
//11 + - - - - ACQMOD = 0 = internally clocked conversion
// + + - - - - - PD1:PD0 = 01 = Use internal clock,fun power mode
};
*k((uint8 *)ADC_BASE):max197_command[channel_Humber];
return sample_range;
}
/* * * * * * * * * * * * * * * * * * * * * * */
/* init device len netcard      */
/* * * * * * * * * * * * * * * * * * * * * */
voidmax197_itcfg(void)
{
//open & registerexternalIRQ1 · interrupt
AT91F_HO_CfgPeriph(AT91C_BASE_HO,AT91C_PIO_PIO,0);  //IRQ1 P10
AT91F_AIC_Configurelt(AT91C_BASE_AIC,AT91C_ID_IRQ1,
AT91C_AIC_PRIOR_HIGHEST_3,//4+
```

```
//AT91C_AIC_SRCTYPE_EXT_HIGH_LEVEL,
ATg1C_AIC_SRCTYPE_EXT_LOW_LEVEL,//低电子触发
max197_asm_irq1_handler);
AT91F_AIC_Enablelt(AT91C_BASE_AIC,AT91C_ID_IRQ1);
}
/*************************/
/*interrupt process handler */
/*************************/
voidmax197—IRQ1—handler(void)
{
uint8 flag;
uint8 high_4,low_8;
uint16 convert_number;
unsigned int status;
static uint8 msg;
msg:1;
status:AT91C_BASE_AIC->AIC_ISR;
AT91C_BASE_AIC—>AIC_IMR=0x1<<AT91C_ID_IRQ1;
AT91C_BASE_AIC->AIC_IDCR=0x1<<AT91C_ID_IRQ1;//禁止相应中断
AT91C_BASE_AIC->AIC_ICCR=0x1<<AT91C_ID_IRQ1;//清除相应中断
```

3．按键扫描子程序

按键扫描流程如图 8.28 所示，主要是通过对选择开关的状态不停地扫描，经过延时消抖后确定有键按下则通过全局变量控制 MAX197 的 A_0、A_1、A_2 的值来选择 A/D 转换通道.

4．LCD 驱动显示程序

LCD1602 的显示驱动主要包括选通信号 E、读写信号 R/W、读写寄存器的设置、读 BF 值和 AC 值以及读写指令等，其流程图如图 8.29 所示.

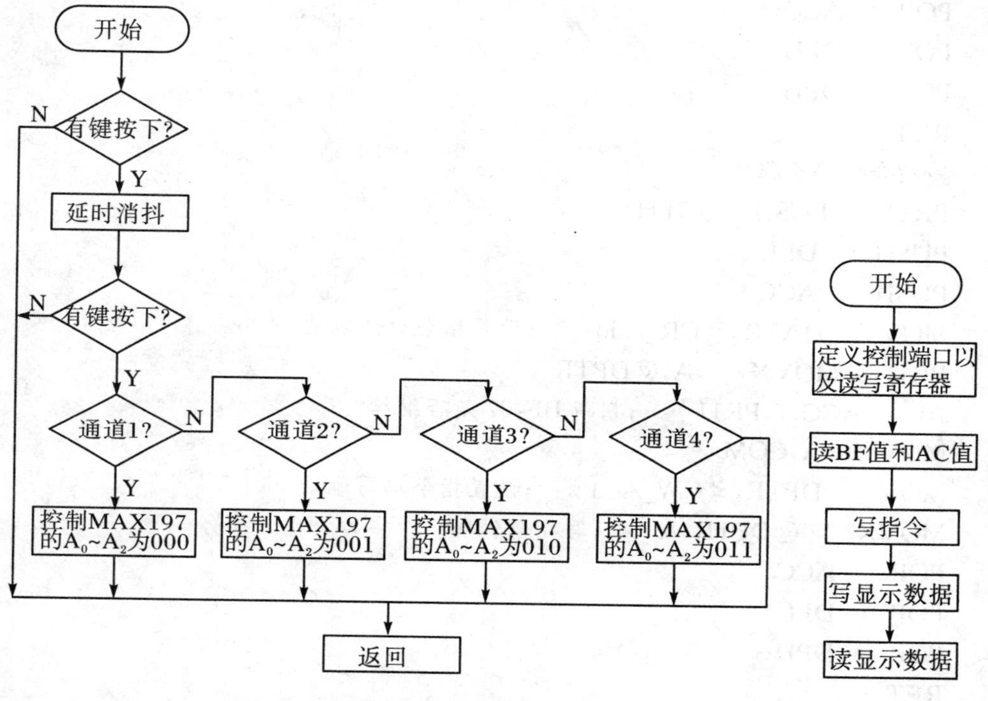

图 8.28　按键扫描程序流程图

图 8.29　LCD驱动程序流程图

参考驱动程序如下：

```
COM       EQU 20H      ;指令寄存器
DAT       EQU 21H      ;数据寄存器
CW_Add    EQU 8000H    ;指令口写地址
CR_Add    EQU 8200H    ;指令口读地址
DW_Add    EQU 8100H    ;数据口写地址
DR_Add    EQU 8300H    ;数据口读地址
读 BP 和 AC 值：
PR0：     PUSH     DPH
PUSH      DPI
PUSH      ACC
MOV       DPTR，＃CR_Add     ;设置指令口读地址
MOVX      A,@DPTR           ;读 BF 和 AC 值
MOV       COM,A             ;存入 COM 单元
```

```
POP     ACC
POP     DPL
POP     DPH
RET
```

写指令代码子程序：

```
PR1:    PUSH    DPH
PUSH    DPL
PUSH    ACC
MOV     DATR,#CR_Add        ;设置指令口读地址
PR11:   MOVX    A,@DPTR
JB      ACC.7,PR11          ;判断 BF:07 是否继续?
MOV     A,COM
MOV     DPTR,#CW_Add        ;设置指令口写地址
MOVX    @DPTR,A             ;写指令代码
POP     ACC
POP     DPL
POP     DPH
RET
```

写显示数据子程序：

```
PR2:    PUSH    DPH
PUSH    DPL
PUSH    ACC
MOV     DPTR,#CR_Add        ;设置指令口读地址
PR21:   MOVX    A, @DPTR
JB      ACC.7,PR21          ;判断 BF:07 是否继续?
MOV     A, DAT
MOV     DPTR,#DW_Add        ;设置数据口写地址
MOVX    @DPTR,A             ;写数据
POP     ACC
POP     DPL
POP     DPH
```

读显示数据子程序：

```
PR3:    PUSH    DPH
PUSH    DPL
```

```
PUSH    ACC
MOV     DPTR,#CR_Add      ;设置指令口读地址
PR31:   MOVX    A,  @DPTR
JB      ACC.7,PR31      ;判 BF=0? 是否继续?
MOV     DPTR,#DR_Add      ;设置数据口读地址
MOVX    A,@DPTR       ;读数据
MOV     DAT,A     ;存入 DAT 单元
POP     ACC
POP     DPL
```

8.4.4　系统调试与运行

在实际系统调试中,用户需先通过 JTAG 口和 Flash 下载程序将程序下载到 AT91R40008 中,让 ARM 芯片开始工作.处理器向 A/D 转换器 MAX197 发送控制信号,选择通道,开始 A/D 转换,同时观察 LCD 是否有温度显示以及通道标号.把 4 路传感器分别放到有温度差异的地方,按下选择开关后,观察 LCD 的温度和通道是否有变化.如果芯片或 LCD 不工作,则检查电源模块输出电压是否正常,硬件电路检查完后,再进行软件的修改.

8.5　智能小车控制系统

8.5.1　控制方案设计

1. 智能小车设计要求

智能汽车是一种集环境感知、规划决策、自动行驶等功能于一体的综合系统,集中地应用到了自动控制、模式识别、传感器技术、汽车电子、电气、计算机、机械等多个学科,是典型的高新技术综合体,具有重要的军用及民用价值.每年开展的全国大学生"飞思卡尔杯"智能汽车竞赛是以迅猛发展的汽车电子为背景,多个学科交叉的综合性科技创意性比赛.智能小车的设计与实现对提高学生的动手能力和创新能力具有重要作用.

对智能小车提出的技术参数要求如表 8.4 所示.对系统设计的要求包括:

(1) 小车按照黑线寻迹,最终性能测试结果由时间成绩、报告分数和冲出跑道次数三者决定,具体计算由下面公式给出:

最终成绩(秒) $= T_s(1-0.01R)(1+0.05N)$. 式中 T_s 为赛车最快单圈时间

(s)；R 为技术报告评分(分值范围 0～10)；N 为赛车在最快单圈比赛过程中冲出跑道的次数，且 N 不大于 3.

(2) 电路及控制驱动电路的限制.

① 采用限定的飞思卡尔 16 位微控制器 MC9S12DG128 作为唯一的控制处理器.

② 伺服电动机数量不超过 3 个.

③ 传感器数量不超过 16 个(红外传感器的每对发射与接收单元共计为 1 个传感器，CCD 传感器计为 1 个传感器).

④ 直流电源采用大赛统一提供的电池，不得使用 DC－DC 升压电路为驱动电动机和舵机提供动力.

⑤ 全部电容容量不得超过 2000 F；电容最高充电电压不得超过 25 V；

(3) 赛道基本参数(不包括弯点数目、位置以及整体布局).

① 赛道路面用纸制作，跑道面积不大于 5000 mm×7000 mm，跑道宽度不小于 600 mm.

② 跑道表面为白色，中心有连续黑线作为引导线，黑线宽 25 mm.

③ 跑道最小曲率半径不小于 500 mm.

④ 跑道可以交叉，交叉角为 90°.

⑤ 赛道为二维水平面.

⑥ 赛道有一个长为 1000 mm 的出发区；计时起点两边分别有一个长度 100 mm 的黑色计时起始线，赛车的前端以此起始线作为比赛计时开始或结束的标记.

表 8.4 智能小车技术参数

参数	数值	参数	数值
长	35 cm	CMOS 摄像头	1 个
宽	17 cm	红外管(对)	3 个
高	38 cm	坡度检测传感器	1 个
总重量	0.936 kg	驱动电动机	1 个
电路总功耗	9.2 W,39.7 W	舵机	1 个
电容总容量	1373.4 μF	赛道检测频率	50 Hz

2. 系统总体方案

智能小车以"飞思卡尔"16 位微控制 MC9S12DG128B 为主控制器，采用 CCD 摄像头和红外传感器相结合的方法(红外传感器主要用来检测起跑线和"十"字路线)来检测路面信息，运用反射式红外传感器检测小车速度，MMA1260D 传感器检测路面坡度信息.同时,采用PWM技术控制舵机的转向和电动机转速.系统还扩展了LCD液晶显示屏和键盘模块作为人机操作界面,以便于智能小车的相关参数调整.用串口将采集的路面黑线信息传送到主控制器进行分析,结合PID等算法,控制小车沿着预设的轨道黑线及时调整车身姿态准确、快速地跑完全程.据此,智能小车总体方案如图8.30所示.系统共包括八大模块:控制处理芯片MC9S12DG128B、图像采样模块、车尾红外传感器模块、速度检测模块、坡度检测模块、舵机驱动模块、电动机驱动模块和辅助调试模块.

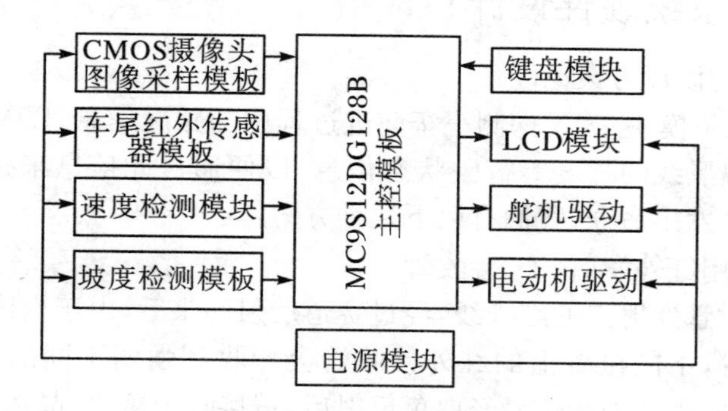

图8.30　智能小车总体方案

其中MC9S12DG128B单片机是系统的核心部分.它负责接收赛道图像数据、赛车速度等反馈信息,并对这些信息进行恰当的处理,形成合适的控制量来对舵机与驱动电动机进行控制,而且还要实现和调试模块的信息交换.设计选用的MC9S12DG128B单片机属于飞思卡尔MC9S12系列,它是以高速的CPU12内核为核心的单片机,外部输入时钟经过内部锁相环后,时钟频率频率可达48 MHz,内部Flash高至128KB,拥有8路10位A/D、16路I/O口,有功能强大的8路8位(或4路16位)PWM输出,以及8路飞思卡尔特有的16位的增强型定时器.该MCU功能强大,完全胜任小车的检测和控制功能.MCU由供电电路、时钟电路、复位电路、BDM下载口等几个模块组成.

图像采样模块由MC9S12DG128B的AD模块,外围芯片(LM1881)和电路与摄像头组成.其功能是获取前方赛道的图像数据,以供MC9S12DG128B作进一步分析处理.

车尾红外传感器模块由2个TCRT5000红外传感器以及比较器LM324N组成.该模块的功用是检测起跑线和"十"字路线,主要目的是使小车在第一圈以一个较为稳定的速度跑动,当检测到第二圈的起跑线时,小车自动切换到一个比较快的速度进行跑动,这样既可以采用"保守"方式获得成绩,又可以尝试其他比较"冒险"的速度或者算法.

速度传感器模块由黑白相间的编码盘和反射型红外传感器组成，靠定时检测反射型红外传感器电脉冲累积数来间接求得赛车的速度值.

坡度检测模块主要由 MMA1260D 芯片组成，通过 A/D 转换感应坡度变化.

舵机模块和电动机驱动模块分别用于实现赛车转向和前进.

辅助调试模块主要由键盘模块和 LCD 显示模块组成，该模块主要是为方便调整赛车系统参数和运行策略而设计.

8.5.2 系统硬件设计

1. 硬件系统设计方案论证

(1) 图像采集模块. 为了探测小车前进过程中的路况信息，以及小车在沿黑线行走过程中偏离黑线的程度等行驶状态信息，以便通过此信息来指导 MCU 应该怎样对执行部分发出命令，我们有以下几种方案：

方案一：使用红外发射——接收管

用红外发射管发射出的红外线，经过赛道反射回来后，由于白线和黑线吸收红外线的强度不等，不同位置上的红外接收管会接收到强弱不同的红外光. 对于白线，红外发射管发出红外线信号经白色反射后，被接收管接收，晶体管导通，比较器输出低电平；而对于黑线，红外线被黑色吸收，晶体管截止，比较器输出高电平. 由此可以判断出黑线相对于小车的位置.

优点：抗干扰能力强、可靠性高，不会因为周围环境的差别而产生不同的结果，可以减少在安装时产生的差异带来的误差和干扰，使安装简便.

缺点：作用距离有限，不能对黑线进行远距离探测，预测性弱，速度快时很容易冲出跑道；而且规定红外传感器最多只可以用 16 个，所以它对黑线的探测不能完全覆盖，可能出现漏检.

方案二：采用红外传感器与 CCD(CMOS)摄像头相结合

优点：兼顾了红外传感器抗干扰能力强以及摄像头作用距离远、视角范围大的长处.

缺点：设计难度大，红外传感器与摄像头需要配合寻迹，它们对舵机和电动机在方向和速度上的控制需要巧妙的仲裁算法(对采集的信息判断优先级)进行区分；运算量大，需要占用相当多的 MCU 资源.

方案三：直接采用摄像头

优点：作用距离远，道路信息预测能力强，不易出现由于黑线检测不及时而冲出赛道的情况；而且摄像头对道路的探测精细，视角范围大不易出现黑线漏检的情况.

缺点：容易被干扰，受周围光线的影响大；运算量大，算法复杂，需要占用较多的 MCU 资源.

决策方案:方案三从 CCD(CMOS)摄像头采集的赛道图像中提取中心线位置,取代了光电传感器阵列.该方案彻底摆脱了光电传感器视野狭窄,分辨率低的特点,能够提供全面的路况信息.同时,由于电路的简化,缩小了体积,减轻了重量,使整车的功率分配更加合理有效,有利于小车更加快速稳定的行进.因此,本设计选用了方案三.

(2) 速度采集模块.为了能够提高小车的总体速度,就需要使其能在直道上全速行驶,在弯道上也能够以比较快的速度前进.这就需要有准确的速度信息采集方案,将小车的速度值随时采集送到 MCU,对速度进行闭环反馈控制,以使小车能够稳定高速地行驶.

方案一:采用霍尔传感器.在车轮上嵌入若干粒永磁铁,使用霍尔传感器进行检测.

优点:检测速度快,不会受光、温度等影响.

缺点:在车轮上合适的地方嵌入数量足够多的永磁铁相当困难.

方案二:采用速度传感器脉冲计数.将测速传感器安装在小车左后轮附近,在小车的靠近车轮的轴上安装一个编码盘,这样就可用传感器检测黑线,产生脉冲,通过对脉冲进行计数的方式来测量小车的速度.

优点:原理简单,实现容易.

缺点:占用 ECT 资源.

决策方案:从各个方面综合考虑,从简单易行有效起见,我们最终选择采用方案二,而且我们对速度的检测并不需要完全的准确,利用脉冲计数的方式获得的速度值精度足够.

(3) 加速度传感器模块.考虑到赛道增加了坡度,为了识别赛道的坡度,采用加速度传感器.有两种选择方案:一种是三轴的加速度传感器,该传感器能够很准确地检测 3 个方向的加速度;另一种是采用单轴的加速度传感器.

决策方案:三轴加速度传感器检测空间 3 个方向的加速度,电路实现复杂,成本高.在本设计中只需要检测赛道坡度,即检测单一方向的加速度即可判断赛道坡度情况,故而采用单轴的加速度传感器即可.

(4) 电动机驱动模块.电动机驱动对速度起着决定性的作用,考虑以下两种方案.

方案一:电枢串电阻调速

优点:原理简单,控制设备也不复杂.

缺点:速度指标不高,调速范围不大,特别是低速时机械特性较软,调速的平滑性不好.同时,大量的能量消耗在串入的电阻上,不能满足电池供电系统低功耗的要求.

方案二:直流脉宽调速(PWM)

优点:主电路简单,需要的功率器件少;开关频率高,电流容易连续,电机损耗和发热都小;动态响应快,动态抗干扰能力强;功率开关器件工作在开关状态,导通损耗小.

缺点:开关过渡过程损耗大,会在供电回路中产生谐波.

决策方案:电动机驱动芯片采用飞思卡尔半导体公司的半桥式驱动器MC33886. MC33886为桥式驱动电路,通过控制输入的信号,可以控制两个半桥的通断来实现电动机的顺转与倒转.详细分析比较后,最后确定电动机驱动电路由两片MC33886芯片并联构成,使用双路PWM信号进行驱动.

(5) 舵机驱动模块.

方案一:因为舵机的电源在4.5~6 V的范围内,电流为100 mA左右,故而我们从电池电压通过串联两组二极管来获得.为了防止电流过大烧坏二极管,每一组二极管由三个二极管并联而成.

方案二:采用稳压芯片将电池电源直接降压并稳定到6 V.

决策方案:经过实验测试,使用稳压芯片将电压降到6 V对舵机进行供电这种方法,其驱动力不足.而采用方案一则简单且易实现.故确定采用方案一实现对舵机的供电.

(6) 电源管理模块.为了保证各个部件的正常工作,电源的供给是十分重要的,需要对配发的标准车模用蓄电池进行电压调节.单片机系统、摄像头、车速传感器电路、LCD显示电路等各个电路的工作电压不同,需要想办法来使得电压满足各自的要求.一种方法是利用升压或降压的芯片来达到它们的要求,另一种方法是利用双电源供电的方法,来实现各模块的不同需要.由于电路模块较多,该方案中仍需要升压或降压芯片.实际应用中,我们确定采用升压降压芯片等来实现对各个模块的供电要求.而且,在电路设计中,考虑到由于电动机驱动所引起的电源不稳定,在电源输入端和各芯片电源引脚处都加入滤波电路.

(7) 调试模块.为方便实时调试参数,我们采用LCD显示电路和键盘电路,在调试过程中将小车的当前状态参数实时显示,并可方便地通过键盘输入来调节参数和切换小车的状态,而不必将其连接到PC机通过软件调节.

① LCD显示电路设计.显示电路采用液晶显示模块,体积小,功耗低,操作方便.使用液晶显示模块,可以对模式选择位写入命令,从而调节LCD的工作模式,分时进行命令和数据写入.

② 键盘电路设计.将键盘做成几种速度的选择,分别为高速、中速、慢速、确定等几个功能.可根据不同的赛道,立即设定不同的速度;可在不改变任何软件的条

件下,即时地根据周围环境的情况而设以相应的速度值.键盘输出口与单片机 I/O 口相连.

(8) 最终方案决策.经过上述分析选择,最终确定各模块方案如下:

① 采用摄像头获取道路图像信息.

② 利用速度脉冲计数实现对速度的检测.

③ 采用单轴加速度传感器检测坡度.

④ 双路 PWM 驱动电动机.

⑤ 串二极管降电压为舵机供电.

⑥ 采用各种稳压芯片为各模块供电,实现电源管理.

⑦ 利用 LCD 和键盘实现实时调试.

2. 元器件选型

智能小车将摄像头获得的模拟图像信号、速度传感器测得的速度值、加速度传感器检测到的坡度信息以及调速键盘输入的脉冲值等送入单片机系统进行分析处理,发出命令驱动舵机,并使用两片全桥电动机驱动芯片 MC33886 并联驱动电动机,输出 PWM 波形实现对于电动机的控制,使用 LM2575 等稳压芯片对各模块提供电源.

我们参照各个功能模块的硬件功能需求,选定了各模块对应元器件的类型和数量如表 8.5 所示.

表 8.5　主要芯片及其数量

序　号	芯片型号	数　量	作用
1	LM1881	1	视频信号分离
2	LM2575－5.0	2	提供 5 V 稳压
3	MAX632	1	提供 12 V 稳压
4	LM2940－9.0	1	提供 9 V 稳压
5	LM1117－ADJ	1	提供 6 V 稳压
6	MC33886	2	电动机芯片驱动
7	MMA1260D	1	识别坡度

3. 硬件设计与驱动程序

(1) 供电模块.电源是整个系统运转的能源中心,只有保证了电源的合理供给,系统各个部件才能正常的工作,因此,电源管理是十分重要的.我们需要对配发的标准车模用蓄电池进行电压调节.单片机系统、摄像头、车速传感器电路、LCD

显示电路等各个电路的工作电压不同，为了满足不同的电压要求，设计的供电模块总体结构如图 8.31 所示．其中采用 LM2575－5.0 将电池输出电压稳压到 5 V，对单片机、LCD、速度传感器以及加速度传感器等供电；使用 MAX632 先将电压升到 12 V 后，再利用 LM2490 将 12 V 电压降为 9 V 稳压对摄像头供电；使用 LM1117－ADJ 将 12 V 电压降为 6 V 稳压电源对舵机供电．

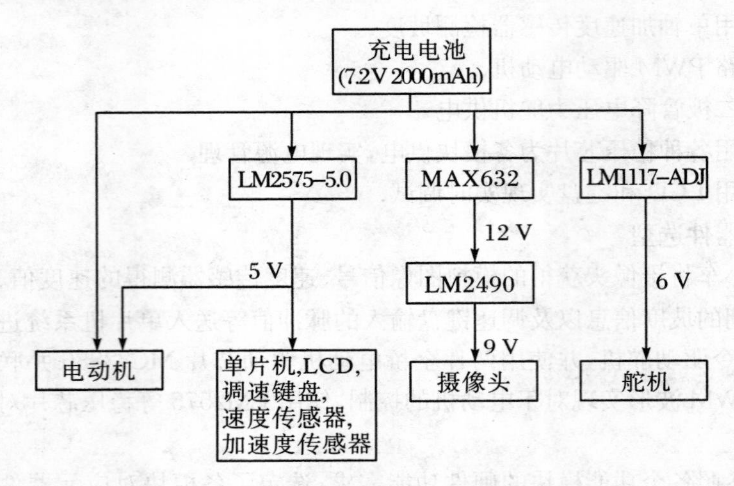

图 8.31 智能小车供电模块总体结构示意图

① 5 V 电源．LM2575－5.0 芯片为单片降压式开关电压调整器，输出电压 5.0 V，最大输出电流 3 A，具有热关闭和限流保护功能．因此，开关稳压电源的功耗极低，其平均工作效率可达 70%～90%．该芯片最大允许电流为 3 A，完全满足需要，而且该芯片热损耗小．LM2575－5.0 的典型应用是输入电压为 7～40 V，通过如图 8.32所示连接电路，便可从输出端得到稳定的 5 V 电压．

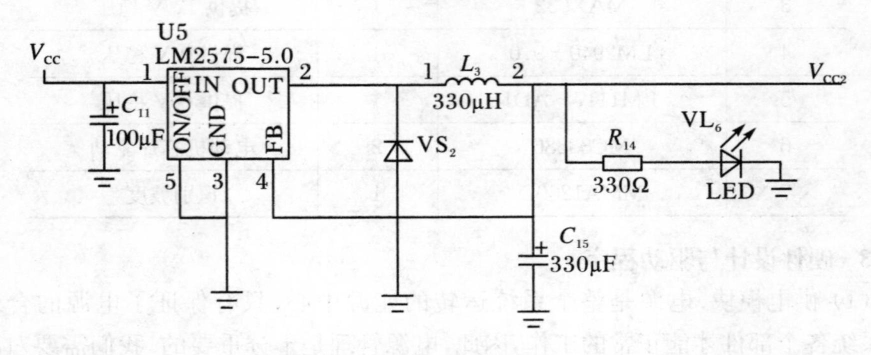

图 8.32 5 V 电源电路

图 8.32 中，V_{CC}接电池 7.2 V 电压，从 1 号引脚 IN 输入，经过 LM2575－5.0 从 2 号引脚 OUT 并通过串联一 330 μH 电感后输出 5 V 电压.所接电容起滤波作用.在输出端接 330 μF 电阻串发光二极管，便于实时查看电路的工作状态(注：后面介绍电路在输出端接 330 μF 电阻串发光二极管作用相同，省略其说明).

② 摄像头用电源.摄像头需要 9 V 的供电电源，先通过 MAX632 将电池电源升压到 12 V，再输入到 LM2490 将电压降到 9 V 向摄像头提供电源.图 8.33 所示，在 LM2490 的输出端采用了开关电源，若 9 V 电源可用，则直接用 9 V 电源向摄像头供电，只有当 9 V 不可用时，才将其按键转换到 12 V 电源.

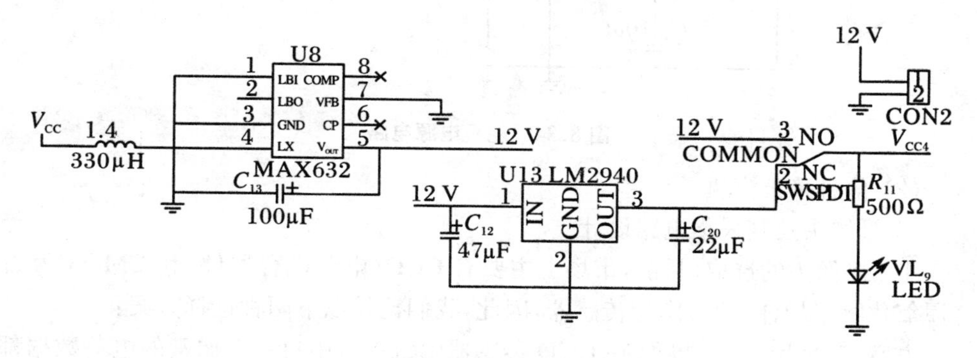

图 8.33　摄像头用电源电路

电池电压通过一 330 μH 电感从 4 号引脚 LX 接入 MAX632，从 5 号引脚 V_{OUT}得到 12 V 输出电压.再将该 12 V 输出电压从 1 号引脚 IN 输入 LM2940 后从其 3 号引脚 OUT 得到 9 V 的输出电压.

③ 舵机电源.舵机电源电路如图 8.34 所示，同样使用开关电源.开关电源的两种供电方式分别来自于：一是电池电源通过串联两个二极管降压至 6 V 给舵机供电；二是通过 LM1117 稳压芯片得到 6 V 电源向舵机供电.经过实验测试证明，使用 LM1117 稳压芯片得到的 6 V 电源对舵机的驱动力不足，故而，实际采用电池电源通过串联两个二极管降压至 6 V 为舵机供电.

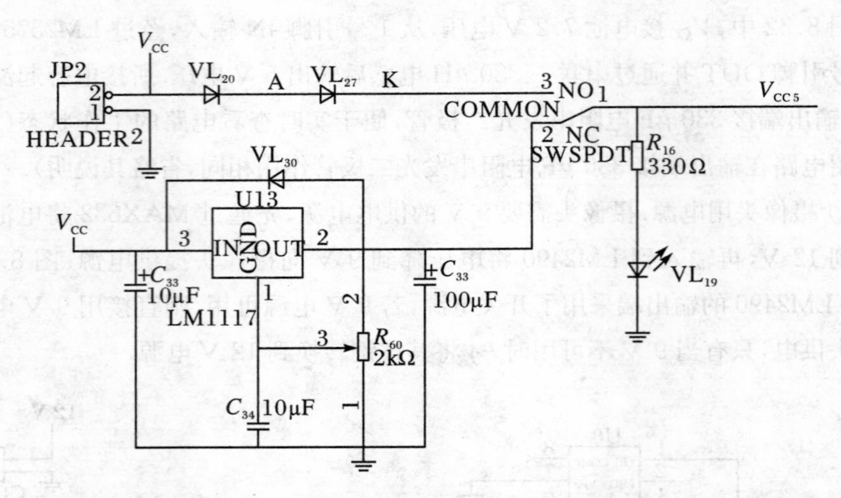

图 8.34　舵机电源电路

(2) 信息采集模块

① 摄像头及其采集电路设计

ⅰ. 摄像头的选取. 目前,市场上主要有 CCD(电荷耦合器件)和 CMOS(互补金属氧化物半导体)两类图像传感器,因此,我们比较以下两种选择方案:

方案一:采用 CCD 摄像头. CCD 传感器中每一行中每一个像素的电荷数据都会依次传送到下一个像素中,由最底端部分输出,再经由传感器边缘的放大器进行放大输出.

优点:成像质量好,灵敏度高,分辨率高,噪声影响弱.

缺点:要求的供电电源高,功耗很大.

方案二:采用 CMOS 摄像头. 在 CMOS 传感器中,每个像素都会邻接一个放大器及 A/D 转换电路,用类似内存电路的方式将数据输出.

优点:要求的供电电源低,功耗很小,成本低,整合度高.

缺点:成像质量不及 CCD 摄像头好.

经过比较,认为 CMOS 成像器件的功能多,工艺方法简单,成像质量也与 CCD 接近. 在我们实际的应用过程中,由于 MC9S12DG128B 芯片的处理能力不足以达到 PC 的运算能力,而且 CMOS 的功能已足够满足性能要求,故最后决定使用只有黑白制式、分辨率为 320 ×240 的 CMOS XB－2001B 型摄像头. 该摄像头具有自动增益控制、内同步、自动背光补偿和低功率消耗等优点.

ⅱ. 摄像头电路设计. 为了有效地获取摄像头的视频信号,我们采用 LM1881 提取行同步脉冲、消隐脉冲和场同步脉冲,视频信号分离原理如图 8.35 所示. 将视频信号通过一个电容接至LM1881的2脚，即可得到控制单片机进行A/D采样的控制信号行同步HS与奇偶场同步信号ODD/EVEN.

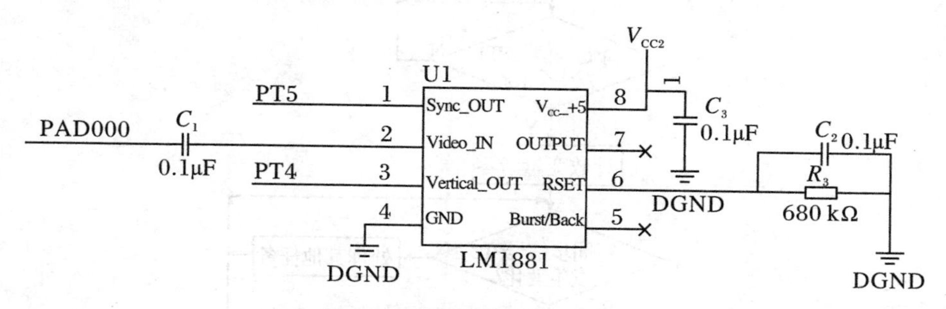

图8.35　视频信号分离原理图

摄像头采集到的模拟信号从PAD00端输入，经过0.1 μF电容 C_1 滤波后输入LM1881(行场同步信号分离器)2号引脚进行视频信号处理；其1号引脚Sync—OUT端输出行同步信号送入单片机端口PT5；3号引脚Vertical_OUT端输出场同步信号送入单片机端口PT4. 我们将场同步信号作为一帧图像开始(或结束)的标志，即PT4信号送入单片机判别是否新的一场图像到来. LM1881输出信号送入单片机进行A/D转换，并进一步实现对图像的分析处理.

ⅲ. 图像采样流程. 图像采样流程如图8.36所示.

ⅳ. ECT中断初始化设置如下：

```
voidECT_init(void)
{
TIOS=0x00;//all input capture
TSCR1_TFFCA=0;//FAST FLAG CLEAR
TCTL4_EDG1A=0;
TCTL4 EDG1B=1;//场中断(PT1)输入下降沿捕捉
TCTL4_EDG2A=0;
TCTL4_EDG2B=1;//行中断(PT2)
//输入下降沿捕捉
TIE_C11=1;//场允许中断
TIE_C21=0;//行中断关
}
```

ⅴ. A/D采样设置. 由于行同步脉冲出现的间隔时间是一定的，约为62 μs，因此为了保证每行采集的点数达到有效指导小车前行的数目(取每行40个点)，A/D采样的周期不应大于62/40=1.55 μs. 每行采样点数的确定原则是：不会出现漏检

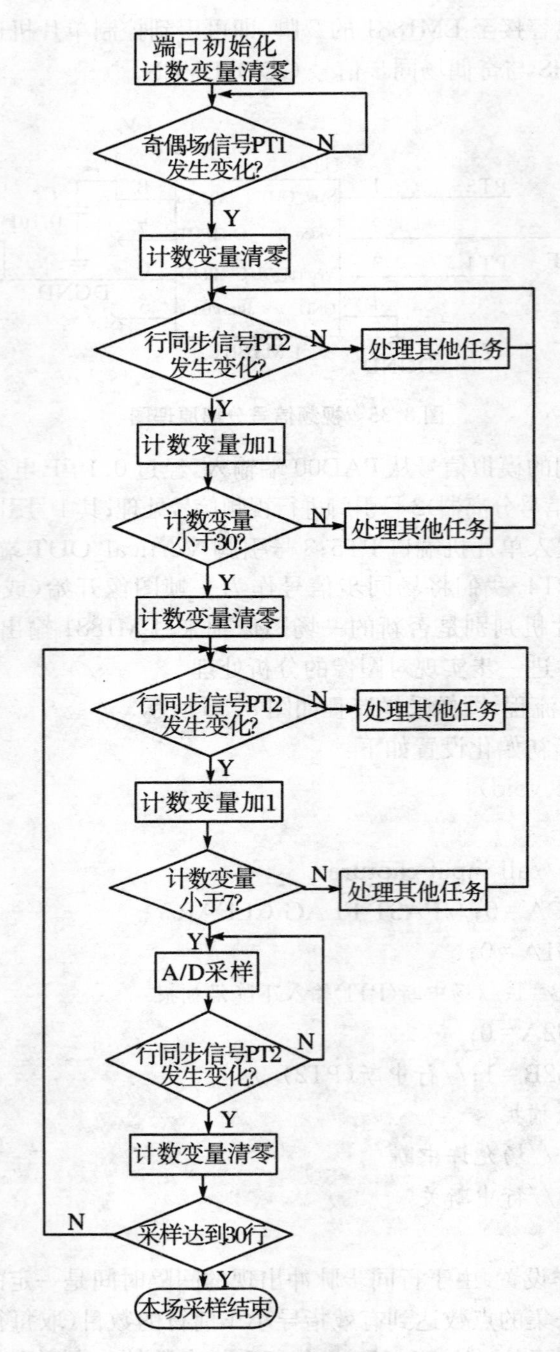
端口初始化
计数变量清零
奇偶场信号PT1
发生变化?
N
Y
计数变量清零
行同步信号PT2
发生变化?
N
处理其他任务
Y
计数变量加1
计数变量
小于30?
N
处理其他任务
Y
计数变量清零
行同步信号PT2
发生变化?
N
处理其他任务
Y
计数变量加1
计数变量
小于7?
N
处理其他任务
Y
A/D采样
行同步信号PT2
发生变化?
N
Y
计数变量清零
N
采样达到30行
Y
本场采样结束

图 8.36 图像采集流程

黑线的情况，保证每行采集的点中至少有1～2个是黑线信息. 选取每行检测40个点是满足要求的. 这里需要注意的是，由于行消隐信号出现每行开始的4.2 μs内，因此采集的前几个点要去掉，不然可能会误认为是黑线信息. 由此可以看出，A/D采样的频率设置是尤为重要的.

下面是关于A/D采样的初始化设置：

```
void ATD0—Init(void)
{
ATDOCTL2 = 0xc0;//使能ATD转换，访问清除标志，忽略外部触发，关闭ATD中断
ATDOCTL3 = 0x08;//执行一次转换后停止
ATDOCTL4 = 0x81;//8bit,14 A/D Clocks，转换时间1479 MHz 1.556μs，一行采40个点
ATDOCTL5:0xa0;//在结果寄存器中右对齐，连续转换
ATDODIEN:0x00;//ATD输入通道使能寄存器
//当相应通道等于0时，相应的通道输入为模拟量
}
```

② 车速检测模块

为了使得小车能够平稳地沿着赛道运行，除了控制前轮转向舵机以外，车速的控制也是十分重要的. 为保证小车在直道上全速行驶，在急转弯时速度不要过快而冲出跑道等，速度的检测显得尤为重要. 可以通过控制驱动电动机上的平均电压控制车速，可以通过摄像头检测图像黑线中心位置信息控制车速. 但是如果开环控制电动机转速，会有很多因素影响电动机转速，例如电池电压、电动机传动摩擦力、道路摩擦力和前轮转向角等. 这些因素不仅会造成小车运行的不稳定，还会导致整体速度缓慢. 故而，需要通过速度检测，对小车速度进行闭环反馈控制，这样可以在一定程度上消除上面各种因素的影响，使得小车运行得更加精确. 为了获取道路信息，则需要得到小车的运动距离，这也可以通过车速的检测来实现.

ⅰ. 车速检测电路. 车速检测电路设计如图8.37所示. 该模块共3根连接线：电源线、地线以及信号输出线. 电路中，V_{cc}接5 V系统电源，LM311比较器输出接单片机I/O口PT7，将检测速度值送入单片机.

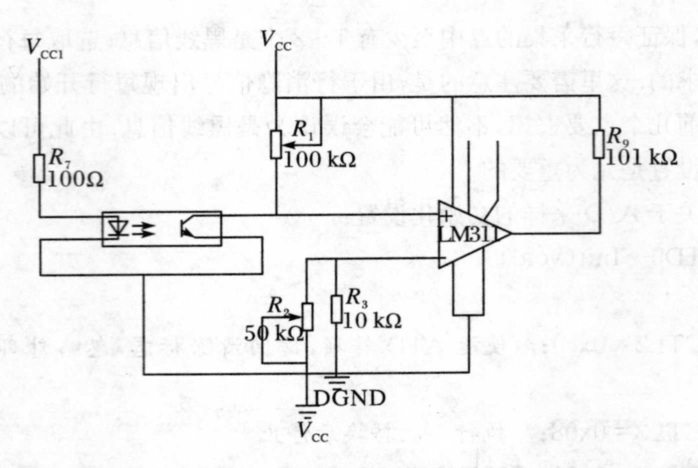

图 8.37 车速检测电路

ⅱ. 检测速度. 通过脉冲计数的方法可以实现对小车速度的检测,在靠近小车左轮的轴上装一 64 等分的黑白相间的编码盘,将测速传感器安装在编码盘垂直对应的车体上,这样当小车前进、车轮转动时,编码盘跟随车轮同步转动. 当一个黑色脉冲被红外传感器检测到时,速度传感器的输出就变为高电平,产生脉冲,送给单片机的 ECT 模块,ECT 模块捕捉脉冲信号并对其进行计数. 同样的,当白色被检测到时,也产生一脉冲,送给单片机计数. 在一特定时间内(20 ms,即摄像头采集一帧图像的时间)读出脉冲总数,将该总数除以车轮转动一圈移过的脉冲数目,便可以计算出车轮的转动圈数,再乘以车轮周长,得到行驶路程,再除以计数时间,最后得到小车的速度.

假设 N 为一个采样周期内 ECT 模块记录的脉冲个数,T 为采样周期(单位为 s),l 为小车后轮周长,S 为小车前进距离,v 为小车的速度. 则

$$S = Nl/64$$

又由速度 $v = S/T$,经过测量,小车后轮周长 $l = 157$ mm,而采样周期 $T = 20$ ms,从而,速度为

$$v = 0.1226N\ (\mathrm{m/s})$$

ⅲ. ECT 模块初始化设置. 设计采用 PT3 口作为脉冲信号输入. 首先通过设置寄存器 TIOS,设置 PT3 引脚为输入;然后设置 TCTL4 寄存器,选择既获取上升沿又获取下降沿. 之后,设置 ICOVW—NOVW,保护脉冲累加器的数据. 通过 ICPAR,对脉冲累加器进行使能,使其开始工作. 设置此寄存器之后,脉冲累加器开始计数. 之后通过读取 PACN3 这个寄存器,获取当前的脉冲累加值.

ECT 初始化程序如下:

```
void ECT_init(void)
{
//speed:PT3 初始化
TCTL4_EDG3A = 1;
TCTL4_EDG3B = 0;//脉冲计数(PT3)上升沿捕捉
PACTL_PAEN = 0;//关闭 16 位计数器
ICPAR = 0x08;//使能 PT3 口 8 位计数功能
DLYCT = 0x01;//Delay 256 bus clockcycles,消除抖动
TSCR2_PR = 1;//计时器预分频
TSCR1_TEN = 1;//timer enable
}
```

③ 加速度传感器

ⅰ. 加速度传感器简介. 加速度传感器是利用电容的原理设计出来的. 我们知道:电容值的大小与电极板的面积大小成正比,和电极板的间隔距离成反比. 从图 8.38 可以看到,黑色部分代表可移动的电极板,而其上方(白色)与下方(灰色)偏置板则是固定的电极板,此时黑色电极板与两个偏置板形成两个电容,当黑色电极板因加速度的影响而改变其与偏置板的间隔,使得电容值改变进而促进电容电压值的改变,因此,可借此特性来计算加速度的大小.

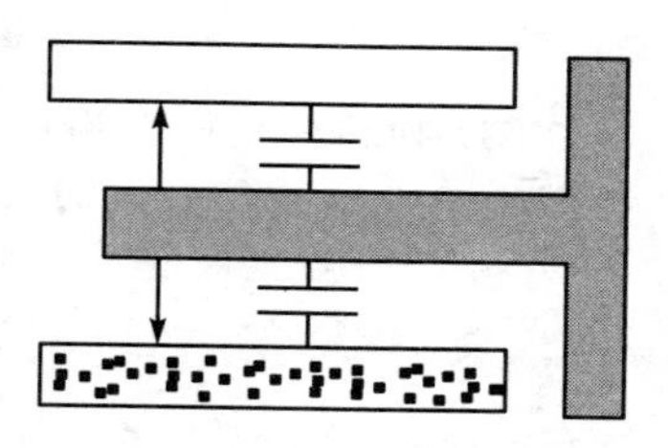

图 8.38　加速度传感器结构图

加速度传感器可用来实现倾斜度的侦测. 加速度传感器在静止时,可用来检测倾斜角,倾斜角在 $-90^\circ \sim 90^\circ$ 之间变化时,加速传感器输出会在 $-1.0g \sim 1.0g$ 之间变化. 输出电压对应倾斜角的公式如下:

$$V_{\text{out}} = V_{\text{off}} + \left(\frac{\Delta V}{\Delta G} \times 1.0G \times \sin\theta\right) \tag{8.5}$$

式中, V_{out} 为加速传感器的输出电压; V_{off} 为零加速度时的输出电压; $\Delta V/\Delta G$ 为灵敏度; g 为重力加速度; θ 为倾斜角.

ⅱ. 加速度检测电路. MMA1260D 主要根据输出电压值进行测量,当其竖直放置的时候,加速度为 0,其输出电压为 2.5 V,此时倾斜的角度为零;当其正向放置的时候,将会有一个 g 的加速度,输出电压 3.7 V;而当反向放置时,将会产生一个 $-g$ 的加速度,输出电压为 1.3 V. 这两种情况下都认为倾斜角度为 90°. 本设计使用 MMA1260D 加速传感器实现对赛道坡度的检测. 其电路连接如图 8.39 所示.

图 8.39 中,8 号引脚 ST 接复位按钮,5 号引脚 STATUS 接单片机口 PB5,而 4

号引脚 V_{out} 经过 1 kΩ 电阻后接 PAD03 输出,同时接 0.01 μF 电容接地滤波.通过检测口 PAD03 的电压大小即可得到坡度的检测.

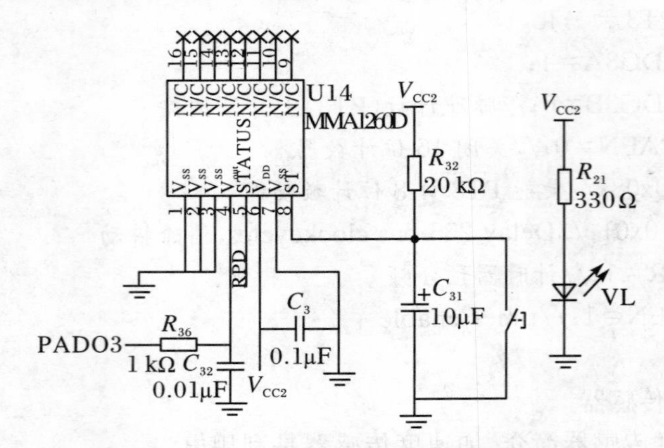

图 8.39 加速度传感器检测电路

(3) 执行模块电路设计

①电动机驱动电路

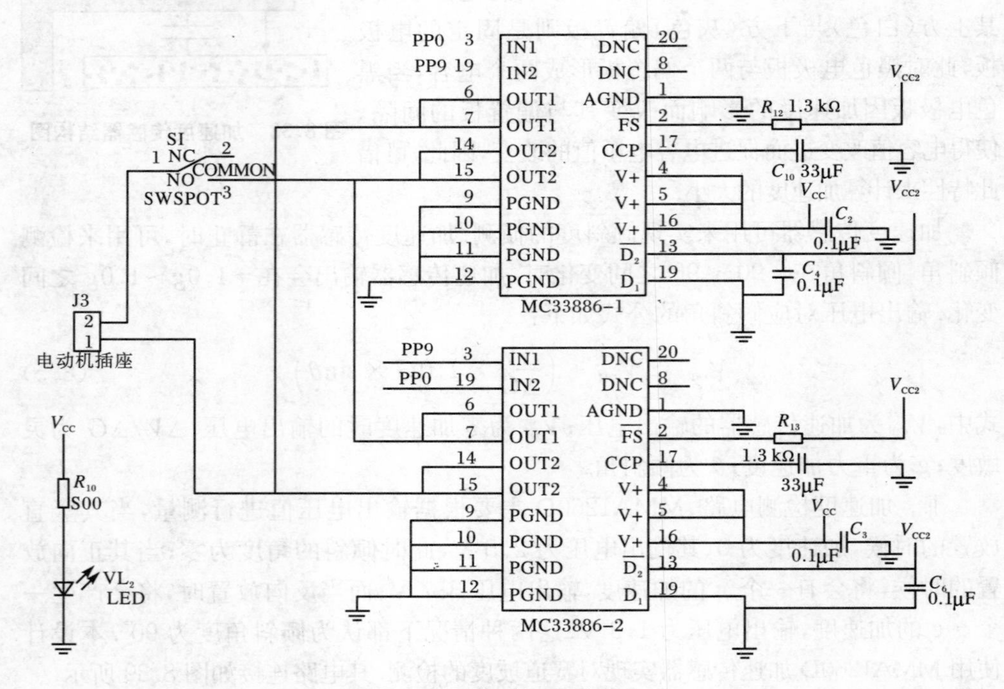

图 8.40 电动机驱动电路

ⅰ. 本设计采用PWM直流脉宽调速,该方法有效地避免了串电阻调速其调速范围小、平滑性低的缺点.尽管也存在开关过渡过程损耗大,在供电回路中产生谐波等缺点,但可以通过合理选择开关频率等办法来弥补不足.驱动芯片采用飞思卡尔半导体公司的半桥式驱动器芯片MC33886.设计的电动机驱动电路如图8.40所示,由两片MC33886芯片并联构成,并使用双路PWM信号进行驱动.

ⅱ. 电动机驱动模块PWM初始化设置.单片机通过PWM1、PWM3来控制电动机的调速与正反转控制.初始化代码如下:

```
//
//函数名称:PWM—Init()
//参量:无
//函数功能:用于PWM初始化
//
voidPWM  Init(void)
PWMCTL  CON45=1;//4、5两个8位的通道结合成16位的通道从5通道
                  //输出
PWMCLK=0x0a;//通道时钟选择寄存器,通道1选择时钟SA,通道3选择
            //时钟SB,通道5选择时钟A
/*16位输出选用1/16时钟频率,8位输出选用1/192时钟频率./
PWMPRCLK=0x34;//时钟预分频寄存器,时钟A频率为Bus Clock/16,时
              //钟B频率为Bus Clock/8
PWMSCLA=0x06;//A时钟分频寄存器Clock SA=ClockA/(2*PWMSCLA)=
             //BusClock/192
PWMSCLB=0x0c;//B时钟分频寄存器Clock SB=Clock B/(2*PWMSCLB)
             //=BusClock/192
PWMPOL=0x2A;//通道极性寄存器,若通道相应位为1时,在每一个周期
            //开始时通道输出为高,到达占空比时,输出变为低;
            //若通道相应位高为0,则在每一个周期开始时通道输出
            //为低,到达占空比时,输出变为高
PWMPER1=100;//周期设置寄存器,赋的数值即为每一个周期包含的时钟
            //数,电动机8bit周期0.533 ms
PWMDTY1=20;//占空比设置寄存器,赋的数值即为每一个周期内高电平
           //所占的时钟数.在这里占空比为20%
PWMPER3=0;
PWMDTY3=0;//通道3输出一直为低电平,和通道1形成电压差,用于驱动
```

```
    //电动机 PWMPER45 = 45000;//周期为 20 ms
PWMDTY45 = 3450;//为了设定占空比为 1.5 ms,直线前进
PWME = 0x2a;//通道使能寄存器,电动机 1,通道 3,舵机通道 5 使能
}
```

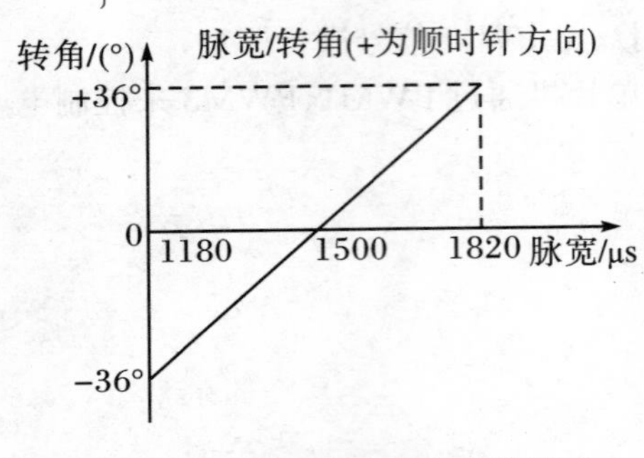

图 8.41 舵机转角与脉宽的关系

② 舵机

舵机本身是一个位置随动系统.它由舵盘、减速齿轮组、位置反馈电位计、直流电动机和控制电路组成.通过内部的位置反馈,使它的舵盘输出转角正比于给定的控制信号,因此对于它的控制可以使用开环控制方式.在负载力矩小于其最大输出力矩的情况下,它的输出转角正比于给定脉冲宽度.经测试,舵机输出转角与控制信号脉宽之间的关系如图 8.41 所示.

控制舵机的脉冲由 MCS9SDG128 的 PWM 产生.单片机中有 8 路独立的 PWM 输出端口,我们将其中相邻的 2 路 PWM 输出级联成一个 16 路 PWM 输出.采用 S3010 型舵机进行驱动,工作电源为 6.0 V.影响舵机控制特性的一个主要参数是舵机的响应速度即舵机输出轴转动角度.舵机转动一定角度有时间延迟,时间延迟正比于旋转过的角度,反比于舵机的相应速度.舵机的响应速度直接影响小车通过弯道时的最高速度,提高舵机的响应速度是提高小车平均速度的一个关键.舵机的响应速度与工作电压有关系,电压越大速度越快,所以应在舵机的允许的工作电压范围内,尽量选择最大的工作电压,以提高舵机的响应速度.大赛规定不允许使用升压电路为舵机提供工作电压.

(4) 调试模块

① LCD 显示模块.本设计中 LCD 采用 LCM12864B 液晶显示模块,该模块具有以下功能特点:

ⅰ. 显示内容 128×64 点阵,点大小 0.458 mm×0.458 mm,两点间距 0.05 mm.

ⅱ. 显示类型:STN 黄绿模式,6:00 视角,正向显示.

ⅲ. LED 背光或 EL 背光.

ⅳ. 工作电压:5 V,不含背光工作电流:7 mA(典型值).

ⅴ. 工作温度:−20～70 ℃,储存温度:−30～80 ℃.

ⅵ. 控制器 KS0107 和 KS0108,芯片封装 COB.

以上的特点能够充分满足本系统汉字和图形显示需求.该 LCD 显示模块的连接电路如图 8.42 所示.

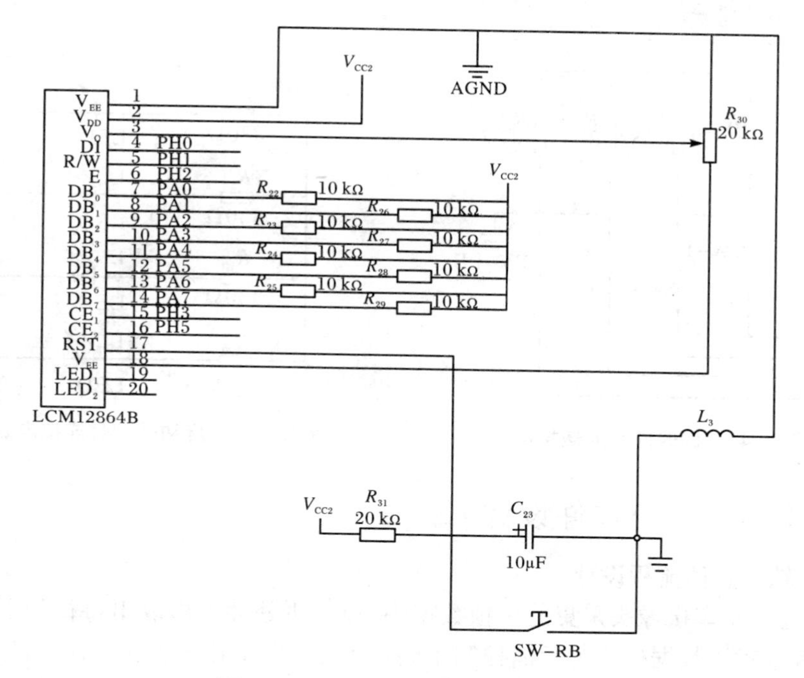

图 8.42　LCD 显示模块的连接电路

图 8.42 中，V_{CC2} 接 5 V 电源，LCM12864B 的引脚 4～16 接单片机 I/O 口 PH0—PH2，PA0～PA7，PH3，PH5.

② 调速键盘. 调速键盘一共设有 4 个按键，共分为 3 挡速度：高速、中速、低速. 从低至高，依次递增，其中 3 个键分别对应 3 档速度，最后一个为确认键. 调速键盘的连接电路如图 8.43 所示. 在不改变软件程序的情况下，通过按键就能简单地实现速度的切换，可以根据不同的跑道和环境，使小车以适宜的速度行驶.

图 8.43 中，V_{CC3} 接 5 V 电压，4 个按键接单片机 I/O 口 PB0～PB3.

③ 速度和转向灯. 为方便随时查看小车的速度和转向情况，特制作以下几组发光二极管实时显示其运行情况，从而实现了快速的实时调试. 速度和转向灯的连接电路如图 8.44 所示.

图 8.44 中，V_{CC3} 接 5 V 电压，4 个输出接单片机 I/O 口 PS4～PS7 实时显示各个模块的工作情况.

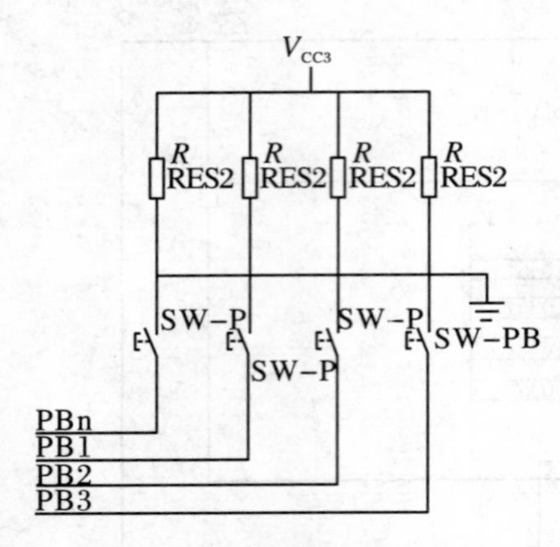

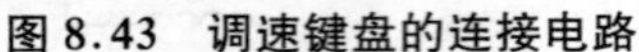
图 8.43 调速键盘的连接电路

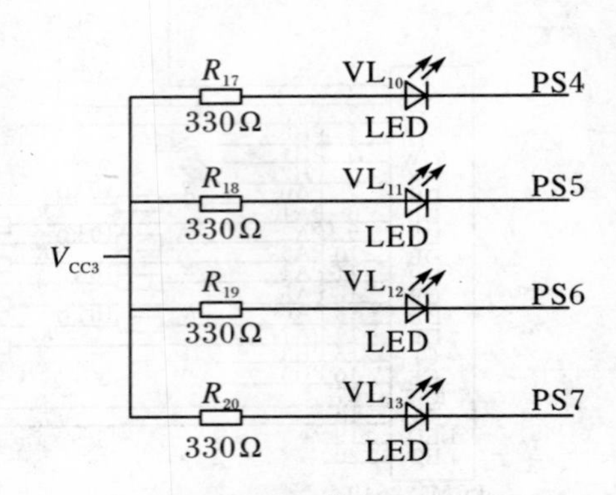

图 8.44 速度和转向灯连接电路

8.5.3 系统软件设计

1. 软件总体流程设计

在智能小车摄像头采集的一帧数据中，经分析处理可提取出每行的黑线中心位置. 继续对该数据处理为后面控制策略作准备. 准备工作结束，利用信息分别对电动机和舵机实现闭环反馈控制. 软件总体流程如图 8.45 所示. 主要有以下几个方面的内容：① 摄像头图像采集；② 摄像头图像处理；③ 速度控制；④ 角度控制. 其中图像采集和处理是后两者的基础.

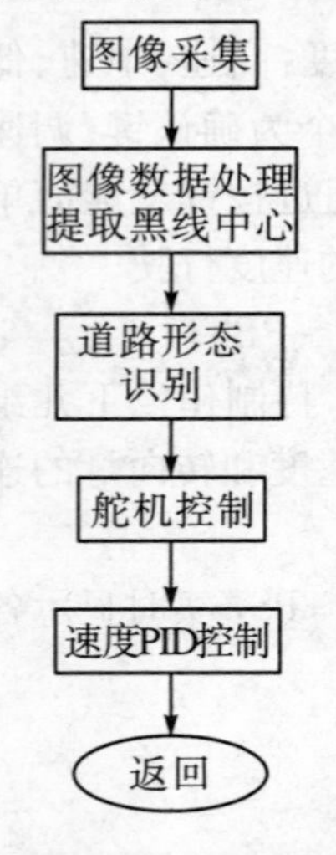

图 8.45 软件总体流程示意图

2. 图像采集

摄像头为 320×240 单板摄像头，为了使得采集的数据能够比较准确地反映道路信息，需要尽可能多地采集图像. 但由于 MC9S12DG128B 片内 A/D 转换能力的限制，一帧图像所能够采集的行数和列数是有限的. 而且，比赛跑道为在白色底板上铺设黑色引导线，干扰信息较少，因此只要在一行上采集了足够多的信息点，不需要太多的行数便可以实现对黑线的检测. 在经过多次的实践测试后，我们最后得到每帧采集 40 行 50 列的数据即可.

图像采集流程如图 8.46 所示. 因为一帧数据的前 28 行为场同步脉冲，故而将其舍弃. 先判断是否到达第 28 行，是则开始数据的采集，并且采用隔行采集，每隔 7 行采集一次，每一行采集 50 个点，并将采集的数据点保存. 一行的列数采集完毕，则将列计数清零；行数采集到 40，一帧数据采集完毕，行计数清零，为下一帧数据的采集做好准备.

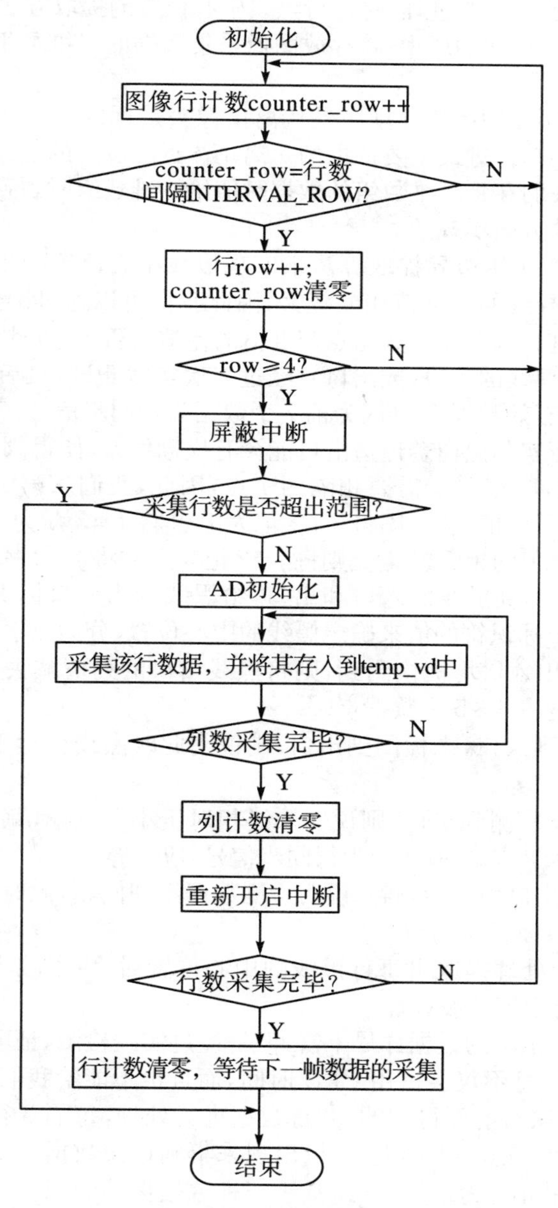

图 8.46　图像采集流程图

3. 黑线中心位置提取

(1) 黑线中心位置提取过程. 对每行黑线中心位置的提取方法作以下叙述:

① 为缓解 CPU 堆栈的压力,将存放图像采集数据的二维数组中的数据,重新存入一维数组中.

② 采集的一帧图像中,其行排序是从离摄像头最远的位置到最近的位置;列排序是从左至右. 小车行进最主要依据的是离车体近的位置的黑线情况,为了方便数据的识别处理,我们在将二维数组的数据赋值给一维数组时,行列顺序是按照由近到远、从左向右的方向实现的.

③ 帧的图像中,采用边界提取算法来实现黑线中心位置的提取. 由于赛道的白色底板和黑色引导线的灰度值相差较大,因此我们可以通过确定一个黑色和白色的阈值来区分黑白. 判断相邻数据点灰度值的差值是否大于(或小于)该阈值,从而确定此时是否为黑线的入口(或出口). 经过多次实践测试,最后确定阈值为 16. 从最左端的第一个有效数据点 8(因为前 7 个数据为行同步信号,舍弃)开始依次向右判断其阈值,由于实际黑白赛道边沿可能会有模糊偏差,使得阈值不是简单地介于相邻的两个点之间,很可能需要相隔两个点,因此,我们从第 j 行开始,判断和 $j+3$的差值是否大于阈值. 若是则将 $j+2$ 记为 j,并将 $j+3$ 赋为黑线入口点;否则则判断是否小于该阈值的相反数,若是则将 $j+2$ 记为 j,并将 $j+3$ 赋为黑线出口点.

④ 根据是否探测到黑线的入口和出口,给黑线的出入口标识符赋以对应值. 接下来,根据这两个标识符的值来确定黑线的中心位置,分为以下四种情况:

ⅰ. 若黑线的出入口均被检测到,则将黑线出口的列值减去 2 便得到其中心位置(因为黑线宽度占 4~5 个数据点).

ⅱ. 若仅检测到入口,未检测到出口,则说明此时黑线相对于小车右偏,赋予黑线中心位置.

ⅲ. 相反,若仅检测到出口,则说明黑线相对于小车左偏,赋予其中心位置列最小值,这里赋值为 8,因为前 7 行为行同步信号,应舍弃.

ⅳ. 若入口和出口均未检测到,说明检测数据出现问题,此时赋以其中心位置一个特殊值,以便后面程序判断.

⑤ 在经过以上处理提取出每行黑线的中心位置后,为了减小干扰,对得到的 50 行中心位置进行中值滤波处理.

⑥ 虽然摄像头采集的数据详尽丰富,但是经过实践检测,证明只需 14 行数据即可,太多的数据信息不仅会占用 CPU 时间,而且也不能给我们带来更多有用的信息. 故而,我们再次对前面得到的 40 行数据进行处理,每隔 3 行经中值滤波,得到最终的 14 行数据. 在这 14 行中,如果出现采集到错误数据的情况,分以下两种情况进行处理:如果此行为最后一行,基于一种数据保持的想法,将上一帧的第一行值赋给它;否则就将该帧中前面一行的数据赋给它.

在此,值得说明的一点是:虽然理想的跑道是白色底板黑色引导线,但是由于小车多次在跑道行驶,会对跑道造成一定的磨损,而且由于周围的环境影响,不能够保证跑道上除了黑色引导线外，全是单纯的白色底板，可能会有一些不可预知的小黑点．由于摄像头高精度的检测，会有可能将本为干扰的小黑点检测到并当作黑线．遇到这种情况的时候，需要加强抗干扰措施．为此，我们先在这里引入一个干扰量 disturb，赋初值为 0，当出现如上述④中第ⅳ种情况的时候，其值便加 1．设置一个干扰量数据阈值，若干扰量大于该阈值，说明此黑点是偶尔出现的造成干扰的黑点，摄像头探测范围过广，小车已经冲出跑道，该数据为采集的错误值，应当被舍弃；反之，若干扰量小于该阈值，说明未冲出跑道，采集数据正确，那么该数据即为采集到的黑线数据．总的来说，黑线中心位置的提取按照以下四个步骤实现：

步骤一：寻找黑线边界位置．

步骤二：初步确定每行黑线的中心位置．

步骤三：滤波得到黑线中心位置．

步骤四：隔行提取，最终得到黑线中心位置数据．

(2) 实现过程．

① 寻找黑线边界位置．寻找黑线边界位置的流程如图 8.47 所示．

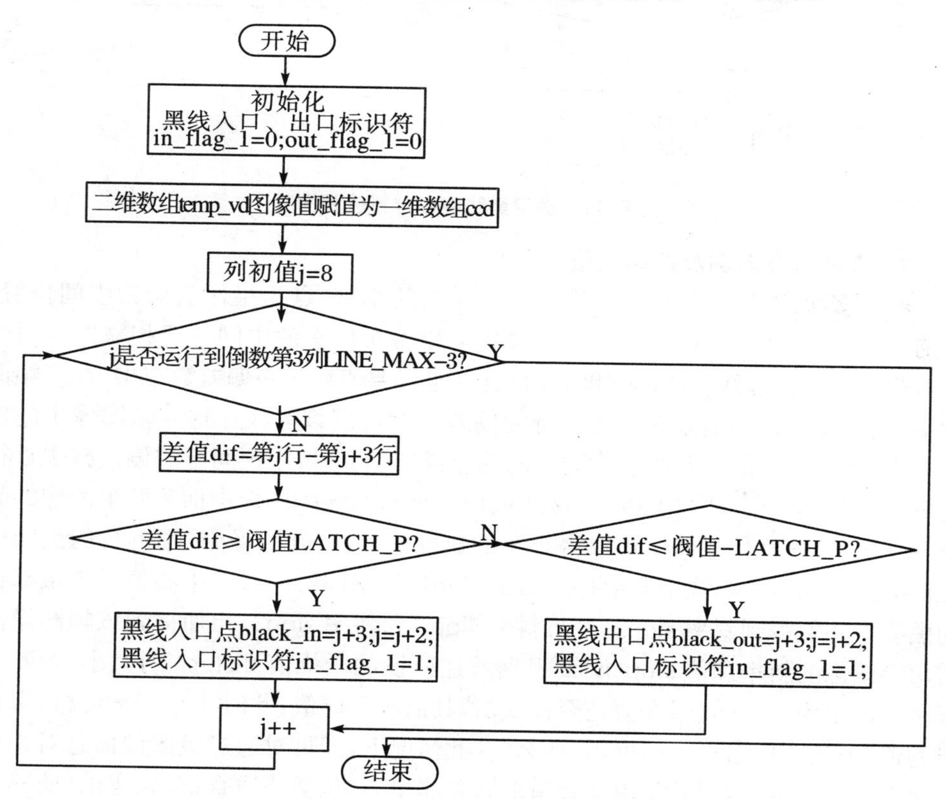

图 8.47　寻找黑线边界位置流程图

② 确定每行黑线中心位置.确定黑线中心位置的流程如图 8.48 所示.

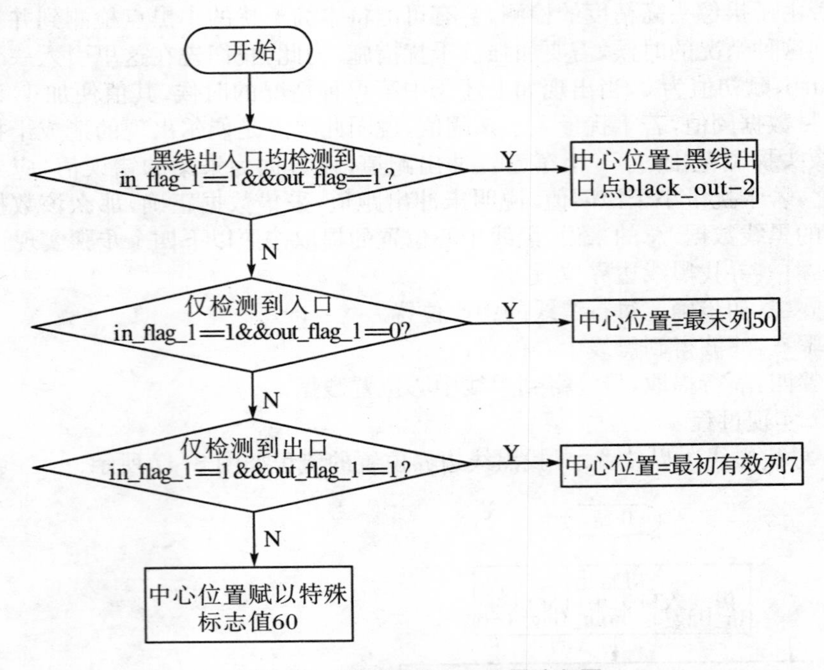

图 8.48　确定黑线中心位置流程图

4. 道路形态识别及控制策略

经过多次测试验证,得到一帧图像中一行的第 28 点为摄像头像素中间位置.将前面得到的 14 行数据的黑线中心位置与摄像头像素的中间位置相减即可得到该时刻小车偏离黑线中心的程度,并将这一组偏差值存入一偏差数组中.在一帧图像中,用最末一行的偏差值减去首行的偏差值即得到该黑线在这一帧图像中的斜率大小;用最末行的偏差减去中间行的偏差得到 value1,用中间行的偏差减去首行的偏差得到 value2,再将 value1 减去 value2 便求得该帧图像中前后两半图像的斜率差别值.从速度传感器模块取得小车的速度值.在一帧图像中,用首行的黑线中心值减去中间行的黑线中间值得到斜率 slop1,用中间行的黑线中心值减去最末行的黑线中心值得到斜率 slop2,再将斜率 slop1 和斜率 slop2,相加得到该帧图像前后两半图像的斜率和值 slop_add.根据前述所设的干扰值 disturb 的大小,判断小车是否冲出跑道,该帧图像值是否错误.若其值小于阈值,此时小车正常运行,未冲出跑道,采集图像信息正确可用,那么,在此情况下,即可对通过该图像信息对小车的速度和角度进行控制了.由于赛道形状并非单一,包括普通直道、大弯道(曲率半径大)、小弯道(曲率半径小)、S 道,还有坡度等,为了小车能够稳定的运行于整个赛道，需要对不同形状的赛道施以不同的控制策略. 第一步需要做的是区分出直道、弯道、S 道等不同的赛道.

（1）道路形态识别. 根据已经得到的每行的黑线中心位置及其偏差值，还有一帧图像中黑线的几种斜率值，我们就可以来判断前方赛道的形状和小车行驶的情况. 道路形态识别情况如图 8.49 所示.

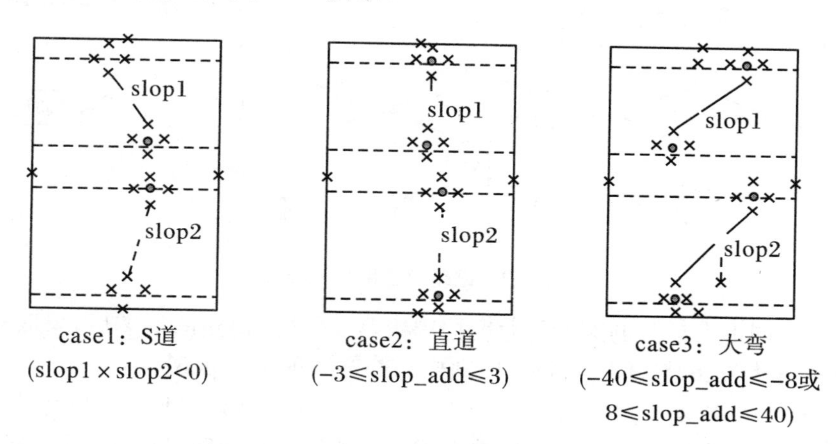

图 8.49　道路形态识别

① 若一帧图像中的前半块图像的斜率与后半块图像的斜率符号相反，则说明前方赛道是 S 形的. 因为摄像头探测的距离足够远，对于这种形状的赛道，其半个 S 已被摄像头视野囊括，容易知道，在半个 S 形状中，其前后斜率符号是相反的，故而通过判断前后斜率之积 slop1 ×slop2 是否小于 0 来确定其是否为 S 道.

② 若不为 S 道，则继续向下判断. 如果前后斜率和值 slop_add 很小（处于很小的一个活动范围内），则说明前方赛道为直道. 因为在整个这帧图像中，斜率值相差很小，即前后形状相近（或相同），而且各自的斜率值本身也小，从而确定其为直道.

③ 若以上两种情况均不满足，则判断其是否为大弯道（曲率半径大）. 通过计算其前后斜率和 slop_add 的值是否很大（或处于一个较大的范围内，如 $-40\leqslant$ slop_add $\leqslant -8$ 或 $8\leqslant$ slop_add $\leqslant 40$），是则确定其为大弯道.

④ 上述三种情况都不成立的时候，将道路形状确定为普通道路.

道路形态识别流程如图 8.50 所示.

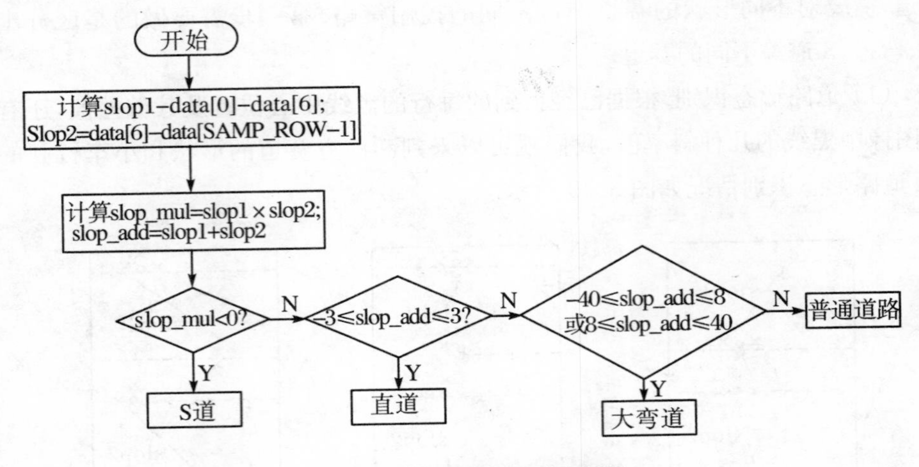

图 8.50 道路形态识别流程图

(2) 不同形态道路的速度与角度控制策略. 区分出道路的形态后,采取对应的速度和角度控制策略. 不同道路对应动作的确定流程见图 8.51.

① 若为 S 道,且有斜率和值在一小范围内($-5\leqslant slop\_add\leqslant 5$),角度控制量为首行偏差,速度控制量为 0,即用最前面的偏差控制小车的舵机偏转. 当小车进入 S 道时,摄像头的最前端范围正处于其对应半 S 的位置,两者的黑线中心位置几乎相同,此时以最前行的偏差作为其控制量,并且施以全速,则小车可直接根据最前方的黑线位置全速冲过 S 弯,不必沿着 S 前进,该策略可节约很多时间,提高整体速度.

② 若判断为直道,则以该帧图像中的居于中间位置的数据行控制角度即可,直道安全,以全速前进.

③ 若判断为大弯道,则由于小车刚进弯时,弯度不大,其判为普通弯道,减速运行,实现"进弯减速";当逐渐运行到弯度较大处时,说明小车快要出弯,则全速运行,实现"出弯加速".

④ 当为普通道路时通过速度传感器采集的速度对速度和角度实现闭环反馈控制. 具体控制过程如下:

为保证小车的稳定运行,不至出现高速行驶时,突然出现弯道而来不及拐弯,或转弯角度太小等情况,我们采取速度越大、转角越大的控制策略.

ⅰ. 若测得速度值小于等于 5,此时速度比较小,角度控制行 steer_ccd 设为靠中间的数据行第 7 行.

ⅱ. 若测得速度值大于 5 且小于 10,速度越大,转角越大,角度控制行 steer_ccd 设为(7 - 速度值/3).

ⅲ. 若测得速度值大于等于 10,速度很大,增加其转弯角度,则设其角度控制行 steer_ccd 为(6－速度值/2).

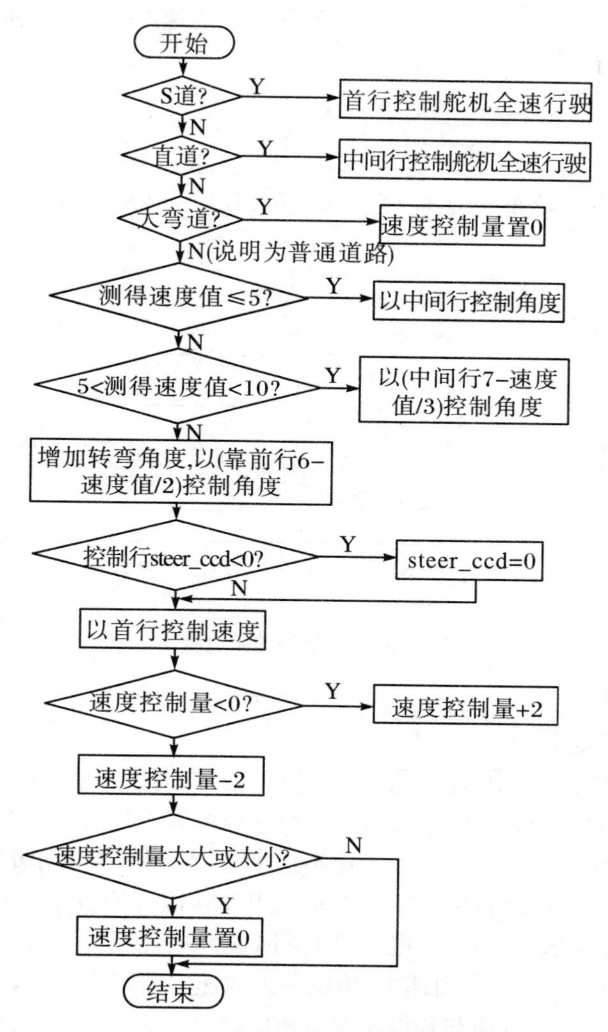

图 8.51　不同道路对应动作的确定流程图

ⅳ. 若在以上情况中计算出现了 steer_ccd 小于 0 的情况,则将其直接置为 0. 以行 steer_ccd 控制小车舵机的角度偏转,以首行控制控制其电动机速度. 如果速度控制量小于 0,经反复测量调试,将其值加 2 即可,否则应减 2. 如果速度控制量过大(正数)或过小(负数),为防止速度出现异常,将速度控制量置为 0.

5. 舵机控制

由于舵机的转角范围有限,故转角控制量的值应处于一定范围内,若其控制量

controler - steer 超出范围，则将其赋值为边界阈值. 同速度控制一样，先预设一角度增益量 k_steer，并根据角度控制量的值和测得的速度值确定该角度增益量值大小. 舵机的控制流程见图 8.52.

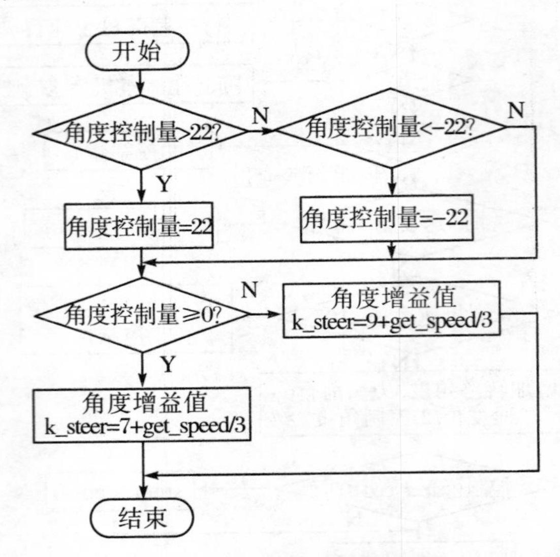

图 8.52 舵机的控制流程图

6. 速度控制

(1) 控制方案选择

在智能小车的性能中，速度是一个关键问题. 如何稳定地获得最快的速度至关重要. 在设计中对 Bang - Bang 控制和 PID 控制两种速度控制方案进行了比较.

① Bang - Bang 控制. 在每一个控制周期中，检测一次赛车的当前速度值. 若速度值小于预定的速度值，则将驱动电动机 PWM 输入的占空比置为 100%；若速度大于预定的速度值，则将驱动电动机 PWM 输入的占空比置为 0.

② PID 控制. 在每一个周期中，将检测到的速度值存入数组，直到共存入 3 个数值为止，将该 3 个速度值与预设速度值相比较得到 3 个偏差值，PID 控制就是利用这几个偏差值实现对速度的闭环反馈控制. 控制过程主要是 K_P、K_i、K_d 三个参数的调节.

③ 方案决策. Bang - Bang 控制方法简单，实现容易，但是这种速度突增突减的方式会使得小车震动，运行不稳定.

而 PID 控制具有很强的灵活性，可以根据试验和经验在线调整参数，可以更好地控制性能，具有控制精度高、超调小的优点，可使静态、动态性能指标较为理想，同时又达到了准确、快速测定的目的. 其中比例控制的优点是：误差一旦产生，控制器立即就有控制作用，使被控量朝着减小误差的方向变化．积分控制的优点是能对误差进行记忆并积分，有利于消除静差，就像人脑的记忆功能．微分作用的优点是它具有对误差进行微分，预测出误差的变化趋势，增加系统稳定性，就像人脑的预见性．

根据以上比较，可以看出 PID 控制性能远优于 Bang－Bang 控制，尽管调试起来会相对复杂一些，但是基于其准确、快速的性能，本设计最终选取利用增量式 PID 算法实现对小车速度的控制．

（2）电动机空载实验测试

① 占空比与脉冲数的对应关系如表 8.6 所示．测试条件：电压为 7.91 V，单位时间为 1.15 s．

表 8.6　占空比与脉冲数的对应关系

占空比	1500	1400	1300	1200	1100	1000	900	
脉冲数	1590	1362	1282	1178	1082	1004	907	800
占空比	700	600	500	400	300	200	100	808
脉冲数	703	595	496	386	269	142	0	

② 占空比与每秒脉冲数的关系如表 8.7 所示．利用速度公式 $v = Nl/(64T)$，其中车轮周长 $l = 0.157$ m．

表 8.7　占空比与每秒脉冲数的关系

占空比	1600	1500	1400	1300	1200	1100	1000
脉冲数(s)	1467.83	1382.61	1184.35	1114.78	1024.35	940.87	873.04
占空比	800	700	600	500	400	300	200
脉冲数(s)	702.61	611.3	517.39	431.3	335.65	233.91	123.48

③ 占空比与电动机转速的关系如表 8.8 所示．

表 8.8　占空比与电动机转速的关系

占空比	1600	1500	1400	1300	1200	1100	1000	900
电动机转速(rpm)	7.66	7.22	6.18	5.82	5.35	4.91	4.56	4.12
占空比	800	700	600	500	400	300	200	100
电动机转速(rpm)	3.67	3.19	2.7	2.25	1.75	1.22		

借助 Matlab 工具，可得到电动机转速与占空比的关系如图 8.53 所示.

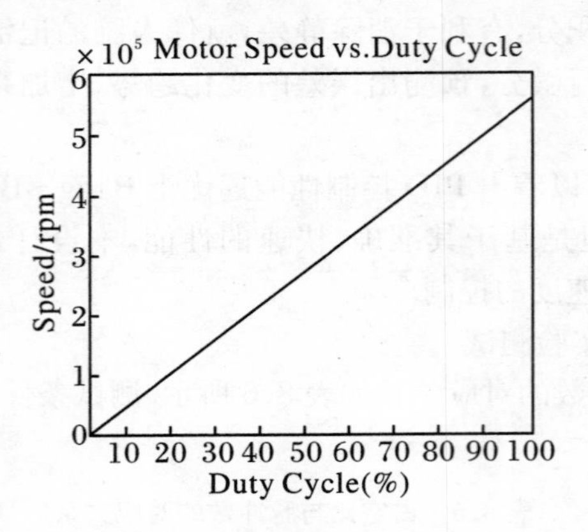

图 8.53　速度与占空比的关系

④ 当摄像头一帧图像的采集时间 20 ms，占空比为 60%（1200）时，小车运行速度和脉冲数的对应关系如表 8.9 所示.

表 8.9　小车运行速度和脉冲数的对应关系

速度(m/s)	0.10	0.20	0.30	0.40	0.50	0.60	0.70	0.80	0.90	1.00
脉冲数	0.38	0.77	1.15	1.53	1.92	2.30	2.68	3.07	3.45	3.83
速度(m/s)	1.10	1.20	1.30	1.40	1.50	1.60	1.70	1.80	1.90	2.00
脉冲数	4.22	4.60	4.98	5.37	5.75	6.13	6.51	6.90	7.28	7.66
速度(m/s)	2.10	2.20	2.30	2.40	2.50	2.60	2.70	2.80	2.90	3.00
脉冲数	8.05	8.43	8.81	9.20	9.58	9.96	10.35	10.73	11.11	11.50
速度(m/s)	3.10	3.20	3.30	3.40	3.50	3.60	3.70	3.80	3.90	4.00
脉冲数	11.88	12.26	12.65	13.03	13.41	13.80	14.18	14.56	14.95	15.33
速度(m/s)	4.10	4.20	4.30	4.40	4.50	4.60	4.70	4.80	4.90	5.00
脉冲数	15.71	16.10	16.48	16.86	17.25	17.63	18.01	18.40	18.80	19.16

⑤ 由于脉冲数目总应该是正数，故将以上数据输入工具 Matlab 中进行处理，用取整函数 routld（四舍五入），脉冲数整数化之后得表 8.10 所示对应关系.

表 8.10　取整后的小车运行速度和脉冲数的对应关系

速度(m/s)	0.10	0.20	0.30	0.40	0.50	0.60	0.70	0.80	0.90	1.00
脉冲数	0.00	1.00	1.00	2.00	2.00	2.00	3.00	3.00	3.00	4.00
速度(m/s)	1.10	1.20	1.30	1.40	1.50	1.60	1.70	1.80	1.90	2.00
脉冲数	4.00	5.00	5.00	5.00	6.00	6.00	7.00	7.00	7.00	8.00
速度(m/s)	2.10	2.20	2.30	2.40	2.50	2.60	2.70	2.80	2.90	3.00
脉冲数	8.00	8.00	9.00	9.00	10.00	10.00	10.00	11.00	11.00	11.00
速度(m/s)	3.10	3.20	3.30	3.40	3.50	3.60	3.70	3.80	3.90	4.00
脉冲数	12.00	12.00	13.00	13.00	13.00	14.00	14.00	15.00	15.00	15.00
速度(m/s)	4.10	4.20	4.30	4.40	4.50	4.60	4.70	4.80	4.90	5.00
脉冲数	16.00	16.00	16.00	17.00	17.00	18.00	18.00	18.00	19.00	19.00

利用 Matlab 得到小车运行速度与脉冲数的对应关系为脉冲数 $= 3.8194 \times$ 速度 $+ 0.0204$，如图 8.54 所示.

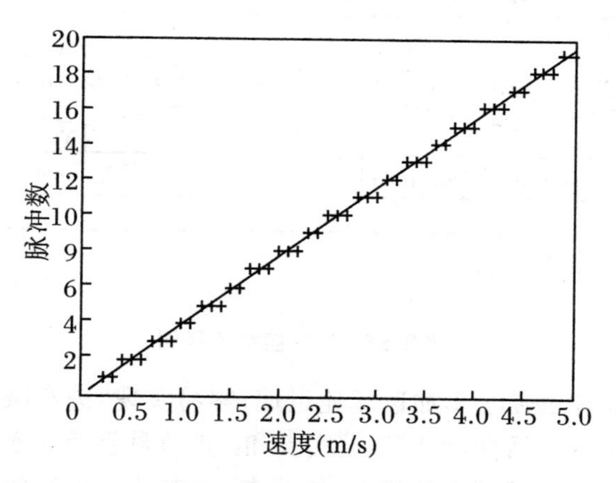

图 8.54　取整后小车运行速度与脉冲数的对应关系

可以看出，脉冲数与速度基本上呈线性关系. 可以利用以上关系通过预设脉冲数而预设小车的速度值，以实现速度的闭环控制.

(3) PID 控制算法的实现

设计中采用数字式增量 PID 控制算法. PID 控制流程图如图 8.55 所示. 先从速度传感器获得小车当前运行速度，直至获得三次速度值，并将其存入数组中. 求得三次速度值与预设速度值的偏差，根据公式代入三次速度偏差值求得小车速度.

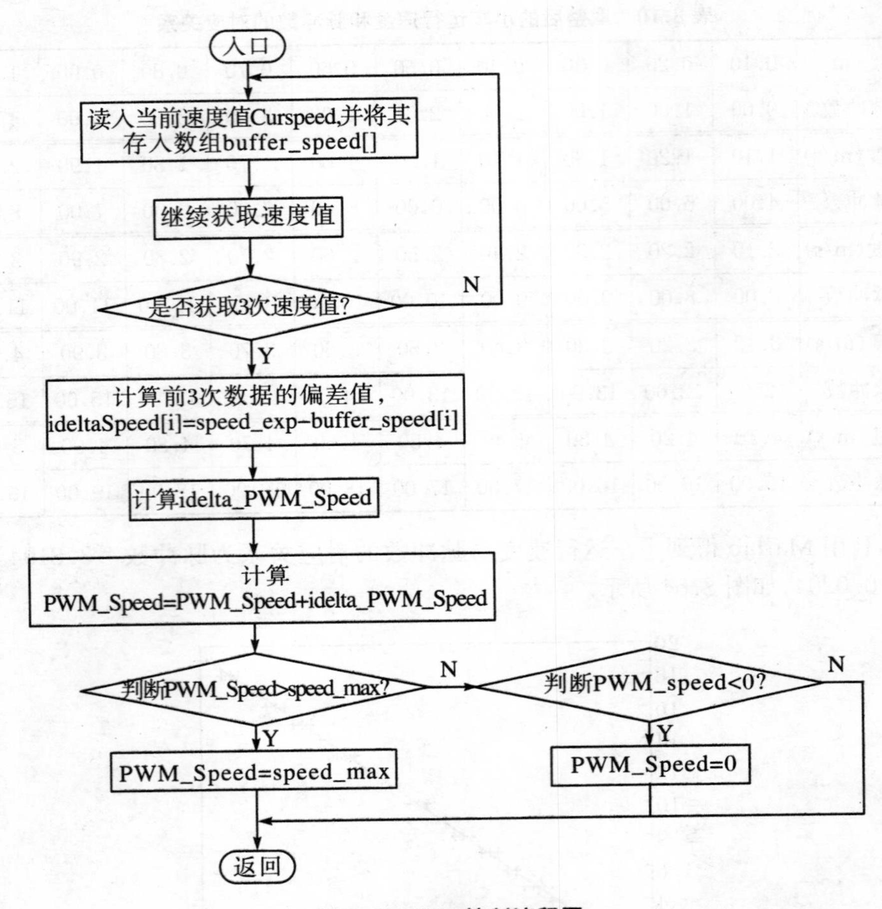

图 8.55 PID 控制流程图

PID 控制算法能够使小车加速减速迅速，容易实现“进弯减速，出弯加速”. 该控制算法具有很强的灵活性，可以根据实验和经验在线调整参数，可以更好地控制性能，具有控制精度高、超调小的优点，使静态、动态性能指标较为理想，同时又达到了准确、快速测定的目的.

(4) 速度控制.

速度控制流程图如图 8.56 所示，先预设速度增益量 k_speed，为后面求预定速度值作准备. 若所测速度较大(如大于阈值 14)，则得其速度增益量为速度控制量的 1/2. 速度控制量越大，相应的速度增益量越大，所以预设速度值不应该过大，应该保持一个居中速度值，以保证小车速度的恒定. 速度增益量同样应该在一个确定范围内，大于该范围，则将其置为该范围的上下限定值. 若计算得到的速度增益量为正值，则其预设速度值与速度增益量和所测速度值成反比；相应的，若增益量为负值，则其预设速度值应正比于速度增益量，而反比于所测速度值，从而保证速度的稳定.

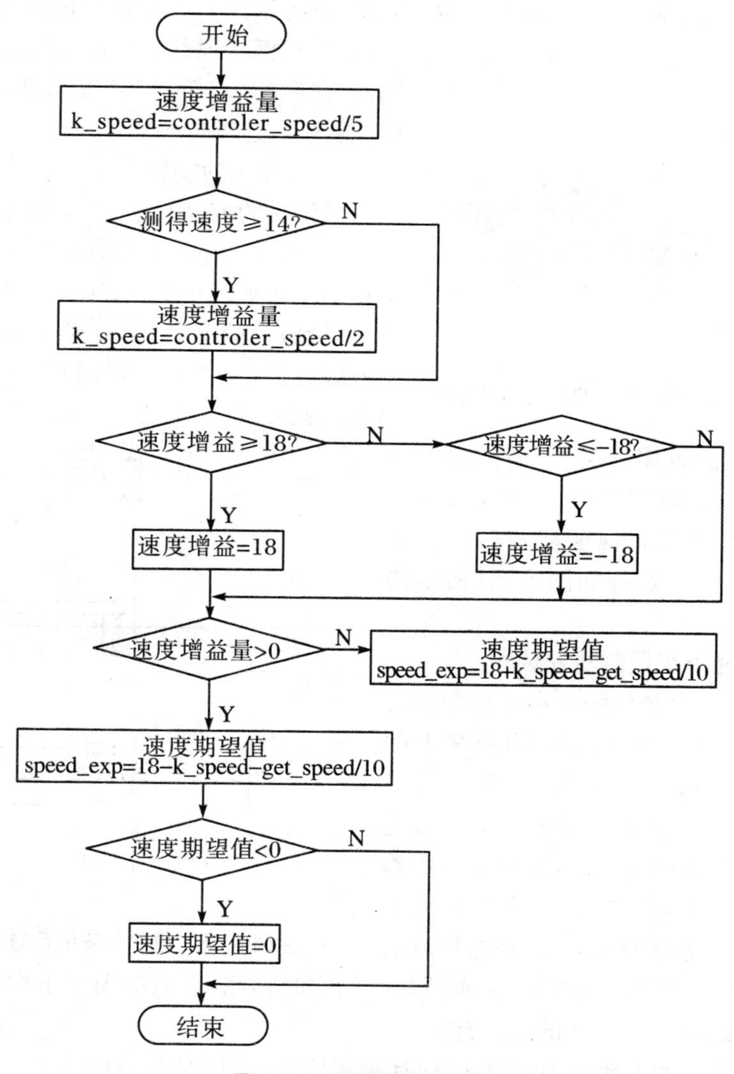

图 8.56　速度控制流程图

8.5.4 系统调试与运行

1. 总体机械结构

总体机械结构如图 8.57 所示.在空体车模的悬臂上安装采集道路信息的摄像头,在车模框架顶部安装设计的智能小车控制器,在后轮(左轮)安装编码盘,并在其对应位置安装速度传感器.

图 8.57 智能小车总体机械结构示意图

2. 摄像头的安装

摄像头的安装位置对小车的性能有很大的影响,主要体现在图像采样效果和对小车重心的影响两个方面.选择安装位置的原则是:摄像头的安装,首先必须满足图像采样效果的需要.控制策略简单,则所需的拍摄范围就可较小;反之,控制策略复杂,需获得的赛道信息较多,则拍摄范围应大一些.其次,摄像头的安装对小车重心的影响不能导致小车出现运动不稳定的现象.综合考虑后,选择如图 8.58 所示的安装方式.

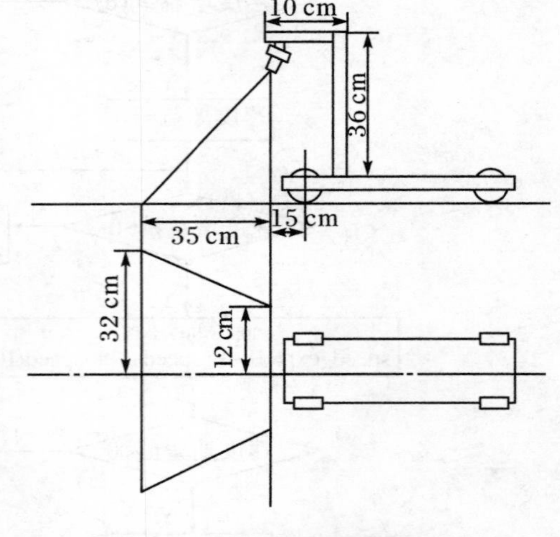

图 8.58 摄像头安装示意图

3. 智能小车控制器安装

控制整个系统的智能小车控制器安装在车模框架的顶部,利用电路板上的过孔与车模本体的定位孔相配合,将其固定.在车模最前部安装了一个方形铝合金空块,实现防撞功能,确保小车能够安全可靠地快速行驶.在小车左后轮轴上安装了 64 等分的编码盘,并在其对应位置上装上了速度传感器模块,实现速度的实时检测.将电池固定于车模底盘上,整个系统重心稳定.主要的连线有:

① 摄像头的电源线和信号线,包括视频信号线和 9V 电源线.

② 舵机和电动机接线,电动机和舵机的电源和控制信号线.

③ 测速装置的连线,光电管的发射和接收电路引线以及电源线.

④ 电池的接线.

4. 智能小车控制系统调试

（1）模块调试：对图像采样模块、车尾红外传感器模块、速度检测模块、坡度检测模块、舵机驱动模块、电动机驱动模块和辅助调试模块等分别进行调试.

（2）系统调试：通过图像识别道路的各种形态，利用舵机控制程序和速度控制程序实现智能小车沿着引导线到达指定的地点，并满足设计要求的各项技术指标.

参 考 文 献

［1］ 于海生，等．微型计算机控制技术［M］．2版．北京：清华大学出版社，2009．

［2］ 张波．计算机控制技术［M］．北京：中国电力出版社，2010．

［3］ 潘新民．微型计算机控制技术实用教程［M］．北京：电子工业出版社，2005．

［4］ 李正军．现场总线及其应用技术［M］．北京：机械工业出版社，2006．

［5］ Yu H S，Wei Q W，Wang D Q. Adaptive Speed Control for PMSM Drive Based on Neuron and Direct MRAC Method［C］// The 6th World Congress on Intelligent Control and Automation. Dalian，China，2006：8117－8121．

［6］ Yu H S，Wei Q W，Zhang Y M，Zhu M. A Neuron MRAC Approach to the Speed Regulation of Induction Motor［C］// Proceedings of the 3rd International Conference on Impulsive Dynamic Systems and Applications. Qingdao，China，2006：1352－1355．

［7］ 姜学军．计算机控制技术［M］．2版．北京：清华大学出版社，2009．

［8］ 王建华．计算机控制技术［M］．2版．北京：高等教育出版社，2009．

［9］ 赖寿宏．微型计算机控制技术［M］．北京：机械工业出版社，2008．

［10］ 李明学．计算机控制技术［M］．哈尔滨：哈尔滨工业大学出版社，2001．

［11］ 范立南．计算机控制技术［M］．北京：机械工业出版社，2009．

［12］ 汤楠，穆向阳．计算机控制技术［M］．西安：西安电子科技大学出版社，2009．